"十二五"职业教育国家规划教材
经全国职业教育教材审定委员会审定

（第2版）

幼儿心理发展概论

YOUER XINLI FAZHAN GAILUN

孙　杰　　张永红／主　编

曹映红　　陈福红　　庄小满／副主编

杨丽珠／主　审

北京师范大学出版集团
BEIJING NORMAL UNIVERSITY PUBLISHING GROUP
北京师范大学出版社

图书在版编目(CIP)数据

幼儿心理发展概论 / 孙杰，张永红主编. —2 版. —北京：北京师范大学出版社，2014.11(2023.8 重印)

ISBN 978-7-303-18053-0

Ⅰ.①幼… Ⅱ.①孙… ②张… Ⅲ.①婴幼儿心理学—高等职业教育—教材 Ⅳ.①B844.11

中国版本图书馆 CIP 数据核字(2014)第 237464 号

教材意见反馈:gaozhifk@bnupg.com　010-58805079
营销中心电话：010-58802755　58800035

出版发行　北京师范大学出版社　www.bnupg.com
　　　　　北京市西城区新街口外大街 12-3 号
　　　　　邮政编码：100088
印　　刷　保定市中画美凯印刷有限公司
经　　销　全国新华书店
开　　本：787 mm×1092 mm　1/16
印　　张：16.75
字　　数：350 千字
版　　次：2014 年 11 月第 2 版
印　　次：2023 年 8 月第 14 次印刷
定　　价：32.00 元

策划编辑：张丽娟　苏丽娅　　责任编辑：苏丽娅
美术编辑：高　霞　　　　　　装帧设计：锋　荷
责任校对：李　菡　　　　　　责任印制：陈　涛

序 言

学前教育是基础教育的奠基阶段，是国民教育体系的重要组成部分，它不仅对个体身心全面健康发展，而且对义务教育质量、国民素质整体提高和社会发展均具有极其重要的奠基性作用。近两年，在党中央、国务院的高度重视下，在《国家中长期教育改革和发展规划纲要（2010—2020年）》（以下简称《教育规划纲要》）、《国务院关于当前发展学前教育的若干意见》（以下简称"国十条"）和各地学前教育三年行动计划等政策的有力推动下，各省（区、市）政府纷纷把学前教育作为本地教育工作和改善民生的重要方面，大力发展学前教育，有力地促进了各地学前教育事业的发展。2010年，是近年我国学前教育发展最快的一年，全国学前三年毛入园率增至56.6%，比2009年（2009年为50.9%）提高了5.7个百分点。

同时，我们需要客观、冷静地看到，由于长期受经济、社会、文化、传统和教育等多方面因素的制约，目前我国学前教育在不少地区是低水平的普及，学前教师队伍整体素质不高，特别是城乡学前教师专业素质水平差距大，不少农村幼儿园教师缺乏基本的专业教育，教育质量较低。

《教育规划纲要》和"国十条"明确指出了我国未来中长期学前教育发展的战略方向是"基本普及学前教育"，到2020年全国要实现基本普及学前教育。这在我国学前教育发展史上是具有里程碑、突破性意义的。但当前，如何更好地全面贯彻落实《教育规划纲要》和"国十条"精神，保障我国学前教育既大普及大发展，同时又是有质量的发展，因而我们的普及是有意义的普及，给我们的孩子提供的教育是真正令人向往的、有价值的教育机会，这一问题仍然非常艰巨、突出！

我国政府、社会、家长等各方面都对此表示了极大的关注，专家、学者们为此进行着努力的思考、研究和探索。

无疑，要确保学前教育质量，必须要有高水平的学前教师作为基础和保障。政策和实践研究均表明，世界发达国家都十分重视学前教育阶段教师队伍的建设，在严格实施幼儿园教师资格制度和教师专业标准的同时，努力建构促进幼儿园教师专业发展的有效培养和支持体系，实现幼儿园教师培养的专业化和优质化。比如，美国、日本等国不仅基本实现了幼儿园教师培养的学士化，更值得关注的是，它们都非常注重幼儿园教师培养与培训教学资源的研发与优化，重视通过通识教育提高学生的人文和科学素养，注重通过深化专业课程设置、及时吸纳教育科学研究成果等培养学生对儿童的观察、理解与分析能力，教育教学实践能力及与儿童的有效互动和引导发展能力。

在我国，随着经济社会的快速发展，广大人民群众对学前教育规模和质量的要求越来越高，直接推动着我国学前教师教育的迅速发展。进入21世纪以来，包括幼儿师范学校和中职幼师班在内的中专层次的学前教师教育规模不断扩大，专科层次的初中起点五年制和高中起点三年制学前教师教育也迅速发展起来。迄今，全国已有独立设置的幼儿师范专科学校15所，今后几年数量还会急剧增长。然而，与此形势发展及其需求很不相适应的是，我国学前教师教育的教材建设却相对滞后，与学前教师教育规模、层次的发展速度与趋势很不相称。例如，初中起点五年制高专和高中起点三年制高专的教材还没有形成完善的体系，甚至可以说还是空白，教学中大量借用中专和本科教材；而三年制中专学前教师教育教材体系由于是在20世纪末期形成的，其时代性、先进性和适用性都急需加强；当前幼儿园教师在职培训、转岗培训、提升培训等的速度和规模迅速扩大，国家级培训已经覆盖全国，但其课程与教材建设却非常滞后，已经严重制约和影响培训的质量和效果。可见，要保障学前师资培养与培训的质量，必须要对学前教师教育的课程与教材体系进行新的系统建设。更为重要的是，去年国家教育部先后颁发了《教师教育课程标准（试行）》《幼儿园教师专业标准（试行）》，对幼儿园教师的专业素养与能力以及学前教师教育的课程与教学等提出了明确的新要求，而这些新要求也急需通过建立一套新的更加完善的课程和教材才能更好地得到贯彻和落实。

适应事业发展形势的迫切需要，为了更好地贯彻落实《教育规划纲要》和"国十条"精神，促进学前教育大普及大发展的同时有质量地发展，有效推动我国学前教育事业的健康、可持续的发展，在中国学前教育研究会的有力支持和领导下，教师发展专业委员会高职高专中职中专分委会从成立伊始，即将促进当前教育改革发展背景下我国学前教师教育和教师队伍的质量提升作为自身义不容辞的历史使命和责任，着手策划和研发这套"全国高中专学前教师教育教材"。就当前我国学前教育特别是学前教师教育和教师队伍建设中的关键矛盾、主要问题进行了多次深入研讨；组织多次研讨会对各地各校已有课程改革探索与教材创新进行深度的交流与研讨，并分享进一步改革的思考与建议。在策划和研发过程中，我参与了若干次当前现状与需求、编审理念与重点、系列及其册本的设计、各册本主审专家的遴选等工作，深感这是我国学前教育事业发展和教师队伍建设中的一件大事，责任重大，任务艰巨。现经过全国上下学前各领域多方面专家学者、历时三年的努力工作后，这套教材终于要出版了，值得祝贺！

就总体而言，这套教材及其编写过程具有如下三个主要特点：

一是设计全面，体系比较完整。即其分别对五年制高专、三年制高专、三年制中专和培训四个系列（除政治科目以外）的所有科目教材进行了全面系统的成套建设。在编写各科目册本的具体内容之前，系统研制了各系列人才培养方案和各门课程的教学大纲，以此作为纲领，使各系列在人才培养目标与课程设置、课时安排、教学内容选取、教学考核要求等方面形成一个比较完整的体系。

二是内容、体例力求创新。从《教师教育课程标准（试行）》和《幼儿园教师专业标准（试行）》等文件征求意见稿开始，全体编写人员即对这些政策文件进行了多轮的认真研读，努力使教材编写体现新文件对幼儿园教师应秉持的基本理念、应具有的专业理念与师德、专业知识和专业能力等提出的新要求。同时，所编各科教材都力图反映本学科领域的最新研究与实践改革成果。特别是本套教材不局限于传统的"三学六法"，在此基础上新增了幼儿学习与发展、幼儿发展观察与评价、幼儿园教育环境创设等深化、创新和拓展性的教材。在体例上，这套教材也有诸多的创新之处，如各科目以章节为单元，在学习目标与要求、理论学习与实践以及课后阅读、思考与练习等方面进行完整设计，使学生的学习既具有阶段递进性又具有相对完整性。此外，还安排了大量的案例以增强课程和教学的实践取向和学生的实践性体验。

三是组织过程比较严谨规范。在编写程序上，从研制人才培养方案和各学科册本的计划，到各册本确定编写大纲、体例和样章，再到形成初稿、进行统稿和最后审稿等，每一个步骤均经过了起草、征求意见、论证修改等多个环节的不断反复。编、审队伍的遴选组织坚持了高标准严要求，编写者均是全国高中专学前教师教育骨干院校中有水平、有影响、有经验的教师，审稿专家均为全国有影响的本科院校和国家研究院所中本领域的知名专家教授。此外，所选择的出版单位也是全国有影响力、专业性强的出版社。这些严格的要求努力与复杂的操作过程，均为了实现一个目标——共同建设一套适应我国新时期学前教育发展需要的、具有较高质量的学前教师教育课程和教学资源体系。

总之，这套教材的编写出版是恰逢其时，相信将有利于促进我国学前教师教育工作的开展和质量的提高，并将有力促进我国学前教育事业高质量、健康、可持续的发展。同时，也希望通过这套教材的广泛使用进一步集结和吸纳更多高校一线教师的智慧与经验，使这套教材得到不断的发展和完善，从而不断推动我国学前教师教育教材的建设发展，并且积极服务和促进我国学前教育事业的发展。

庞丽娟

于北京师范大学新主楼

目　录 Contents

第一单元

幼儿心理发展概述

学习目标

1. 了解心理和儿童心理发展的相关知识；
2. 掌握幼儿心理发展的趋势与研究的基本内容；
3. 学会运用研究幼儿心理的常用方法；
4. 关注并收集幼儿心理发展的信息，培养对幼儿心理发展研究的兴趣。

单元导言

　　人的心理到底有多么神奇？幼儿与成人的心理有什么不同？为什么要研究幼儿心理？通过本单元的学习，你将揭开心理的神秘面纱，了解并掌握幼儿心理发展的基本知识，为以后各单元学习和将来从事幼教工作打下良好的基础。

第一课　心理与幼儿心理发展

　　人的心理从何而来？又是如何变化的？一个不谙世事的孩子，如何发展为一个勤于思敏于行的人？为什么人的心理发展会千差万别，对人即将发生的心理的预测可信吗？了解心理的对象和实质是深入研究和探索心理的开端。

一、心理的概述

(一)心理现象

心理学研究的对象是心理现象,人在复杂的自然界和社会中生活,使人产生了各种各样复杂的心理现象。例如,人认识了苹果的色、香、味,会产生关于苹果的记忆并由此引起方形苹果、苹果沙发、苹果小屋等各种想象,继而激发人相关的创造与发明,在整个过程中,也许还会时而让人欢喜让人忧,这些都属于人的复杂心理现象。

人的心理现象的表现形式虽然多种多样,但并不是杂乱无章的,各种心理现象之间存在一定联系,成为一个有机整体。通常把心理现象分为心理过程和个性心理两大部分。

1. 心理过程

心理过程是指人对现实的反映过程,是一个人心理现象的动态过程,包括认识过程、情感过程和意志过程。

(1)认识过程是人最基本的心理过程,它是人脑对客观事物的属性及其规律的认识,它包括感觉、知觉、记忆、想象、思维等。

例如,夏日夜晚,一个人坐在院子里,看着夜空中皎洁的月光,回忆传说中嫦娥奔月的故事,想象着嫦娥独自在月亮上广寒宫中的生活,思考着如何才能登上月球去探个究竟。感觉和知觉是人类认识的起点和基础,幼儿最初是通过看、听、尝、闻、摸等途径获得对周围世界的初步认识。

(2)情感过程是指人们总是依据自己的某种需要去认识和反映客观事物,并且随着需要的满足与否,产生一种态度上的体验。这种体验,或是愉快的、肯定的、积极的,或是不愉快的、否定的、消极的,不同的体验构成了人的喜怒哀乐等丰富的情感。

人在认识客观世界时,并非无动于衷、冷漠无情,而总是要对之产生某种主观体验,比如久旱逢甘露的喜悦,错失良机的懊恼,对不道德行为的憎恶,欣赏秀丽风景时的愉悦心情等。在幼儿阶段,幼儿认识周围的事物很大程度上受到他们情绪的影响。例如,幼儿常因为受到教师的表扬而满心欢喜,并可能因此喜欢这位教师,很愿意接受这位教师对他的教导。有时也会因为玩具被小朋友抢走而哭泣,甚至会因为这件不愉快的事情不愿意上幼儿园。因此幼儿教师在教育过程中要关注幼儿的情绪变化,设法调动幼儿的积极情绪,为幼儿健康成长创设良好的心理环境。

(3)意志过程是指人在改造世界的过程中,能自觉地确定工作或学习目标,并根据目标调节自身的行动,克服困难去实现自己预定的目标。人的生存与其他万物一样必须顺应自然规律,但是人并不满足于原始状态的生存而追求更美好的生活,在认识客观世界的基础上,人根据对生活的追求和对自然规律的认识来改造世界满足需求的行动,就是意志活动。

在人们的愿望达成的过程中,必须经历制订计划、选择方法、克服困难,最终实现既定的目标。因此，人们无论是在学习，还是工作、生活上，都不是一帆风顺的，需要用坚强的意志来克服所遇到的重重困难，以实现自我人生目标的追求。随着幼儿年龄的增长，对周围世界的了解增多，幼儿也不再满足于基本的需要，而产生了许多新的需要。例如，要爷爷每天都给他买好玩的玩具，要妈妈给他买电视广告里好吃的糖果，不满足就发脾气，幼儿教师和家长要帮助幼儿学会调节和控制自己。当幼儿逐步控制或延迟满足吃零食、购买玩具的需求时，说明幼儿已具有一定的意志力。

（4）认识、情感与意志这三者不是彼此孤立的，而是相互联系、相互制约的。一方面，认识是情感和意志的基础，只有正确与深刻的认识，才能产生强烈的情感和坚强的意志，所谓"知之深，则爱之切"；另一方面，情感和意志又会影响认识活动的进行与发展，情感和意志既在人的认识中起过滤和动力作用，又是衡量人的认识水平的一个重要标志。同样，情感也会对意志行为产生推动作用，而意志行为又有利于情感的丰富和升华。

2. 个性心理

个性心理是一个人比较稳定的、具有一定倾向性和各种心理特点或品质的独特组合。个性具有独特性、整体性和稳定性的特点。个性心理包括个性倾向性和个性心理特征。

（1）个性倾向性包括需要、动机、兴趣、理想、信念、自我意识等。个性倾向性决定人对现实的态度，决定着人对认识和活动对象的趋向和选择，是个性结构中最活跃的因素，它制约着所有的心理活动，表现出个性积极性和个性的社会实质。

（2）个性心理特征包括能力、气质、性格。性格是个性心理特征的核心，它反映一个人的基本精神面貌。如有的人朴实肯干，有的人懒散拖拉；有的人大公无私，有的人斤斤计较。幼儿期的孩子已经表现出明显的个性心理特征差异，如有的幼儿性子慢，喜欢独处，喜欢玩很安静、有秩序的游戏；而有的幼儿性子急，上课总坐不稳，喜欢玩热闹、活动量大的游戏。

虽然心理过程和个性心理是心理现象的两个组成部分，但它们是紧密联系不可分割的。一方面，个性心理通过心理过程形成，它是在个体不断认识世界、改造世界的过程中逐步形成的区别于他人的特征。例如，经历了生活的磨难的人深刻认识克服困难的重要意义后，在性格上会变得更加坚强与勤奋。另一方面，已经形成的个性心理又不断影响着心理过程，使心理过程带有个人的色彩。教师在引导幼儿观察时，细心的幼儿与粗心的幼儿同样在老师的指导下进行观察，但是分析两名幼儿的观察过程和观察结果时会发现，细心的幼儿观察时会很耐心、细致，能观察到事物的细节部分；粗心的幼儿虽然也能按教师的要求观察，但仅限于对教师要求中指出的观察点或者自身的兴趣点进行快速浏览。

人们复杂的心理是怎样发生和发展的？心理与现实的世界有什么联系？接下来，我们将探索心理的实质。

(二)心理的实质

人的一切心理活动都是反射式的活动。近代生理学家谢切诺夫和巴甫洛夫从科学上发展了反射的概念，把反射的原则推广到脑的全部活动，即人的全部心理活动上，并使它成为说明心理现象的基本原则。谢切诺夫在他的名著《脑的反射》中指出："有意识的和无意识的生活的一切活动，就其发生的方式而言，都是反射。"巴甫洛夫也对动物和人的反射活动进行了长期的科学实验研究，建立了高级神经活动学说，为科学地阐明心理现象奠定了基础。从心理本质而言，心理是客观世界在人脑中的主观映象。

1. 心理是脑的机能

在人类漫长的进化进程中，人脑不断地发展进化，结构越来越复杂，机能越来越完善，其中大脑是最重要的心理器官。大脑的主要机能是接受、分析、综合、储存和发布各种信息。机体的所有感觉器官把得到的刺激信息通过神经传入大脑，经过大脑的加工、整理，做出决策，然后发布信息，控制各器官和各系统的活动。各器官和系统的活动状况又通过信息环路反馈给大脑，以便对活动做出调整。

人脑的发育成熟制约着人的心理的产生、发展，人脑的发育成熟和神经系统机能的不断完善，为心理的可持续发展提供了必要的物质条件。如果人脑在发育成熟过程中受到损伤或由于病毒引起病变，会引起人的部分心理机能的丧失。如19世纪的法国医生布罗卡在临床治疗中发现，一些病人大脑左半球额下回的一个区域受损伤后，不能说出复杂的语言，也不能自由地表达思想。后来人们把这个区域叫做布罗卡区，也称运动语言中枢。

幼儿的脑正处于快速发育的阶段，需要丰富的环境刺激和充足的营养支持。成人一方面要为幼儿的脑发育提供充足的营养，做好幼儿的保育工作，避免其大脑在发育过程中受到病毒侵害或外力的伤害；另一方面，要为幼儿创设安全、富有童趣的成长环境，促进幼儿大脑的健康发育。

2. 人的心理活动内容来源于客观现实

客观现实是独立于个体之外的事物，它包括自然界、社会生活和人类的各种活动，这些都是不依赖于人的心理而存在的客观事物。人在与客观事物的接触中，通过感知觉获得信息，使人的心理有了最基本的内容，在此基础上通过想象、思维的加工，人的心理内容变得日益复杂多样。因此，没有客观现实，人脑也不可能产生心理。

我们生活的这个世界，对涉世未深的幼儿来说是陌生、充满新鲜感的，因此也引起了幼儿浓厚的探究兴趣，看见什么新鲜事物都要问一问、都想上去摸一摸，希望能获取关于这个世界的更多信息。幼儿教师和家长要顺应幼儿的这种探究需求，引导幼儿学会在周围熟悉的生活世界里发现有趣的新事物，通过深入探究来满足心理发展的需要。此外，还可以借助带领幼儿外出旅游、参观的机会，利用新环境的丰富刺激满足幼儿的心理需求，为幼儿心理健康发展创设必需的条件。

3. 心理是客观存在的主观反映

人心理反映的对象虽然是客观的，但人与动物不同，不是消极被动地反映，而是根据人在实践中的需要有选择性地反映客观世界的。例如，研究发现，在婴儿早期，他们能够辨识一群猴子中不同猴子的脸，但不能清楚辨别他的妈妈和其他成人的脸。但到了婴儿后期，在适应人类生活的过程中，婴儿这种辨识动物脸谱的能力逐步退化，而选择性发展了专门辨别人脸的能力。

人的心理的主观能动性，表现在以下两个方面。一方面表现在个人的需要、情感、态度、经验等方面，使人在反映客观世界时带有个人的主观色彩，如"仁者见仁，智者见智"。即使是同一个人对同样的事物的认识，在不同时间、地点和心境下，也会有很大差异。另一方面还表现在人能根据既定目的支配和调节自己的行为，改变自己和改造世界，使之满足自己的需要。例如，同样看到路边的一棵苹果树，喜欢吃苹果的路人想的是怎样才能摘到树顶的苹果；而农业技术员会考虑这是什么品种的苹果，如何提高其挂果率、抵御病虫害的能力；园林设计师则考虑这种苹果树是否也可以用来做路边的景观树的问题；如果是幼儿园的孩子们，他们会趴着看树干上排队爬行的小蚂蚁，想法弄清楚小蚂蚁从哪里来，要到哪里去。

由于心理具有主观能动性，幼儿在成长过程中的不同选择使幼儿心理发展具有了差异性，因此，每个幼儿具有与成人不同的心理世界。幼儿教师和家长不仅要了解幼儿的心理规律，还要深入了解不同幼儿的不同想法，为幼儿创造条件满足不同幼儿心理的选择性需求，做到因材施教，促进幼儿身心健康发展。

4. 个体的活动是实现主体同对象世界联系的中介和桥梁

人作为一种高等社会性动物，丰富的社会生活实践对人的心理的产生和发展起到制约作用。20世纪80年代，在我国辽宁农村的一个猪圈里发现了夹在猪群里和小猪们一起挤在母猪身上吃猪奶的9岁女孩王显凤。因为从小就无人照看，一个偶然的机会使她长期与猪群为伴。这个女孩被发现后，心理学家对她的心理发展情况进行了测查，发现虽然9岁的王显凤各项遗传指标正常，但是由于她缺少了与人的交往，她的心理发展明显异常：她不辨男女，不识颜色、不分大小、不懂高低、词汇极为贫乏，无羞耻感、孤独冷漠、不与人交往。智商测试为39，成为比较典型的智残儿童。心理学家对双生子的比较研究也进一步证明了即使是生活在同一个环境中，双胞胎的兄弟或姐妹也会由于个人实践活动的不同，在世界观、价值观、创造力等方面都会有很大差异。

幼儿园教育是促进幼儿心理发展的重要途径，幼儿园是为促进幼儿身心健康发展的特设环境，在幼儿园中教师根据幼儿年龄特点科学设计适合幼儿参与的活动，通过创设有吸引力的游戏情境，激发幼儿参与活动的积极性，让幼儿在各种活动中获得心理的健康发展。

二、儿童心理发展及相关概念

(一)儿童心理发展的概念

儿童心理发展是指个体从受精卵开始到进入成熟之前的整个儿童期的心理发

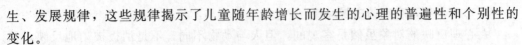

生、发展规律，这些规律揭示了儿童随年龄增长而发生的心理的普遍性和个别性的变化。

人们在认识儿童心理发展规律的过程中，首先通过发现和收集儿童各种心理活动变化的重要事实，描述这些变化，在其中发现典型的、具有重要意义的变化，作为儿童心理发展的指标，从而建立起有关的儿童心理发展常模，即儿童心理变化的普遍模式或共同的发展规律等，然后解释为什么会产生这些变化，进而揭示儿童心理发展结果的共性与个别差异性原因。

（二）儿童心理年龄阶段的划分

儿童心理发展过程中，在不同时期会表现出不同的心理发展特点。从毕生发展的观点看，个体的生命发生于妊娠期，即受精卵形成的那一刻开始。儿童出生以后的生理和心理的发展都是以出生前胚胎和胎儿发育情况为基础的，因而现代发展心理学把产前期作为研究个体发展的起点。为此，对儿童心理年龄阶段的划分如下。

阶段一：胎儿期

胎儿期指从母亲受孕到个体出生前的一段胚胎和胎儿发育时期，这个时期约九个月。个体从一个单细胞（受精卵）的有机体发育成五官俱全、脱离母体后能适应人类外部世界的新生儿，他继承了人类种系发展的成果，具备了发展成为人类社会合格成员的潜能。

胎儿的心理特征主要表现有：胎儿的感觉器官已经有了丰富发展，对母体外的声音刺激有初步的记忆和反应，开始建立自己的"身体图像"，同时还出现了有梦睡眠。

阶段二：新生儿期

新生儿期是指个体自胎儿娩出，脐带结扎时开始至出生后第 28 天。这一时期新生儿在生长发育和疾病控制方面具有非常明显的特殊性，胎儿脱离母体转而独立生存，所处的内外环境发生了根本的变化，新生儿的适应能力尚不完善，发病率高，死亡率也高。因此，在过去，新生儿一般被描述成脆弱、无助的小生物，还没有为子宫以外的生活做好准备。如今，人们对新生儿的认识有了更深入的了解。

新生儿的心理特征突出表现为：新生儿具有一整套有用的先天反射系统，并能在先天反射的基础上建立初步的条件反射；新生儿开始具有初步的感觉分辨能力，他们的视觉和听觉足以观察到发生在周围的事情，并且还能对这些感觉信息做出适应性的反应；他们不仅能够学习，甚至能够记住一些特别生动的经历；此外，新生儿气质的个别差异性表现也比较突出，在出生后的最初几天，一些新生儿很容易就烦躁不安，难以抚慰，而另外一些则很少发脾气。

阶段三：乳儿期

乳儿期是指婴儿 1 个月至 1 周岁的成长期，乳儿期是个体身心发展的第一个加速时期。在这个时期，乳儿不仅身体迅速长大，体重迅速增加，而且脑和神经系统也迅速发展起来。借助神经系统尤其是大脑的发育成长，乳儿感受外界环境刺激和做出反应的能力增强，因此心理获得了快速的发展。乳儿从只会通过吮吸吃奶获取生存的能量，到逐步学会了人类独特的饮食方式；从躺卧状态、不能自由行动发展到能够随意运用自己的双手去接触、摆弄物体和用两脚站立，并学习独立行走；从完全不懂语言、不会说话过渡到能运用语言进行最简单的交际，等等。这一切都标志着乳儿已从一个自然的、生物的个体向社会的实体迈出了第一步。他们在遗传的生物性的基础上形成着社会化的人性——社会性，逐渐适应着人类的社会生活。

乳儿的心理特征主要表现为：乳儿感觉辨别能力增强，知觉、记忆等认识过程开始发展，如2个月的乳儿视觉开始能够扫描整个刺激物，能从物体的运动中知觉到该物体，5个月时就能知觉到静止的物体，6个月就能从有限的信息中知觉到形状，空间关系知觉的各个方面变得更加精确。乳儿心理发展出现了社会性的依恋感和言语的发生，开始进入最初的社会化过程。如3～6个月的婴儿只对他们熟悉的人开怀大笑，日常养护者对他们的安慰也更有效(Waston et al.，1979)。

阶段四：幼儿前期

幼儿前期是指1～3岁的成长期。儿童在幼儿前期的发展主要有两方面的变化：一是学会了随意地独立行走和准确地用手玩弄或操纵物体，并在此基础上产生了最简单的游戏、学习和自我服务等活动；二是迅速发展了语言，能够自由地运用语言与他人交往，并能通过语言对自己的行为和心理活动进行最初步的调节。这就使得处于幼儿前期的儿童能够更好地适应社会生活，并在心理上产生了新的质变。

幼儿前期幼儿的心理特征主要表现为：直觉动作思维开始发展，回忆能力日趋成熟，言语能力迅速发展，情绪表现丰富，情感的社会性增强。例如，2岁左右的幼儿会积极作用于客体，并试图创造出新的解决问题的方法或者再现有趣的结果。当他们会把橡胶鸭子捏得嘎嘎叫后，还会试着用扔、踩、压等不同方法摆弄橡胶鸭子，以探索他们的这些行为对这个鸭子产生的结果。有时为了强化对事物属性或事件过程的感知和记忆，他们还会借助重复行为来加强对事物属性的了解。此外，幼儿前期的幼儿自我意识开始萌芽，探索自身力量的独立活动增多，同时也能遵从成人的赞许表现出初步的自控行为。

前四个阶段，即胎儿期、新生儿期、乳儿期和幼儿前期统称为婴儿期。

阶段五：幼儿期

幼儿期是指3～6岁的成长期。这一时期个体的心理过程趋于完善，个性逐渐形成。此阶段是儿童心理发展的重要时期，对儿童心理的健康发展起着奠基作用。

幼儿的心理特征主要表现为：幼儿心理活动的概括性和随意性比幼儿前期有了明显的发展，但总体上具体性和不随意性在幼儿心理活动中仍占优势，幼儿各种心理特征逐渐趋于稳定与一致，个性初步形成。

阶段六：童年期

童年期是指6～11、12岁的成长期。儿童进入学校后，开始系统地接受正规的学校教育。儿童社会性地位的变化、承受环境压力的变化、生活环境的变化，促使

儿童的心理产生质的飞跃，逐步建立起道德行为规范、养成道德行为习惯。

童年期儿童的心理特征主要表现为：儿童认知活动的自觉性明显增强，思维逐步由具体形象思维过渡到抽象思维，情感的稳定性和深刻性得到发展，在言语发展、个性化和社会化方面也有了很大的发展。

阶段七：少年期

少年期是指 11、12～17、18 岁的成长期。少年期是"生理发育加速期"，身高和体重迅速增长，性器官和性机能日趋成熟，生理的加速发展使他们具有敏感的"身体自我"。

少年期儿童的心理特征主要表现为：在生活上他们常常感到无所适从，很容易陷入一种莫名的烦恼或忧伤中，心理发展呈现出明显的矛盾性，出现了"自我认同"的危机。

(三)儿童心理发展的规律

儿童在心理发展上表现出典型的年龄特征，但分析其心理发展过程却是复杂多样的，探索其心理发展过程中的规律，有助于教师了解儿童的心理，采用科学的教育方法来组织儿童的教育活动，促进儿童身心健康发展。儿童心理发展的一般规律如下。

1. 发展的连续性和阶段性

儿童心理的发展是一个不断的矛盾运动过程，是一个不断从量变到质变、由低级到高级的发展过程。即前后发展紧密相连，先前的较低级的发展是后来较高级的发展的前提，整个发展过程是连续进行的。同时儿童心理发展的量的积累会引起心理在质上的变化，呈现出阶段性发展。比如，幼儿每天在幼儿园和回家路上可以观察到很多对他而言新鲜的事物，听到周围的成人用新词语、句子来称呼这些新事物，在品尝不同的食物的同时知道食物名称，参与不同的活动时听到老师使用一些新动作指令。生活与学习经验的积累，使幼儿由开始时只是能理解他人对词与句的表达，到了一定时期，幼儿就会将新的词语和句子用于与他人交往的表达与交流中，这是儿童语言发展由量的积累产生了质的变化。

2. 发展的定向性和顺序性

儿童心理的发展在正常条件下总是具有一定的方向性和顺序性的。儿童心理发展的方向性和顺序性体现在儿童心理发展是从简单到复杂，从具体到抽象，从被动到主动，从零乱到系统化，且发展不是一次完成的，而是不断完善、螺旋式上升的。例如，组织幼儿参加学习活动，如果你想要 3 岁幼儿专心致志地学习，必须使教材内容对他有较大的吸引力，学习时间还只能很短；4 岁以后，幼儿开始懂得应该专心听讲，在教师的要求下可以约束自己的行为；5 岁幼儿不仅能够用一些方法使自己在学习活动中保持注意力集中，而且会把这些方法说出来，教给其他的幼儿。6 岁后，幼儿注意力会在 5 岁的基础上向更高级、更完善的水平发展，而不会倒退到 3、4 岁的低水平。

3. 发展的不均衡性

心理的各组成部分处于相互制约的统一发展过程中，但发展并不总是按相等的速度直线发展的。心理发展的不均衡性主要表现在以下两个方面。一方面，从个体心理发展的全过程来看，各年龄段心理发展不是匀速的，而是快慢不均的。儿童心理发展存在两个明显的加速期，第一加速期是出生到幼儿早期，第二加速期是青春期。另一方面，心理各个组成部分发展的起止时间、发展速度、到达成熟的时期等方面都是不同的。例如，气质倾向的差异在新生儿期就有所表现，能比较清晰地分辨出活泼型、安静型、一般型的新生儿，而能力的发展尤其是一些特殊能力的发展，可能要到青春期甚至更晚。比如，3～6岁幼儿思维的发展，直觉动作思维和形象思维发展较快，大部分6岁幼儿都能用观察或动手操作、情景想象来解决问题，只有较少的幼儿能用逻辑推理来解决问题。

4. 发展的差异性

所有正常的心理发展都遵循大体相同的发展模式，如发展的方向性、发展的阶段性、发展全程中都有两个快速发展期。但对个体而言，年龄相同的儿童，在心理的发展速度、最终到达的水平，以及发展的优势领域上是有差别的。比如，有的儿童早熟、早慧，有的迟开窍；有的儿童对音乐听觉有特殊的敏度，有的对艺术形象有深刻的记忆表象；在性格方面，有的儿童好动、言语流畅、善于与人交往，有的儿童喜欢安静、独处、沉默寡言、不合群。

(四)儿童心理发展的相关概念

1. 毕生发展

毕生发展指所有人类成员从受精卵开始，逐渐发育、成熟、直到死亡的生命全程中，与年龄有关的那些变化过程。在生命的全程中，心理发展包含着各种各样的变化，不仅包含增长和获得，也包含衰退与丧失。这种变化会呈现出连续性的轨迹（发展的路径），同时阶段性的连续变化会以功能的质变形式表现出来，成为特殊生命时期的标志。

这一观点是树立正确幼儿教育观的基础，幼儿园教育的目标是：促进幼儿体、智、德、美全面发展，为幼儿一生发展奠定基础。毕生发展观有利于帮助幼儿教师理解幼儿教育的奠基意义，从而明确开展幼儿教育应该为幼儿未来拥有健康、幸福的生活奠定什么基础。

2. 关键期

关键期亦称"敏感期"，是指有机体在早期生命中某一短暂阶段内，对来自环境的特定刺激特别容易接受或掌握某一种技能的最佳时期。发展心理学家借用这个概念，希望探讨哪些能力或心理与行为品质的形成在某一年龄段是最关键、最重要的，以作为儿童早期智力开发和教育的科学依据。如心理研究发现，2～3岁是儿童语言的关键期，1～4岁是视觉发展的关键期，4～5岁是儿童学习书面语言的关键期，5～6岁是掌握词汇能力的关键期。

幼儿心理发展的关键期与多种因素有关。首先，与幼儿的生理发展加速有关。脑神经研究表明，大脑的发展不是等速的，大脑皮层发展的第一个加速时期是5～6岁，幼儿智力发展出现了突发现象。其次，与幼儿心理发展的状态有关。幼儿心理品质处于初步形成期，具备了发展的条件却还不够稳定和完善，可塑性大。最后，与心理发展的整体性有关。心理发展的各方面是相互影响、统一协调发展的，心理某方面的发展会受到其他方面发展速度和水平的影响。例如，幼儿学习外语比年长者容易，因为他们没有像成人一样产生"可能丢面子"的心理负担，而变得羞怯、不敢开口，反而积极参与交流、以多说为乐，外语表达能力得到快速发展。

了解儿童发展的关键期，有助于幼儿教师把握促进幼儿不同领域发展的最佳时期，适时为幼儿关键期的发展创设有效的影响环境，满足幼儿学习的需求，促进幼儿更好、更快地发展。

3. 年龄特征

年龄特征是指在一定的社会和教育条件下，在个体发展的各个不同年龄阶段中所形成的一般的、典型的、本质的心理特征，它具有相对的稳定性和可变性。年龄特征是从各个阶段许许多多具体的和个别的心理发展的事实中概括出来的，因此具有普遍性、代表性，体现某一阶段的质的特征，而在这一阶段之初，可能保存着大量的前一阶段的年龄特征；在这一阶段之末，也可能产生较多的下一阶段的年龄特征，有着衔接性和系统性。如刚入园的小班幼儿逐步对同伴、教师产生认同感和亲切感。他们的社会交往范围有了很大的拓展，从家庭成员到老师、幼儿园小朋友。他们喜欢以小动作引起老师的注意，表达对教师的亲近与交往的意愿。他们认同、接纳同伴，但是并不善于与同伴合作游戏，通常都是各玩各的。幼儿教师掌握幼儿的这些年龄特征，可以更好地理解幼儿的某些行为和需求，及时回应满足幼儿的合理需求，并通过组织相应的教育活动提高幼儿的社会交往能力。

对儿童年龄特征的理解，有助于幼儿教师根据不同年龄幼儿心理活动规律预见幼儿可能产生的行为与需要，提前做好应对的准备，提高幼儿教师保教工作的效率。

4. 社会化

社会化是指个体学习其生存的社会的文化、知识、语言、风俗、习惯、价值观念和行为方式，并成为一个合格的社会成员而适应该社会生活的过程。亦即社会将一个自然人转化为一个能够适应一定社会文化、参与社会生活、履行一定角色行为、有着健康人格的社会人的过程。例如，儿童性别认同的发展，3岁左右的幼儿只能正确辨别性别角色，但是不能认识性别是一种不能改变的事实，他们觉得只要换换衣服和发型就可以成为另一种性别的人，可以成为爸爸或者妈妈（Fagot，1985b；Szkybalo & Ruble，1999），到上小学后，大部分孩子都已形成稳定的、以未来为指向的性别认同。社会化是贯穿人的一生的过程，在生命周期中的不同发展阶段，人的社会化有着不同的任务和内容。

了解社会化，有助于幼儿教师树立完整的幼儿教育观，纠正偏重幼儿智力、特长发展教育的错误观念，促使幼儿教师重视幼儿正确社会行为和良好社会生活习惯的早期培养和养成，确保幼儿教育能有效促进幼儿身心的健康发展。

三、幼儿心理发展

(一)幼儿心理发展的概念

幼儿心理发展是指3～6、7岁的幼儿在低级的心理机能的基础上，逐渐向高级的心理机能转化、日趋完善和复杂化的过程。

(二)幼儿心理发展的趋势

幼儿心理发展的趋势表现为从笼统到开始分化，从具体到出现抽象概括的萌芽，从被动到出现最初的主动性，而且这种发展趋势贯穿幼儿心理发展的各个方面。

1. 从简单到复杂

幼儿心理活动是由简单发展到越来越复杂，这种发展趋势表现在两个方面。

(1)从不完备到完备。幼儿的心理过程和个性开始时并不完备，是在发展过程中逐步趋于完善的。比如，许多刚入园的幼儿只会用简短的句子简单表达自己的愿望，不能完整、清晰地表达自己的想法，到大班后幼儿几乎都能用丰富而生动的语言与他人交流。

(2)从笼统到分化。幼儿的各种心理活动都是从混沌、笼统逐步向分化、明确发展的。比如，最初幼儿的情绪只有高兴和不高兴之分，后来，逐渐分化为喜爱、愉快、高兴和痛苦、伤心、嫉妒、畏惧等复杂多样的情感。

2. 从具体到抽象

幼儿心理活动是由具体向概括化、抽象化发展的。具体表现在幼儿的认识过程发展方面，表现为从最初的感知觉的发展，到较为概括化的知觉和想象的发展，再过渡到抽象思维的萌芽；在幼儿的情绪发展过程方面，表现为最初引起情绪变化的是对某种物质需求的满足(如得不到自己想要的那个变形金刚玩具)，逐步发展到对某些抽象事物需求的满足(如大班的幼儿会因为自己受到老师的不公正对待而感到委屈)。

3. 从被动到主动

幼儿的心理由被动逐渐向主动性发展起来。这种发展趋势具体表现在两个方面。

(1)从无意向有意发展。幼儿开始时，心理活动常常是无目的的，很容易受到外来影响因素的支配，因此也没有意志行为。生活周围中那些他们从未见过的或者特征很鲜明的事物才能引起幼儿的关注，新鲜感没有了，幼儿就会把注意力转移到新的事物上。因此，幼儿早期的心理活动表现为零散而缺乏联系，随外界刺激变化而变化。随着幼儿年龄增长，幼儿活动的目的性逐渐增强，开始出现自主性活动，自觉性不断增强，为了达到目的有时也能克服一些困难，表现出一些意志行为。同时幼儿开始渐渐认识自己的心理，初步形成一个整体，出现较为稳定的心理倾向，表现出了自己特有的个性。

（2）从受生理制约向自主调节发展。幼儿的心理活动，很大程度受生理的制约和局限。比如，3岁之前的幼儿即使做自己喜欢的事注意力也不易集中，主要是由于他们生理上还不成熟。随着幼儿生理日趋成熟，它对心理活动的制约和局限作用渐渐减少，幼儿心理活动的自主性渐渐增强。4～5岁幼儿在做自己喜欢的事时，可以保持较长时间的注意力。在生理发育达到足够成熟的时候，幼儿心理发展的方向，甚至包括心理发展的速度，都和幼儿心理活动本身的主动性有密切联系。

(三)幼儿心理发展的四大领域

1. 幼儿神经系统的发展

神经系统的发育与成熟，是幼儿心理发展的生理基础。幼儿神经系统发展的研究主要有两个方面：大脑内部结构的发展和大脑皮质机能的发展。幼儿神经系统兴奋和抑制功能的不断增强，条件反射形成速度加快，大脑皮质抑制功能的发展使其能更细致地分析综合外界事物刺激，这些发展有助于幼儿学习效率的不断提高。

2. 幼儿认知的发展

认知发展是幼儿发展的中心任务。对幼儿认知发展的研究主要从幼儿的知觉、记忆、想象、思维、言语、创造力等方面进行。比如对幼儿记忆的研究，可从记忆的容量、记忆的随意性、记忆内容概括性、记忆策略的运用等方面进行更深入细致的研究。幼儿认知发展的主要特点是具体形象性和不随意性占主导地位，抽象逻辑性和随意性初步发展。

3. 幼儿个性与社会性的发展

每个人都有独特的个性，个性使人各具特色。同时人又具有社会性，他"像所有的人"，又"像某一类人"。社会文化给特定社会里的每个成员的行为染上了一层区别于其他社会文化的色彩。对幼儿个性与社会性的研究内容主要包括幼儿情感、自我意识、幼儿道德行为(攻击性行为与亲社会行为)、幼儿性别角色认同与性别化、同伴关系与社会交往等方面的发展。

4. 幼儿学习的发展

幼儿是怎样学习的，他们的学习有哪些特点，它既是幼儿心理发展的重要内容，也是幼儿心理发展的重要途径。因此，幼儿学习的发展是近年来备受心理学家关注的研究课题，同时，理解婴幼儿的学习方式和学习特点，也是幼儿教育工作者针对性开展保教活动、提高幼儿教育服务质量的先决条件。在幼儿的学习方式中，游戏作为幼儿的主导活动，成为幼儿学习的重要途径，幼儿的认知和情绪情感的发展、社会化过程都是通过游戏等来实现的。

第二课 幼儿心理发展研究的内容、意义和方法

幼儿的心理是像一张白纸一样简单，还是像大人一样复杂？怎样做一名幼儿喜爱的教师，怎样在与幼儿的交往中快速抓住他们的心理？这些问题的解决，需要幼儿教师掌握观察、研究幼儿心理发展的内容，勤于分析幼儿行为背后的心理原因，才能真正成为幼儿健康成长的引路人和支持者。

一、幼儿心理发展研究的内容

(一)幼儿心理发展的影响因素

在幼儿园里，幼儿教师有时会惊奇地发现某个小朋友聊天时用到一些老师和家长都没有听说过的新词，这些词孩子是从哪儿学来的，为什么会对这些词感兴趣并记忆牢固？对于幼儿心理发生和发展的速度和结果影响因素的研究，一直是心理学家和幼儿教育工作者努力探讨的问题，他们采用各种方法来研究并尝试揭开其奥秘。

多数研究者认为，幼儿心理的发生和发展是生物遗传和后天环境的长期相互作用的结果，但由于这两大因素本身结构的复杂性和它们相互作用的交错性，研究者只能揭示众多未知秘密的冰山一角。例如，脑科学研究发现了婴幼儿心理发展的关键期与脑发展的关键期的关系。婴幼儿脑部高级神经网络的形成有一定的时间期限，不同区域的脑神经网络有不同的构建，并在不同的时期达到成熟。婴幼儿比较容易学习某些知识经验或形成某些行为，这是因为此阶段婴幼儿大脑中负责该行为的特定区域恰好处于发展最快速、最有效的时期。研究还发现，幼儿脑的结构和机能的发展在很大程度上受环境和教育的影响和制约，例如，5 岁以前，幼儿大脑任何一侧的损伤都不会导致永久性的语言功能丧失，因为语言中枢可以在适宜的早期语言训练下较快地转移到大脑另一半球从而克服言语障碍。但如果幼儿早期经验被剥夺，会导致中枢神经系统的发展出现减慢甚至停滞现象，从而对幼儿心理发展构成伤害。这些脑科学研究的成果，有利于幼儿教师和家长从生理角度科学理解幼儿心理发展的结果以及尽早发现幼儿可能存在的脑损伤，及早采取有效的补偿性教育和训练，使幼儿心理机能获得代偿性发展。

幼儿教师与幼儿的日常接触较长，便于观察和记录幼儿的语言和行为发展的具体表现，具有发现和揭示幼儿未知心理发展影响因素的有利条件。因此幼儿教师应注重做好幼儿心理发展的观察记录，详细记载幼儿语言和行为的变化，记录当下幼儿活动的环境特征，尝试探索幼儿一些行为变化的规律和原因，为教师创设更适合幼儿成长的环境提供科学的依据。

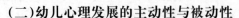

(二)幼儿心理发展的主动性与被动性

幼儿对这个世界充满了好奇心,总喜欢问这问那。不少幼儿教师都会问:"孩子们是因为爱问问题而变得聪明,还是本来就聪明才好问呢?"不少幼儿的家长都有"不能让孩子输在起跑线上"的想法,给孩子设计了很多详细的"教育进补"方案,用"狼妈""虎爸"的教育方式培养精英人才。但成功却是个例,有许许多多的孩子在父母的高压教育下永远失去了学习的兴趣。因此关于幼儿心理发展是靠外力塑造被动发展的还是靠自己主动参与活动获得发展的研究,一直是令关注幼儿心理发展的研究者着迷的问题。

心理学研究者普遍认同幼儿心理发展的动因是幼儿积极的实践活动中的主动选择,同时,外在教育创设的可供幼儿选择的环境影响力也不容忽视。例如,现代的认知心理学用信息论的概念来揭示幼儿的认知活动的动因。他们把人脑与计算机的操作功能进行类比,计算机是物理符号系统,它有能操作符号的功能,人脑也是物理符号系统,因此人的心理活动也可以看成心理符号(信号刺激)在人脑中操作的过程。幼儿在生活中的所见所闻在大脑中经历了类似计算机符号操作的过程,从感觉的输入到行为的输出,再到信息在其中积极地被编码、转换和组织,整个过程都是幼儿自主完成的,幼儿学习的兴趣、积极主动性才是其心理发展的主要动因。信息加工理论的研究有助于幼儿教师和家长理解幼儿主动学习心理发展的规律,根据幼儿心理发展规律创设幼儿感兴趣的、主动的学习环境。

因此,幼儿教师需要深入研究幼儿的兴趣、学习的需要,根据幼儿的兴趣和需要创设适宜的学习环境,有目的、有计划地引导幼儿主动发展。

(三)幼儿心理发展的年龄特征

幼儿的心理年龄特征也是幼儿心理发展研究的一个重要内容。心理年龄特征是指儿童心理发展的各个不同年龄阶段所形成和表现出来的那些一般的、典型的心理特征。对幼儿的心理特征的研究一般分为三个阶段:3～4岁、4～5岁、5～6岁,每一个年龄段都有其特殊性。例如,3～4岁幼儿的心理年龄特征表现为:上幼儿园后的小班幼儿,生活范围扩大,他们的认识能力、生活能力以及人际交往能力获得迅速发展,但他们的认识活动往往还要依靠动作和行动来进行。他们常常先做再想,而不能想清楚了再采取行动。情绪对他们的影响作用很大,一件微不足道的小事也会引起他们情绪的巨大波动,受暗示性很强。他们对身边熟悉的成人有很大的依赖性,喜欢模仿自己的老师的语言、动作。

研究和了解幼儿的心理年龄特征,有助于幼儿教师更好地理解幼儿园各年龄段幼儿教育的目标,科学设计有利于幼儿心理可持续发展的教育活动。同时,幼儿教师坚持做幼儿成长的记录,对幼儿心理发展做阶段性评价,收集汇总后建立幼儿成长记录档案,为幼儿心理发展年龄特征的深入研究积累第一手资料。

(四)幼儿心理发展的个别差异性

幼儿园的每个班上都能发现一些在各方面能力表现都非常突出的幼儿,他们聪明活泼、语言表达能力强、思维敏捷,是在班上被许多小朋友喜爱的儿童。同时,也会存在少数各方面能力表现都比较弱或者某个方面发展特别差的幼儿,这些幼儿在人际交往中常常受到其他小朋友的忽略甚至被小朋友欺负。因此研究幼儿心理发展的个别差异性，探究不同幼儿心理发展水平的差异、个性化心理发展特点和造成差异的原因，是寻找促进每个幼儿心理个性化发展的有效途径。例如，在国内学者崔金奇的一项关于4～6岁幼儿执行功能性别差异性研究中发现，女孩适应环境的目的性和为了适应环境而控制自己行为的能力比同龄的男孩强。具体表现在幼儿监控外部世界和内心活动，排除或抑制无关信息的干扰的能力方面，女孩比男孩强；在选择必要的信息、抑制不必要的优势反应以产生适应新的环境的活动方面，女孩也优于男孩。

当今心理学研究非常关注幼儿的差异性，关注焦点主要集中在幼儿的智力、社会化、个性发展等方面的差异研究。幼儿教师要因材施教，需要深入了解幼儿心理发展的个别差异性，评价他们心理发展的水平、研究造成心理发展差异的原因，为他们提供针对性帮助是幼儿教师应尽的责任。

二、幼儿心理发展研究的意义

（一）理论意义

1. 有利于发现幼儿零散心理现象的内在联系

幼教工作者每天都能通过观察发现幼儿的各种心理表现，这些都是研究幼儿心理发展规律的第一手资料，具有重要的研究价值。幼儿教师学习开展幼儿心理发展研究，不仅能帮助教师发现幼儿心理规律，根据规律开展教育，使教师从纷繁复杂的工作中解脱出来，而且有利于丰富幼儿心理发展的理论。

2. 有利于提升幼儿教师个人教育经验的理论价值

幼教工作者经过一段时间的教育教学工作，开始积累了一些个人认为是行之有效的教育教学方法，但是个人的经验是否能在其他教师或班级推广，缺乏有力的证据。一些优秀的幼儿教师的教育经验因此不能得到有效提炼和总结。幼儿心理发展研究，不仅可以帮助幼儿教师及时发现教育中存在的问题，进一步提升其教育教学实践经验，同时还有助于教师通过记录其促进幼儿心理发展的教育过程，掌握科研的有力证据，提升其教育经验总结的有效性，将个人教育经验总结提升到理论高度。

（二）实践意义

1. 有利于幼教工作者开展幼儿个别差异的针对性教育

幼教工作者每天都要面对不同幼儿的不同心理表现，需要应对幼儿各种各样的不同要求，有时教师采用的某些方法能取得良好的教育效果，但也有些时候幼儿教师在教育幼儿时产生了很强的挫败心理。借助幼儿心理发展的研究，能有效帮助教师找到幼儿教育失败的原因，科学探索针对性的补救教育措施。

2. 有利于新教师快速适应幼儿教育岗位

幼儿教师的工作是繁重而复杂的，幼儿园新任教师开始工作时感觉最难以适应的就是与幼儿的沟通、交流，及时了解幼儿的心理需要，及早制定应对的措施。为此，新教师开展幼儿心理发展研究，有助于新教师把所学的教育理论与幼儿心理发展实际结合起来，为其提高教育能力、教研能力，实现专业化发展奠定良好的基础。

三、幼儿心理发展研究的原则与方法

(一)幼儿心理发展研究的基本原则

1. 客观性原则

客观性原则是指实事求是地根据幼儿心理发展的本来面貌加以考察，根据幼儿的社会生活条件及其身心的发展进行研究。收集资料时，必须在幼儿活动过程中进行（如在幼儿园实地研究时，应注意尽量不打乱幼儿园原有的正常教育教学计划、日程和作息时间），全面地收集资料；下结论时必须尽可能全面细致地分析事实材料，从中归纳出本质的规律。同时，研究者在选题时要考虑实际人员、经费、设备、技术等条件的承受能力，实事求是地选定课题范围。

2. 发展性原则

发展性原则是指用发展的眼光来指导幼儿心理研究，研究不仅要描述幼儿心理发展量的变化，还要揭示发展质的变化，综合考虑内外因统一作用来分析影响幼儿心理发展的因素。将研究的结果作为教育决策部门未来学前教育改革的依据，或者指导学前教育工作者提高保教工作质量的有效方法，帮助幼儿达到其年龄阶段发展的最佳水平，并为更高一阶段的发展打好基础。

3. 教育性原则

教育性原则是指所采用的研究方法要符合教育要求和道德标准，研究过程和结果应对幼儿身心发展起着正面的促进作用，使研究对象受益。任何幼儿心理发展研究都必须符合教育的要求，不允许进行可能对幼儿身心健康造成损害的研究。研究者在选择研究方式和方法时，不仅要考虑所研究的问题是否有效，还要考虑所用的方法是否会对研究对象（幼儿）的身心产生不良影响，或者会侵犯幼儿的权利和人格。在使用控制组或对照组时，应尽可能不用剥夺幼儿基本的教育环境与条件的手段，保护幼儿的权利，不强迫幼儿执行其不愿从事的任务，不使幼儿在研究中感到焦虑或压抑。不允许向幼儿展示与教育目的相矛盾的图片、问题情境、作业等。华生在1920年所做的关于儿童惧怕的研究中，每当儿童摸小白鼠时使用了钢棍尖锐的敲击声音引起实验对象的恐惧，导致实验对象对所有带毛的物体都感到恐惧。这种方法的使用显然违背了研究的道德标准，后人应引以为戒。

4. 理论与实际结合原则

理论与实际结合原则是指开展幼儿心理发展研究，要紧密结合本区域或研究对象的实际情况，选择恰当的研究方法和设计合理研究方案，提高研究的信度和效度，从而使理论研究更好地指导实践，帮助解决幼儿教育实际工作中的问题。例如，在研究中编制测验时，要求幼儿完成的任务、项目、指导语等要考虑测验对象——幼儿的能力限制，同时要考虑幼儿注意力保持时间较短，不宜设计用时超过20分钟的测验。幼儿情绪稳定性差，选择测试的地点应该是幼儿比较熟悉的地方，测试的时机是当幼儿处于相对比较舒适（不犯困、不饿、不渴、不过度兴奋）的状态下。

(二)幼儿心理发展研究的常用方法

1. 观察法

观察法是在自然条件下,对表现心理现象的外部活动进行有目的有计划地考察、记录和分析,从中发现幼儿心理现象产生和发展的规律性的方法。

(1)观察法的类型。

根据观察过程的结构、性质和控制程度,可将观察法分为正式观察法和非正式观察法。根据古德温与德里斯科尔的分类,正式观察法包括实况详录法、时间取样法、事件取样法和特性等级评定法;非正式观察法包括日记描述法、轶事记录法、频率计数图示法和清单法等。正式观察法一般用于科学研究,有严格的使用要求:严格地对观察的行为定义;细致制定表格;在一定控制下从事观察;训练观察者,提高观察者信度;用相对严格、先进的方式分析所得资料。而非正式观察法结构松散,适用于幼儿教师获取有关日常教学和活动安排等方面的信息,或者帮助观察者获得了解儿童身心发展各种特点的感性经验。

(2)观察法的步骤。

选择要观察的某种行为—确定观察的范围(对象、时间、空间)—量化观察指标—讨论并确定观察法施行程序与方法—收集与记录观察结果—资料分析—撰写观察报告。

(3)观察时的注意事项。

第一,要有明确的观察对象。明确要观察的对象是某个幼儿的行为或者幼儿的某一特定行为的发生。如观察有攻击行为的幼儿在同伴交往中的主动行为。

第二,事先确定好观察地点。指定观察幼儿行为的场所与背景,如幼儿互助行为可以发生在幼儿园环境的多个场景中,研究者需根据其研究的具体内容圈定观察的范围,如定点在娃娃家的区角进行观察。同时,观察者还要选择有利的观察地形,确保被观察幼儿没有觉察到研究者在观察他。如果被观察的幼儿知道自己正在被观察,其原有正常行为可能受影响而发生改变。

第三,观察时间段的选择。观察收集到的信息量很大,为了减少筛选信息的工作量,必须提高信息收集的针对性。研究者通常会根据研究重点选择某一事件发生的关键时段记录事件中幼儿行为的变化。如教学活动开始后5分钟内幼儿注意力的变化。

第四,研究科学、方便、可行的记录方法。研究者为了观察过程中能快速记录观察结果以及事后便于定性、定量的分析,细化观察的任务指标,并尽可能考虑用真实场景实录和图表量化记录相结合的方法进行记录。现代电子设备使用非常普遍,研究者可选择用数码相机、录像机拍摄来进行真实场景记录,同时在观察时还要用事先拟定好的图表对观察进行量化记录。两种方法的结合能确保观察结果分析时逻辑清晰、过程真实无缺漏。

(4)观察法的优缺点。

观察法的优点:第一,观察法最适于幼儿,它有助于了解自然状态下幼儿行为

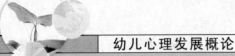
的真实表现，客观记录幼儿的行为，并能有效捕捉幼儿心理发展中与环境的互动过程；第二，由于观察法是研究者直接到现场观察事情的发生，不必透过幼儿的口头报告或转述，避免因幼儿对讯息的筛选或报告不全而影响资料收集的完整性和可靠性，比较客观；第三，在自然情境下观察，可以观察到幼儿行为发生和发展的真实情况，因此在幼儿心理研究中应用非常广泛。

观察法的缺点：第一，在真实世界中研究者所能观察的目标有限。一般观察法只限观察外显行为，因此像动机、偏好、态度、意见等研究就比较不适合用观察法。第二，存在观察者偏差。观察者所观察到的是表面或象征性的行为，有时需要对观察结果进行推论或诠释，在诠释过程中可能带有观察者的主观判断。第三，受条件限制，耗时。由于观察者必须在现场目睹事件的发生，但有时很难预测发生时间，使得观察事项可遇不可求，而且一次所能收集到的观察资料非常有限，因此观察法成本高，耗时。

资料卡

时间抽样观察——某幼儿在听故事时间里的注意力

10:01 安静地坐着，看着老师。

10:02 专心地看着老师呈现给大家看的故事图片。

10:03 扭头看右边小朋友的衣服，并伸手去拉小朋友衣服上的小恐龙的尾巴。

10:04 老师叫他的名字的时候，他答应了。

10:05 在老师针对图片内容提问的时候，他看右边小朋友举手，他也举起手。

10:06 老师请左边一位小朋友回答时，他又用手拉右边小朋友的衣服。

观察要点：观察时间间隔通常根据整个记录的时间安排来决定，而完整的观察记录时间通常取决于你开展观察的理由。

追踪观察——某幼儿参与区域活动情况

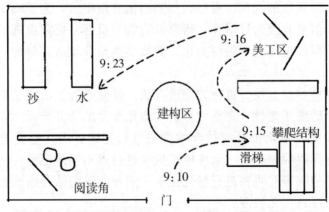

标识 ---→ 儿童的活动路线   9:15 离开该区域的时间

观察要点：在观察前，应预先规划好观察幼儿的场地，记录一个幼儿在自由活

动时间从事的活动或者某个时刻一群幼儿的社交活动。

（资料来源：卡罗尔·沙曼等著，单敏月等译，《观察儿童：实践操作指南》，2008）

2. 调查法

调查法是通过间接收集被研究幼儿的各种有关资料，了解和分析幼儿心理现象与问题的方法。

(1)调查研究的类型。

根据研究内容和研究目的的不同，调查研究一般可以分为四种类型：现状调查、关系调查、发展变化调查和原因调查。现状调查研究主要用于研究幼儿心理发展的某些特征或发展中存在的问题、基本现状。如"独生与非独生幼儿合群性调查""3～4岁幼儿记忆力特点研究"等。关系调查研究主要用于分析和考察幼儿心理发展与影响因素之间的关系。如"幼儿教师个性与幼儿心理健康的关系研究""家庭亲子活动质量与幼儿亲社会行为关系研究"等。发展变化调查研究主要用于探讨幼儿某些心理特征随年龄的增长而发展变化的规律。如"3～6岁幼儿观察力发展研究""幼儿延迟满足能力发展研究"等。原因调查研究主要用于探索幼儿某种心理或心理发展背后可能的原因。

(2)调查法的注意事项。

运用调查法有两个基本要求：真实性和代表性。在调查法实施过程中要实事求是，调查的对象范围要能反映研究对象总体本身的情况。另外，由于调查法常常无法穷尽所有的研究对象，严格地说，仅靠调查法不足以说明两个变量之间的因果关系。因此借助调查法找出可能原因之后，需要再针对性、有方向地从事假设验证的实验研究，才能确定因果关系。

(3)调查法的步骤。

使用调查法的基本步骤是：采用抽样方法选择调查对象—确定调查内容—根据内容选择调查手段—准备调查材料—进行实地调查—整理调查资料—总结分析并撰写调查报告。

(4)调查法的优缺点。

调查法的优点：调查研究不受时间、空间条件的限制，研究涉及范围广，收集资料的速度快、效率高、手段多样化。调查研究的具体方法可以多样化，如文献研究、历史调查、抽样调查、普查、重点调查、典型调查、内容分析等，可采用的手段也很多，如查阅文献、发放问卷、座谈、个别谈话、电话访谈、网络调查、作品分析等，研究者可根据研究目的采用多种手段。

调查法的缺点：调查结果的可靠性对调查对象的态度和能力依赖性强，有些调查手段如问卷法不适用于幼儿。由于调查是向别人间接了解情况，调查对象所反映现象事实的客观性和真实性决定了调查所收集到的资料的可靠性。然而，调查结果的可靠性依赖于调查对象的合作态度与实事求是的精神，调查过程中常会出现因调查对象不合作、敷衍应付，作出了不真实的反馈，影响研究的客观性。调查法使用效果，也与研究者自身对问题研究中各种影响因素关系的理论剖析水平有关。

3. 自然实验法

自然实验法是指在幼儿正常的活动情境中，适当控制或者创造一定条件来引起幼儿某种心理活动产生，以进行测量的一种科学研究方法。

（1）自然实验法的类型。

根据实验的具体组织形式，自然实验法可分为单组实验、等组实验和轮组实验。单组实验是实验对象仅有一组，只能前后比较。这一组实验对象可以是一个幼儿园的全体幼儿，也可以是一个班的幼儿，甚至一个幼儿。在实验中控制一种或几种实验因素，然后测量这些实验因素所产生的结果，最终得出结论。等组实验是把实验对象分为人数和能力相等的两组或多组，每个组的其他条件都相同。在其他条件相同的情况下，给予两个或两个以上的实验因素，分别应用于这几组。经过一段时间，再测量实验因素所产生的结果，从而得出结论。轮组实验是实验对象有两组，两组的人数和能力是相等的，也可以不相等，将两个实验的因素，轮流在两组实验，然后比较其结果。一个好的实验设计通常综合各类实验设计的长处，扬长避短，运用多类型设计的组合。

（2）自然实验法的注意事项。

采用自然实验法研究幼儿心理首先要考虑的是实验是否会造成幼儿的不良反应，影响幼儿心理的健康发展。通常用自然实验法来研究测量心理活动时，只针对某一种心理状态，尽量避免引起其他心理产生的相互干扰。

（3）自然实验法的操作步骤。

使用实验法的基本操作程序：确定研究目的与内容—选择实验对象—控制无关因素的干扰—实施实验因素干扰—收集和整理材料—比较分析、撰写报告。

（4）自然实验法的优缺点。

自然实验法的优点：自然实验法采用科学研究的方法对幼儿心理发展的规律进行研究，有助于科学揭示幼儿心理发展与影响因素之间的因果关系。研究者的主动性强，可以主动地控制研究过程，操纵研究中的某些条件。自然实验法还具有可反复验证的特点。这种研究具有很强的可操作性，每一项实验研究都明确地阐明自变量的性质、具体的操作方式、因变量的测量方法等。这样不仅研究者本人清楚地知道如何进行实验，而且别人也可以在不同的时间、不同的地点重复实验。通过重复性实验研究，可以验证原始实验的真实性和确切的效果。

自然实验法的缺点：第一，无关变量难控制。由于心理活动的复杂性，影响因变量的因素很多，因此要完全控制无关变量是很难的。一般来说，在研究中很难做到对无关变量的完全控制，只能是相对地控制一些无关的因素。第二，对研究条件的要求较高，实验研究过程需要进行比较严格的控制。第三，受到伦理和社会因素的限制。研究过程中往往需要改变某些条件或处理方式，这样就有可能对研究对象产生影响。在实验研究中要考虑到幼儿的发展和成长，要避免对其产生负面影响。因而实验内容、范围受到一定限制，有些内容适于用实验的方法研究，有些内容不适于用实验的方法研究。

 单元小结

从心理本质而言，心理是客观世界在人脑中的主观映象。一切心理活动都是反射式的活动。反射式活动的特征决定了心理的基本特征：①心理是脑的机能，脑是心理的器官；②客观现实是心理的源泉；③心理是客观存在的主观反映；④个体的活动是实现主体同对象世界联系的中介和桥梁。

人的心理活动表现形式多种多样，心理现象是非常复杂的，但不是杂乱无章的，各种心理现象之间存在一定联系，成为一个有机整体。心理现象由心理过程和个性心理两部分构成。心理过程是指人对现实的反映过程，是一个人心理现象的动态过程，包括认识过程、情感过程和意志过程。个性心理是一个人比较稳定的、具有一定倾向性和各种心理特点或品质的独特组合。个性具有独特性、整体性和稳定性特点。个性心理包括个性倾向性和个性心理特征。

儿童心理发展经历了胎儿期、新生儿期、乳儿期、幼儿前期、幼儿期、童年期、少年期七个阶段，每一个阶段都有其独特的年龄特征。幼儿期是儿童心理快速发展的时期，心理发展总的趋势是：在认识活动方面具有明显的具体形象性、在心理活动及行为方面具有无意性特点，开始形成了最初的个性倾向。虽然不同幼儿心理发展的结果各异，但仍表现出一些共同的规律：幼儿心理发展是一个由量变引起质变的过程，在发展过程中幼儿的心理由简单到复杂、由具体到抽象的方向和顺序不变，且心理不同方面的发展水平和速度是不平衡的，发展的结果也存在差异性。

作为一名幼儿师范生应掌握了解幼儿心理的基本研究方法，尤其是观察、了解幼儿的方法，对针对幼儿的个别差异性实施有效教学，并在今后的教学生涯中总结和发现幼儿心理发展规律，为科学开展幼儿教育活动，使自己快速成长为一名优秀的幼儿教师打好基础。

思考与练习

1. 简述心理的特征与结构。

2. 什么是儿童心理发展？儿童心理的发展一般包括哪些阶段？

3. 简述与儿童心理发展相关的概念。

4. 什么是幼儿心理发展？幼儿心理呈现怎样的发展趋势？

5. 幼儿心理发展的领域有哪些？

6. 幼儿心理发展研究的主要内容有哪些？

7. 幼儿园刚入园的小班幼儿来园时常常会哭闹一段时间，请你设计一个详细的观察方案，发现幼儿入园哭闹的规律并分析原因，尝试提出一些帮助小班幼儿快速适应幼儿园新环境的具体措施。

案例分析

阅读以下材料，请分析 A、B 两位教师在现场观察、记录观察结果、分析观察资料这三个环节中的做法。

实例一：A 教师

观察记录（观察对象：小一班　黄点点）

1997 年 10 月 24 日：今天上午，我请每个小朋友说一首儿歌，点点坐在座位上哭了，问了半天也没说话，可能是不会说。

1997 年 10 月 25 日：今天，中午上床午睡脱衣服时，点点又哭了，原来是不会脱衣服。

1997 年 10 月 26 日：今天中午吃牛肉，点点又哭了，原来是不爱吃牛肉。

分析与措施：点点是从小班升上来的孩子，按理说，对幼儿园生活该适应了。可在班上，一整天也听不到他讲一句话，遇到问题总是哭。向家长了解，据说，点点是奶奶带大的，3 岁了才会讲话，再加上胆子小，内向，所以有了问题就会哭。今后我要多注意他的语言培养，提供更多的表达机会，进一步同家长取得联系，在提高语言表达能力上做些努力。

实例二：B 教师

观察记录（观察对象：中二班　胡辛峰）

1997 年 10 月 23 日：早晨，我正忙着接待来园的孩子，胡辛峰来了。他哭着对爸爸说："爸爸，你天天来接我回家睡觉。"爸爸说："不行，我得上班。""那爷爷接。""不行，爷爷走不动了。"胡辛峰拉着我的手："老师，你抱抱我吧！我感冒了。"尽管忙，我还是把他搂在怀里。他两只小手紧紧地抱着我，把头贴在我的胸前。过了一会儿，他的情绪慢慢稳定了，说："老师，放下我吧！我好了。"

分析与措施：胡辛峰的父母离异了，他跟着爷爷奶奶生活。爷爷奶奶年纪太大了，不能每天接送，于是就整托了。今天，他未必真的感冒，只是情感饥饿，在寻找成人的爱和安慰……教师应该尽可能地体谅、理解孩子，帮助他度过情感的"饥荒"。

问题解析：

从以上实例中不难看出，两位教师观察了解幼儿，都抓住三个基本环节：现场观察、记录观察结果、分析和利用观察资料。但两位教师对这三个环节的处理，还存在一些差异。

1. 从现场观察看，A 教师抓住黄点点连续三天的异常情绪，展开追踪观察是可取的。B 教师抓住胡辛峰的分离焦虑，进行深入的观察也很有必要。她们在选择观察对象，确定观察重点的问题上，很重视幼儿的情绪心理健康问题，是值得提倡的。追踪观察、深入观察也是必需的。

2. 从记录观察结果看，A 教师在观察记录中，仅以"又哭了"三个字记叙黄点点的消极情绪，提供给研究分析的第一手资料过于简单。因此，教师对幼儿产生该行为的原因进行分析、判断时，难免带有教师主观推断的色彩和成分，做出"可能是不会说话""原来是不会脱衣服""原来是不爱吃牛肉"这样一些主观推测出来的结论，对于解决黄点点爱哭的情绪问题是毫无裨益的。B教师却不同，她通过对旁听到的父子之间的对话进行记录，对胡辛峰的神态、心情、语言进行了详细的描写，对与胡辛峰的直接接触过程进行追忆，使观察记录较好地保留了行为事件的本来顺序和真实面貌，确保观察记录的客观、翔实，为进一步揭示这个单亲家庭中长大的孩子产生分离焦虑的原因提供了线索，也为问题的解决找到了切入点。所以建议A教师通过对黄点点的动作、表情、语言等做细致的观察并做好原始记录，在持续追踪观察的基础上，与家长取得联系，深入了解黄点点在家里的表现并做好记录，为揭示黄点点不适应幼儿园的原因提供可靠翔实的资料。因此，全面、详细的观察、访谈记录，是作出客观的分析和准确判断的依据。

3. 从分析、利用观察资料看，A教师对于黄点点为什么天天哭，未能从不会说、不会穿、不爱吃等表面现象，深入到内向、胆小、适应不良的性格特征的层面去寻找原因，而把黄点点天天都哭的原因，归结为他不会说话，应该进行口语表达能力的培养。B教师的做法比较妥当。她透过"来园时哭闹"这个表面现象，看到了父母离异后给幼儿心灵造成的创伤。教师并不费心地去琢磨"我感冒了"是真是假，而是首先给予情感上的安抚，并由此而确定了"帮助他度过情感饥荒"的教育策略。通常小班幼儿因为需要适应新的幼儿园环境，在幼儿园里，他们可能因为情感需要没被满足在为难时哭了，可能因为缺乏安全感产生对幼儿园的恐惧，或者对幼儿园中一些特定的环境、人、现象不习惯而引发消极情绪，建议A教师抓住刚入园小班幼儿的心理特点，耐心细致地系统观察，发现其情绪变化的规律，找出他情绪背后的动因，针对性采取有效措施帮助黄点点。

（资料来源：www.060s.com.2008-10-19）

⇒幼儿教师资格考试模拟练习

一、单项选择题

1. 以下对幼儿心理发展的表述不正确的是（　　）。

A. 幼儿的发展总是离不开教师的引导，因此幼儿心理是被动发展的

B. 幼儿心理发展在各年龄段会表现出一般的、典型的心理特征

C. 幼儿心理各组成成分的发展并不总是按相等的速度直线发展的

D. 幼儿心理发展总是具有一定的方向性和顺序性的

2. 以下对幼儿心理发展关键期理解正确的是（　　）。

A. 心理发展的关键期就是幼儿学知识学得特别快的时期

B. 幼儿心理发展的不同领域，其关键期是不同的

C. 在幼儿心理发展的关键期，教师只要把握好进行专门的教育，幼儿心理就可以获得快速发展

D. 教师需要在幼儿心理发展的关键期为其创设有效的影响环境，满足其学习的需求

3. 李老师刚接手带中一班，想快速了解该班幼儿的人际交往情况，最适合的研究方法是（　　）。

A. 谈话法　　　　B. 观察法　　　　C. 自然实验法　　　　D. 作品分析法

4. 以下对幼儿心理发展的趋势表述错误的是（　　）。

A. 对事物的认知从笼统到开始分化

B. 知识的积累从感性经验到理性经验

C. 思维的发展从具体到出现抽象概括的萌芽

D. 行为的发展从无意到出现有目的的行为

5. 儿童心理发展最为迅速和心理特征变化最大的阶段是（　　）。

A. 0～1岁　　　　B. 1～3岁　　　　C. 3～6岁　　　　D. 6～14岁

二、案例分析题

福宝宝幼儿园小三班的张老师在家长们的要求下，每天都会花很多时间让小朋友们学写字。隔壁班的王老师说这时候是小朋友们学语言的好时机，应该给他们更多学习语言的机会。张老师反驳说："小孩子学语言什么时候都可以，现在让他们学语言，小孩子话多，上课时候就很难让他们保持安静，等他们大一点有控制力了再鼓励他们多说话会更好。"请你根据幼儿心理发展的相关原理，分析两位老师的观点。

第二单元

幼儿心理发展研究的基本理论

学习目标

1. 了解并简单评价各理论流派关于幼儿发展的主要观点；
2. 掌握影响幼儿心理发展的因素，理解各因素在幼儿心理发展中的作用；
3. 探讨幼儿心理发展的基本理论对幼教实践的指导意义。

单元导言

了解并掌握幼儿心理发展的基本知识后，你可能会思考：幼儿心理是怎样发展起来的？影响幼儿心理发展的因素有哪些？本单元将简单介绍几种主要理论流派关于幼儿心理发展的主要观点，以及遗传、环境和自身的心理因素对幼儿心理发展的影响。

第一课　幼儿心理发展研究的理论流派

有关儿童心理发展的一些基本问题，例如，遗传和环境对儿童发展有什么影响，儿童发展是主动的还是被动的，儿童发展是连续的还是分阶段的，等等，儿童发展心理学家们用自己的一套理论体系进行解释和预测，从而形成了不同的理论流派。

一、成熟学说的心理发展观

成熟学说是强调基因顺序规定着儿童生理和心理发展的理论。成熟学说的代表人物是美国心理学家和儿科医生阿诺德·格塞尔(Arnold Gesell)。

(一)主要观点

1. 影响心理发展的因素

格塞尔认为支配儿童心理发展的因素有二：成熟和学习。他认为成熟与内环境有关，而学习则与外环境有关。儿童心理发展是儿童行为或心理形式在环境影响下按一定顺序出现的过程。这个顺序与成熟(内环境)关系较多，而与外环境关系较少，外环境只是给发展提供以适当的时机而已。格塞尔认为，成熟是推动儿童发展的主要动力，对于儿童的发展来说，学习并不是不重要，当个体还没有成熟到一定程度时，学习的效果是很有限的。格塞尔的经典实验"双生子爬楼梯"，就是这一观点很有力的佐证。

资料卡

双生子实验

1929 年，格塞尔对一对双生子进行实验研究，他首先对双生子 A 和双生子 B 进行行为基线的观察，认为他们发展水平相当。在双生子出生第 48 周时，对 A 进行爬楼梯训练，而对 B 则不予相应训练。训练持续了 6 周，期间双生子 A 比 B 更早地显示出某些技能。到了第 53 周，当 B 达到能够学习爬楼梯的成熟水平时，对他开始集中训练，发现只要少量训练，B 就达到了 A 的熟练水平。进一步的观察发现，在 55 周时，A 和 B 的能力没有差别。因此，格塞尔断定，儿童的学习与发展取决于生理的成熟。生理成熟之前的早期训练对最终的结果并没有显著作用。

(资料来源：刘金花，《儿童发展心理学》，2001)

2. 发展的原则

格塞尔认为，儿童生理和心理发展遵循以下原则。

(1)发展方向的原则。主要包括：由上而下，如新生儿的头部发展比脚部发展早；由中心向边缘，如手臂的活动由肩关节向肘关节再向腕关节最后到指关节发展；由粗大动作向精细动作发展，如手指抓握的动作由不能抬腕的一把抓到提腕的指尖对拿。

(2)相互交织的原则。人体的结构和动作是相互对称的，对称的两边需要均衡发展。在发展过程中，某一阶段，有一个方面占优势，过一阶段又会有另一方面占优势。

(3)机能不对称的原则。双手发展的结果，最终形成一只优势手，使人的活动更有效。另外，还有优势腿、优势眼、优势记忆通道等。

(4)个体成熟的原则。这是格塞尔理论的核心原则，即认为个体的发展取决于

成熟，而成熟则取决于基因所决定的时间表。

(5)自我调节的原则。儿童的发展不是直线型的，发展的步伐有时较快，有时较慢；有时前进，有时倒退。

(二)育儿观念

格塞尔认为，父母和从事儿童教育工作的人都应当了解儿童成长规律，根据儿童自身的规律去养育他们。具体而言，每一个教师都应当把自己的工作与儿童的准备状态和特殊能力结合起来；每一个家长都应当与孩子一起成长，一起体验每一个阶段的乐趣和烦恼。如果成人以一种急功近利的方式教导孩子，往往会导致儿童成年以后的失落，甚至引起一系列的心理问题。

格塞尔的同事与学生阿弥士对家长提出如下忠告。

第一，不要认为你的孩子成为怎样的人完全是你的责任，你不要抓紧每一分钟去"教育"他。

第二，学会欣赏孩子的成长，观察并享受每一周，每一月出现的发展新事实。

第三，不要老是去想"下一步应发展什么了"，而应该让你和孩子一道充分体会每一阶段的乐趣。

第四，尊重孩子的实际水平，在尚未成熟时，要耐心等待。

二、精神分析学说的儿童发展观

弗洛伊德(S. Freud)是奥地利精神病学家，精神分析学派的创始人。20世纪前期，弗洛伊德从自己的临床经验出发，对儿童人格的结构和心理发展阶段进行了系统的阐述，并逐步发展为精神分析理论。

(一)主要观点

1. 人格结构的三个层次

弗洛伊德认为人格有三个层次，分别是本我、自我和超我。本我是人格结构中比重最大的一个部分，有很强的生物进化性，是幼儿基本需要的源泉。本我按快乐原则行事，处在潜意识层面。自我处在意识层面，按现实原则行事。超我则是意识层面中的道德成分，体现在根据情境对自我进行约束和决策选择。

2. 儿童心理发展阶段

弗洛伊德根据不同阶段儿童的集中活动能力，把心理和行为发展划分为由低到高的五个渐次阶段。

(1)口腔期(出生～1岁)：引导婴儿吮吸乳房和奶瓶的行为，如果口腔的需要未能得到适当满足，将来可能形成诸如吮吸手指、咬手指甲、暴食和成年以后抽烟的习惯。

(2)肛门期(1～3岁)：学步幼儿和学龄前幼儿从憋住大小便然后排泄的举动中获得快感，上厕所成为父母训练幼儿的主要内容之一。在这一时期弗洛伊德特别要求父母注意对儿童大小便训练不宜过早、过严，否则，对儿童的人格形成有着不利影响。

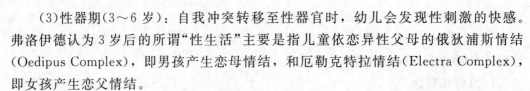

(3)性器期(3～6岁)：自我冲突转移至性器官时，幼儿会发现性刺激的快感。弗洛伊德认为3岁后的所谓"性生活"主要是指儿童依恋异性父母的俄狄浦斯情结(Oedipus Complex)，即男孩产生恋母情结，和厄勒克特拉情结(Electra Complex)，即女孩产生恋父情结。

(4)潜伏期(6～11岁)：性本能消失，超我进一步发展，儿童从家庭以外的成人和一起玩耍的同性伙伴那里获得了新的社会价值观念。孩子逐渐放弃了俄狄浦斯情结和厄勒克特拉情结，男孩和女孩开始各自以同性父母为榜样来行事，弗洛伊德把这种现象称为"自居作用"。

(5)生殖期(12岁以后)：潜伏期的性冲动再度出现，如果前面阶段发展得顺利的话，那么就会顺利过渡到结婚、性生活与生育后代的阶段。

(二)教育启示

1. 重视早期经验和亲子关系

精神分析学说的儿童发展观一方面强调早期经验对于人的一生具有重要影响，认为过去的生活与经历会对以后的行为产生影响；另一方面，认为父母的教养态度与方式，直接决定着孩子童年生活经验的质量。精神分析的理论与研究，使人们开始注意哺乳方式、断奶时间与方法、大小便习惯的训练、亲子关系的处理等问题，注意到成人，尤其是父母在儿童早期生活和人格的形成与发展中的重要地位与作用。

2. 重视健全人格的培养

以弗洛伊德为代表的精神分析学派强调培养健全人格的重要性，认为人格教育是教育的重点和最终目的。因此，幼儿教育不能一味重视知识技能的传授，而应注重培养幼儿"爱人的能力"。对幼儿进行人格教育，要符合其身心发展的特点，不能一味地灌输，要创设能让幼儿体验与感受到尊重、爱、安全的环境，使幼儿获得成功、自信的体验，成为积极主动的学习者。

三、行为主义学说的儿童发展观

(一)主要观点

1. 传统行为主义的观点

经典条件反射理论：行为主义创始人华生(John Broadus Watson)受到生理学家巴甫洛夫的动物学习研究的影响，认为一切行为都是刺激(S)—反应(R)的学习过程。与洛克(John Locke)的"白板说"一致，华生认为环境是发展过程中影响最大的因素。他认为成人能通过仔细地控制刺激与反应的联结，来塑造儿童的行为；发展是个连续的过程，随儿童年龄的增长，刺激与反应的联结力度也逐渐增强。

操作性条件反射理论：斯金纳(Burrhus Frederic Skinner)继承了华生行为主义理论的基本信条。根据斯金纳的理论，行为分为两类，一类是应答性行为，另一类是操作性行为。前一类行为是由经典条件反射中刺激引发的行为；后一类行为是个体自发出现的行为，其发生频率会在紧随其后的强化作用下增强，如食物、称赞、友好的微笑或一个新玩具，同样也能通过惩罚，如不同意或取消特权等，来减少其发生的频率。

2. 社会学习理论的观点

班杜拉(Albert Bandura)强调模仿，也就是观察学习。在他看来，儿童总是"张着眼睛和耳朵"观察和模仿周围人们的那些有意的和无意的反应，观察、模仿带有选择性。通过对他人行为及其强化行为结果的观察，儿童获得某些新的反应，或现存的反应特点得到矫正。

由于观察到他人的行为受到表扬或惩罚，而使儿童也受到了相应的强化，如看到他的一个同伴推倒了另一个同伴，并获得了想要的玩具，该儿童于是也可能在以后尝试使用这个方法，这就是替代强化。除了观察学习过程中的替代强化外，个体还存在自我强化。当自身的行为达到自己设定的标准时，儿童就会用自我肯定或自我否定的方法来对自己的行为做出反应，所以完成拼板游戏的幼儿会为自己拍手叫好。

儿童通过对他人自我表扬和自我批评的观察，以及对自己行为价值的评价，逐渐发展出自我效能感——认为自己的能力和个性使自己能够获得成功的一种信念。

(二)教育启示

1. 注意环境影响

创设适宜于儿童发展的良好环境，尽可能避免来自于外界环境的一切不良刺激，以养育身心健康的儿童。教师是环境的设计者，是利用环境因素来形成与培养幼儿良好行为的"工程师"。教师应当根据对幼儿行为与进步的观察，来提供适宜的学习材料，与当天活动有关的材料应当放在显著的位置以吸引幼儿的注意。

2. 学习目标的制定要具体详尽

教师在制定教学目标时，要把期望幼儿完成的行为或任务，分解成为一系列细小的行为步骤。例如，"进餐"可以分解为使用勺子、倒水入杯、使用餐巾纸或毛巾、传递食物等具体细致的环节；其中每一个环节还可以再分为更细小具体的步骤。当教学目标或任务被分解为具体的行为步骤之后，就可以通过提供榜样、教师示范和练习等方式，按照"小步子接近"顺序原则，一个动作一个动作地帮助幼儿掌握动作技能，最后完成预期的教学任务。

3. 注意运用强化控制原理

行为主义认为，人的行为能否保持下去与它的后果有关。例如，一个幼儿做了好事，受到教师的表扬，那么这个幼儿就再去寻找机会做好事。教师的表扬是对幼儿行为的强化。强化作用是塑造与修正儿童行为的基础，表扬、批评、惩罚、奖励是强化的基本手段。教师要谨慎地运用批评等手段，因为运用不当，反而会强化不好的行为倾向。教师要了解每个儿童的兴趣与爱好，根据幼儿的兴趣与爱好来选择适当的、能鼓励幼儿的奖赏。因为并不是每个幼儿都喜欢同样的奖励。可以用作奖励的有红花、星星等图样以及食物、花样不干胶、游戏的机会等。最好的奖励来自

于活动本身的结果，只有在必要的时候才使用人为的奖励。

4. 注意榜样对幼儿学习的影响

行为主义非常重视榜样对幼儿学习的影响，认为幼儿是通过直接经验和观察来学习的。以观察学习为基础的示范教学，可以为幼儿提供正确的模仿榜样或对象，减少尝试错误和不必要的时间浪费。在示范教学中要选择幼儿感兴趣、容易为幼儿接受的模仿对象。教师是幼儿心目中的"权威"，教师的一举一动、一言一行都对幼儿产生影响，成为幼儿模仿的对象。例如，教师如果责骂或体罚幼儿，等于为幼儿示范了攻击性行为；教师如果态度和蔼、亲切，幼儿就能学得良好的待人态度。因此，教师必须注意自己的一言一行，注意身教言传。此外，家庭教育要和幼儿园教育配合一致，父母也应为幼儿树立良好的榜样。

四、认知发展学说的儿童发展观

瑞士的儿童心理学家皮亚杰(Jean Piaget)毕生研究儿童认知的发展，创立了著名的儿童认知发展理论——发生认识论。

(一)主要观点

1. 影响心理发展的因素

皮亚杰认为影响心理发展的因素有四个：成熟、物理环境、社会环境、平衡。

成熟是指机体的成长，特别是神经系统和内分泌系统的发展，儿童心理的发展必须依赖于先天的遗传因素和生理基础。

物理环境包括物理经验和数学逻辑经验。

社会环境是指影响个体心理发展的社会因素，包括社会生活、社会传递、文化教育、语言信息等。皮亚杰强调，社会环境对人的心理发展的影响，是以个体的认识结构为前提，通过社会互动作用而实现的。

平衡过程是主体内部存在的机制，皮亚杰认为如果没有主体内部的同化、顺应、平衡机制，任何外界刺激对儿童本身都不起作用。

2. 认知发展的阶段

皮亚杰依照儿童智慧发展的水平，将儿童心理的发展划分为四个阶段。

(1)感知运动阶段(0～2岁)。婴儿的学习限于最简单的身体动作和感官知觉方面：视觉、触觉、嗅觉、味觉和听觉。在这个阶段，儿童还没有语言和思维，逐渐形成客体永久性的概念。

(2)前运算阶段(2～7岁)。该阶段儿童能保持对不在眼前的物体形象的记忆；语言和符号的初步掌握使得体验超出直觉范围，出现直觉思维(4～7岁)或表象思维。主要有三个特点：一是相对具体性，儿童开始依靠表象思维，但是还不能进行运算思维；二是不可逆性，突出表现为缺乏概念守恒结构，如液体守恒、数量守恒、面积守恒等；三是自我中心性，具体表现为自我中心思维，儿童认识周围的事物只能站在自己的经验中心来理解事物，认识事物。

(3)具体运算阶段(7～11岁)。儿童开始具有逻辑思维和运算能力，对物体的大小、体积、数量和重量进行推论思考，获得了守恒性和可逆性的概念；把概念体系用于具体事物；逐渐能够运用保守原则。在这一阶段中，最重要的一种运算是分类。

（4）形式运算阶段（12岁以上）。这一阶段儿童不再依靠具体事物来运算，能够脱离具体事物进行抽象概括，能够作出几种假设推测，并通过象征性的操作来解决问题；达到了认知发展的最高阶段；同成熟的成年人的思维能力相当。

（二）教育启示

1. 教育应配合儿童的认知发展顺序

首先，按儿童的认知发展顺序编制课程。课程内容、进度以及何时该教什么应按儿童心理认知状态的变化来设计。其次，教材应不显著超越儿童现有的认知发展。皮亚杰认为儿童接受有关的知识时，必须具备同化它们的结构的能力，否则事倍功半。最后，教授教材时，重点不宜放在加速儿童的学习进度上。教育的理想不是以传授最多的知识为唯一目的，而是以儿童学会学习并得以发展为正途。

2. 以儿童为中心，大力发展儿童的主动性

皮亚杰认为儿童的认知能力不能是外烁的，只能从内部形成；教育必须致力于发展儿童的主动性，只有儿童自我发现的东西，才能积极地被同化。

3. 重视活动在教育中的作用

皮亚杰认为知识的形成主要是一种活动的内化作用，儿童只有具体地、自发地参与各种活动，才能获得真正的知识。如物理知识是通过作用于客体的动作而形成的。有关树木的真实概念只有在儿童作用于树木时才可能获得并精细化，否则即使看了树的图片，听了有关树的故事，读了有关树的书，幼儿也不可能形成树的知识。逻辑数学知识的构成同样来自对客体的动作，仅凭听和读是不可能形成诸如数量、长度和面积等概念。社会经验知识的构成也取决于儿童与他人之间的相互作用。

4. 注重游戏和探索的教学方法

一方面，根据不同年龄阶段而安排不同的游戏。皮亚杰认为，对于幼儿来说，无论何时，只要能成功地把初步的阅读、算术或拼读改用游戏方式进行，儿童就会热情地沉溺于这些游戏中，并获得真正有益的知识。另一方面，每一学科都必须提供产生大量探索活动的可能性，并使之与一定的知识体系相联系。

五、维果茨基的儿童发展观

维果茨基（Lev Vygotsky）是苏联心理学家，主要研究儿童心理和教育心理，创立了文化—历史发展理论，强调社会教育在儿童心理发展中的作用，着重探讨思维与言语、教学与发展的关系问题。

（一）主要观点

1. 心理发展的实质

维果茨基认为，心理的发展指的是一个人的心理（从出生到成年）在环境与教育

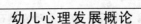

的影响下，在低级的心理机能的基础上，逐渐向高级的心理机能转化的过程。

心理机能由低级向高级发展的标志是什么？维果茨基归纳为四个方面的表现：①心理活动的随意机能；②心理活动的抽象—概括机能，也就是说各种机能由于思维（主要是指抽象逻辑思维）的参与而高级化；③各种心理机能之间的关系不断地变化、组合，形成间接的、以符号或词为中介的心理结构；④心理活动的个性化。

心理机能由低级向高级发展的原因是什么？维果茨基强调了三点：一是心理机能起源于社会文化—历史的发展，是受社会规律所制约的；二是从个体发展来看，儿童在与成人交往的过程中通过掌握高级心理机能的工具——语言和符号，使其在低级的心理机能的基础上形成了各种新的心理机能；三是高级的心理机能是不断内化的结果。

2. 教学与发展的关系

在教学与发展的关系上，维果茨基提出了三个重要的问题：一是最近发展区思想；二是教学应当走在发展的前面；三是关于学习的最佳期限问题。

维果茨基认为，至少要确定两种发展的水平。第一种是现有发展水平，这是指儿童独立活动时所达到的解决问题的水平。第二种是在有指导的情况下儿童所达到的解决问题的水平，即儿童通过教学所获得的潜力。这两者之间的差异就是最近发展区。教学创造着最近发展区，第一个发展水平和第二个发展水平之间的动力状态是由教学决定的。

根据上述思想，维果茨基提出教学应当走在发展的前面。也就是说，教学可以定义为人为的发展，教学决定着智力的发展，这种决定作用既表现在智力发展的内容、水平和智力活动的特点上，也表现在智力发展的速度上。

怎样发挥教学的最大作用？维果茨基强调学习的最佳期限。如果错过了学习某一技能的最佳年龄，从发展的观点来看是不利的，它会造成儿童智力发展的障碍。因此，开始某一种教学，必须以成熟与发育为前提，但更重要的是教学必须首先建立在正在开始形成的心理机能的基础上，走在心理机能发展的前面。

（二）教育启示

1. 建立新型的因材施教观

"因材施教"是我国古代一条重要的教育教学原则，指"依据学生的实际情况，施行相应的教育"。而当我们通过"最近发展区"理论来透视传统的因材施教观时，就会发现建立新型因材施教观的必要性。在维果茨基看来，仅仅依据儿童的实际发展水平进行教育是保守、落后的，学习依赖于发展，但是发展并不依赖于学习。有效的教学应该超前于发展并引导发展。因此，幼教工作者不仅应该了解儿童现有发展水平，而且应当了解儿童潜在的发展水平，并根据儿童所拥有的现有发展水平与潜在发展水平，寻找其最近发展区，把握"教学最佳期"，以引导儿童向着潜在的、最高的水平发展。

2. 鼓励儿童在问题解决中学习

在维果茨基看来，儿童的学习应当被融入到对日常不断产生的矛盾冲突的解决中，而教学则应当为儿童提供重新解决问题的机会，鼓励儿童在解决问题中学习、在解决问题中探索，从而成为解决问题的主人。

3. 重视交往在教学中的作用

在维果茨基的"最近发展区"概念中有两个行为水平：独立行为水平和帮助行为水平。"最近发展区"是指这两个水平之间所存在的一个区域。儿童在"最近发展区"内的发展就是帮助行为变为独立行为的过程。维果茨基认为，各种类型的交往会使儿童在帮助行为水平上行为，即儿童在他人的帮助下行为。在教学中，教师与幼儿之间、幼儿与幼儿之间通过交往而沟通、交流、协调，从而共同完成教学目标。幼儿在交往中发现自我，增强主体性，形成主体意识；在交往中学会合作，学会共同生活，形成丰富而健康的个性。因此，教师要在教学实践中设计各种各样的教学活动，创设教师与幼儿、幼儿与幼儿之间进行学习与交往的情境，从而有效地促进幼儿的学习。

六、陈鹤琴的儿童发展观

(一)主要观点

1. 儿童不同于成人

陈鹤琴认为，儿童不是成人的缩影[①]，他认为，儿童作为一个独立的个体，有其独特的身心特点，有他自己的需要、兴趣、情感和性格。

2. 儿童心理的特点

(1)好奇。世界对于儿童来说是全新的、陌生的，面对这一崭新的世界，儿童会产生强烈的好奇心，他们不厌其烦地询问：这是什么，那是什么，这是为什么，那是为什么。遇到不懂的事情总想弄明白。好奇心引发出浓厚的兴趣，从而产生强烈的求知欲。

(2)好动。由于好奇而产生难以抑制的冲动，于是，便一会儿摸摸这个，一会儿弄弄那个，一刻也不停，什么都想看，什么都要听，什么都希望尝试一下，其行为完全由感觉与冲动所支配。儿童由好动而好玩，由好玩而喜欢游戏，他们以游戏为生命，终日乐此不疲。儿童好动、好玩、好游戏的天性，使其喜欢与外界事物接触，而这种接触极大地丰富了他们的知识，发展了他们的能力，使他们逐渐了解自己所生活的世界。

(3)好模仿。对成人的一言一行和同伴的一举一动，他们都会主动模仿。模仿是人的一种本能，是儿童学习、成长的重要方式。个体最初学会的种种本领，大都是通过模仿形成的。正因为儿童喜好模仿，所以他们容易接受教育，可塑性很强。

(4)好群。他们不愿意独处。从 4 个月开始，如果让他独自一个人睡，无人陪

---

① "常人对于儿童的观念之误谬，以为儿童是与成人一样的，……我们为什么叫儿童穿起长衫来？为什么称儿童叫'小人'？为什么不准他游戏？为什么迫他一举一动要像我们成人一样？这岂不是明明证实我们以为儿童同成人一样的观念吗？"参见陈鹤琴：《儿童心理及教育儿童之方法》，载《陈鹤琴全集》。

伴，他就会哭。这哭的用意无非是发泄自己的不满，要求别人来陪伴他。随着年龄的增长，儿童好群的欲望也逐渐增加，3岁以后的孩子，尤其喜好与同伴玩耍，此时若无同伴，必将感到孤苦不堪。儿童的好群性是他们完成社会化的根本保证。

（5）好野外生活。孩子整天待在家里，就会闷闷不乐，进而"惹是生非"，一旦走出家门，则兴奋不已。尤其当他们到了野外，来到大自然当中，则充分展现出生机勃勃、充满活力的特性。自然界的一切对孩子们来说都是那么神奇和美妙，有着巨大的吸引力，当他们融入自然之中时，他们的心灵就得到了充分的净化。

（二）教育启示

1."从出生教起"

儿童从一生下来就是一个有生命力、生长力，能够分辨与取舍外界刺激，具有学习能力的积极个体，是一个对环境的主动探索者。陈鹤琴从自己的教育实践和实验中说明了这一点。[①] 由此，他主张把"从小教起"改为"从出生教起"。

2."活教育"理论

陈鹤琴说："活教育的目的是为培养一个人，一个中国人和一个现代中国人。"他认为"现代中国人"要有健全的身体、创造的能力、服务的精神、合作的态度和世界的眼光。

陈鹤琴认为，"活教育"的课程应该是"把大自然、大社会作为出发点，让学生直接向大自然、大社会去学习"。他批判传统教育中过分注重书本知识的教学方式。他认为书本上的知识是死的，是间接的，书本只可以适当用作参考。具体在课程编制上，他提出了"五指活动"的新课程方案，即课程内容包含健康活动、社会活动、科学活动、艺术活动和语文活动五个方面，这与《幼儿园教育指导纲要（试行）》提出的课程内容五大领域基本一致。

"活教育"的方法论吸收了杜威"做中学"的思想，但又更进了一步，不但要做中学，还要做中教，做中求进步。陈鹤琴说："我们强调儿童各类生活活动都要在户外，包括游戏、劳作、与大自然接触活动、自我表达课程、使用工具锻炼等，而不是像过去那样都在室内进行。"

七、目前较有影响的幼儿心理发展观

（一）社会生态学的心理发展观

这一发展观由美国心理学家布朗芬布伦纳（Bronfenbrenner）于1979年提出。他强调从人的生态环境出发研究儿童的发展，要特别重视人"发展的生态学"问题。布朗芬布伦纳认为儿童的发展是其生态环境作用的结果，儿童心理发展的生态环境主要由相互联系的五个子系统组成。

---

① "幼稚时期（从出生到七岁）是人生最重要的一个时期，它将决定儿童的人格和性格；人一生的习惯、知识技能、言语、思想、态度和情绪都要在此时期打下基础。这个时期是发展智能、学习言语最快时期，是道德习惯养成最易时期。"

（1）微系统：儿童成长中直接接触和产生体验的环境。如家庭、学校、社区及少儿活动中心等。

（2）中系统：两个或多个微系统环境之间的相互联系和彼此作用，是由多个微系统环境所组成的系统。如家庭与学校的关系、学校与社区的关系、家庭与同伴的关系等。

（3）外系统：个体并未参与其中，但却对其成长产生着影响的那些环境以及这些环境的联系和相互影响。如父母工作的性质、要求、条件等因素。

（4）宏系统：个体所处的整个的社会组织、机构和文化、亚文化背景，它涵盖了前述的微系统、中系统和外系统，并对它们发生作用，施加影响。

（5）时间系统：个体的生活环境及其相应的种种心理特征随时间推移所具有的变化性及其相应的恒定性。如一个人随其成长和生活结构、社会经济地位、职业等的变化会形成各种相应的心理特征。

（二）现代生物学的心理发展观

现代生物学突出强调生物遗传因素对个体发展的作用，其主要思想流派有习性学、社会生物学、进化心理学和行为遗传学。

习性学是研究动物在其自然环境中的习惯或行为的科学，也称动物行为学。习性学对心理学的直接影响是发展心理学中"关键期"的概念和约翰·鲍尔比（John Bowlby）的依恋理论。

社会生物学兴起于20世纪70年代中期，由美国动物学家威尔逊（E. O. Wilson）提出。是研究动物在其自然环境中的习惯或行为的科学，也称动物行为学。社会生物学家主要关注利他行为。

进化心理学产生于20世纪80年代末，主要创始人有巴斯（David Buss）、科斯米德斯（Leda Cosmides）和图比（John Tooby）等人。它是综合社会生物学、进化生物学、进化认识论等理论及当代心理学的一些研究方法而提出的新的研究取向。

行为遗传学以解释人类复杂行为现象的遗传机制为其研究的根本目标，探讨行为起源、基因对人类行为发展的影响，以及在行为形成过程中，遗传和环境之间的交互作用。它包括定量遗传学和分子遗传学。行为遗传学家认为遗传和环境的相互作用促使个体的发展。将遗传和环境间的作用归为三种方式：被动的基因和环境相互作用、唤起的基因和环境相互作用、主动的基因和环境相互作用。

（三）儿童"心理理论"的心理发展观

对儿童"心理理论"的研究是20世纪80年代以来认知发展研究的焦点。所谓"心理理论"是指个体对他人心理状态、他人行为与其心理状态的关系的推理或认知，个体借此可监控自己的情绪和行为，判断、解释和预测他人的行为。

许多心理学家提出了自己的理论，主要有以下几种：①理论论。认为儿童对心理状态的理解是一个理论建构的过程。②模块论。认为儿童心理理论是一种内在的能力，个体出生时心理理论模块就已经存在于个体的神经系统中。③模拟论。认为儿童通过内省来认识自己的心理，然后通过激活过程来把这些有关心理状态的知识转化在他人身上。④匹配论。认为心理理论发展的前提是婴幼儿必须意识到自己与他人在心理活动中处于等价的主体地位。⑤执行功能说。认为执行功能可能会影响心理理论的发生，也可能影响心理理论的表达。⑥社会文化结构论。认为儿童的生活环境及儿童与环境相互作用的结果对儿童心理理论的发展具有重要意义。有研究表明，儿童拥有完善的心理理论对促进其社会性的发展、提高阅读能力、促进元认知能力的发展以及接受学校教育等方面具有促进作用。

第二课　影响幼儿心理发展的因素

影响学前儿童心理发展的因素是极其复杂多样的，包括遗传素质、生理成熟、环境以及儿童心理的内部因素。

一、遗传素质和生理成熟

遗传是一种生物现象。通过遗传，祖先的一些生物特征可以传递给后代。遗传素质是指遗传的生物特征，即天生的解剖生理特点，如身体的构造、形态、感觉器官和神经系统的特征等，其中对心理发展有最重要意义的是神经系统的结构和机能的特征。

生理成熟也称生理发展，是指身体生长发育的程度或水平。生理成熟主要依赖于种系遗传的成长程序，有一定的规律性。

(一)遗传提供心理发展的最基本的物质前提

人类在进化过程中，解剖和生理上在不断发展，特别是脑和神经系统高级部位的结构和机能达到高度发达的水平，具有其他一切生物所没有的特征。人类共有的遗传素质是使儿童在成长过程中有可能形成人类心理的前提条件。

由于遗传缺陷造成脑发育不全的儿童，其智力障碍往往难以克服；黑猩猩即使有良好的人类生活条件和精心训练，其智力发展的最高限度也只能是人类婴儿的水平。这些事实从反面证明了正常的遗传素质对儿童心理发展起前提作用。

(二)遗传奠定儿童心理发展个别差异的最初基础

1. 遗传对智力和能力的影响

研究证明，血缘关系越近，智力发展越相似，同卵双生子是由一个受精卵分裂为两个而发育起来的，具有相同的遗传素质。研究表明，有血缘关系的儿童之间的智力相关比无血缘关系者高，而同卵双生子的相关则最高(见表2-1)。

表 2-1 不同血缘关系儿童的智力关系(陈帼眉，2000 年)

遗传变量	同卵双生子		异卵双生子	非孪生兄弟姐妹	无血缘关系的儿童
环境变量	一起长大	分开长大	一起长大		
智商相关	0.87	0.75	0.49		0.23

除智力外，遗传素质影响儿童特殊能力的发展。如音乐家、运动员、画家等所以能取得辉煌的成就，固然取决于后天的培养训练和自身的勤奋，但不能否认遗传在其中的作用。他们充分利用和发挥了遗传素质所提供的有利条件，取得事半功倍的效果。可以说，具有不同遗传素质的儿童，其最优发展方向是不同的。

2. 通过气质类型的因素影响儿童的情绪和性格的发展

从儿童出生的时候起，高级神经活动的类型就表现出不同的差别。在产房中可以观察到，有的婴儿安静些、容易入睡；有的手脚乱动，大哭大喊……长大后，有的人情绪和活动发生得快而强，表现非常明显；有的人情绪和活动发生得慢而弱，表现不很明显；有的人情绪和活动发生得快而弱，表现也明显；有的人情绪和活动发生得慢而强，表现却不明显。这些虽然不是儿童情绪和性格发展的决定条件，但对情绪和性格的发展有一定的影响。

目前，有关遗传基因与儿童脑及行为的关系的研究课题成为心理学者和生理学者的研究热点之一，但成熟的研究成果和结论并不多。

 资料卡

COMT 基因多态性与攻击行为

尽管从 COMT 基因到行为表型的具体机制尚不清楚，但对于反社会行为，有研究者提出了"基因—脑—反社会行为"的模型，即基因引起大脑某些区域(例如前额皮质、扣带回、杏仁核、海马、颞叶皮质等)结构和功能的改变，这种改变影响个体的认知(如决策、道德判断)、情感(如同情心、责任感、恐惧反射)和行为(如情绪调节、行为抑制)，进而致使个体具有更容易从事反社会行为的倾向。

COMT 基因与攻击行为之间也可能存在"基因—脑—行为"的作用机制。并推知，COMT 基因多态性影响攻击行为的神经生物机制可能是 COMT 基因多态性使大脑局部特别是前额皮质区域多巴胺含量改变，从而影响个体对外界刺激的注意转移灵活性、认知灵活性等执行功能，继而改变了个体对环境刺激做出攻击性反应的阈限。

[资料来源：王美萍、张文新，《心理学科学通讯》，2010(8)]

(三)生理成熟在一定程度上制约心理的发展

在遗传所提供的最初的自然物质基础上，经过胎内时期的发展，儿童出生到人

世。出生后又要经历一系列的生理成熟过程。儿童身体生长发育的规律明显地表现在发展的方向顺序和发展速度上。

儿童身体生长发育的顺序是：从头到脚，从中轴到边缘，即所谓首尾方向和近远方向。儿童的头部发育最早，其次是躯干，再是上肢，然后是下肢。我们知道，儿童动作发展也是按首尾规律和近远规律进行的。这种顺序就和动物不同，动物是先会爬行，后会看，儿童是先会看，后会四肢动作。

儿童体内各大系统成熟的顺序是：神经系统最早成熟，骨骼肌肉系统次之，最后是生殖系统。例如，儿童5岁时脑重已达成人的80%，骨骼肌肉系统的重量还只有成人的30%左右，生殖系统则只有成人的10%。儿童生长发育速度的规律，总的来说是出生后头几年速度很快，青春期再次出现一个迅速生长发育的阶段。

生理成熟对儿童心理发展的具体作用是使心理活动的出现或发展处于准备状态。若在某种生理结构达到一定成熟阶段时，适时地给予适当的刺激，就会使相应的心理活动有效地出现和发展。如果生理上尚未成熟，也就是没有足够的准备，即使给予某种刺激，也难以取得预期的结果。上述身体各方面的成熟规律对儿童心理发展都有制约作用。美国心理学家格塞尔用双生子爬楼梯的实验就充分说明生理成熟对学习技能的前提作用。

儿童的心理成熟虽然受遗传素质以及遗传发展程序的制约，但不是由遗传决定的，成熟过程始终受环境的影响。遗传的东西在一定条件下也会发生变化。

二、环境

环境对儿童心理发展的影响毋庸置疑，环境包括自然环境和社会环境。阳光、空气、水和动植物等是儿童心理发展的源泉之一，也是保证其身心健康发展的自然环境因素。儿童所处的社会背景、文化素养、人际关系、生活条件和家庭状况等都是影响他们心理形成与发展的社会环境因素，也是影响儿童心理发展的主导因素。社会环境中，对幼儿影响最大的是家庭、托幼机构和社会文化等因素。

（一）家庭对幼儿心理的发展起着最直接的影响作用

家庭是儿童成长的摇篮，是其人生的奠基石；家庭对儿童成长的影响是长远和深刻的。研究表明，家长的抚养行为、亲子互动、家庭环境质量对儿童早期乃至一生的心理发展具有显著影响。

 资料卡

家庭环境及父母教养方式对儿童行为问题的影响

影响儿童品行问题的因素有家庭矛盾性、组织性、娱乐性、成功性、亲密度及父母教养方式中母亲拒绝否认、母亲过分干涉和过分保护；

影响学习问题的有家庭矛盾性、知识性、成功性及母亲惩罚严厉、偏爱被试和父亲偏爱被试；

影响心身障碍的有家庭矛盾性和亲密度；

影响冲动多动行为的有家庭矛盾性及父亲拒绝否认；

影响儿童焦虑情绪的有家庭矛盾性、知识性、亲密度及成功性；

影响多动指数的有家庭矛盾性、知识性、组织性、成功性及母亲惩罚严厉。

[资料来源：关明杰、高磊、翟淑娜，《中国学校卫生》，2010(12)]

目前，由于部分农民进城务工，出现了实际上的家庭结构不完整问题，生活在这样的家庭中的幼儿在心理发展上可能也会受到一定影响。有研究表明，父母外出打工的农村留守儿童在人身安全、学习、品行、心理发展等方面都存在不同程度的问题。

家庭对幼儿心理的发展有着最为直接的影响，因此，如何优化家庭环境，是研究幼儿发展环境的最重要的课题之一，也是每一个家长和幼教工作者所要解决的首要问题。

(二)托幼机构对幼儿心理发展起主导作用

托幼机构(幼儿园和托儿所)通过有目的、有计划、有系统的教育，在影响幼儿心理发展的各因素中居于主导地位。托幼机构有明确的教育目的与教育内容。教育教学的水平越高，对幼儿心理发展的主导作用就越大，就越能促进幼儿心理向教育所指导的方面发展。相反，如果教育不当，不仅不能促进幼儿心理的正常发展，反而会抑制或摧残幼儿心理的发展。

幼儿教师通过创设良好的物质和心理环境，设计并实施适合幼儿年龄特点的课程，根据每个幼儿不同的需要、兴趣、学习方式和智力潜能因材施教，构建良好的师幼互动关系，注重与家庭和社区的合作，幼儿心理将会得到有效、健康、和谐及个性的发展。

此外，进入托幼机构后，幼儿逐渐疏远了与父母的交往关系而更多地走到同龄伙伴中去。在与同伴相互作用的过程中，发展着一种崭新的人际关系——同伴关系。有研究表明，4岁以后，同伴对幼儿的吸引力已经赶上成人，良好的同伴交往关系直接影响着儿童的社会化进程、自我意识、社会技能和健康人格的发展。

(三)社会文化潜移默化地影响幼儿的心理发展

社会文化既包含当今的文化，也包括一个民族悠久的文化传统和文化遗产。民族不同，文化传统就有所差异，生活在不同民族文化环境中的儿童，心理发展就不一样。米德(Mead，1935)曾对新几内亚三个未开化部落作过现场调查，探讨一个民族的文化特质和其成员心理特征之间的关系。结果发现，在相同的环境中接受相同文化影响的成员之间，有着某种共同的心理特征。我国河北等地的一些农村，有着"沙袋育儿"的习俗，我国心理学工作者采用回顾性调查的方法，对400名"沙袋育儿"的儿童进行过研究，沙袋养育时间不超过一年且IQ≤70的儿童占30.60%，超过18个月且IQ≤70的儿童占52.60%。可见这种文化传统妨碍了儿童的心理发展。

人类社会已进入到信息时代，电影、电视、广播、书刊、报纸、计算机网络等大众传媒从不同的侧面影响幼儿心理的发展。这些大众传媒具有影响速度快、覆盖面广、不受时间和空间限制等特点，对幼儿心理发展起着潜移默化的作用。需要特别指出的是，计算机网络和电视具有视听统一的特点，生动活泼的情景对儿童具有很强的吸引力，能使幼儿体验到许多自己不能亲身经历的场景。大众传媒的信息洪流中，幼儿耳濡目染，既接受积极的影响，又不可避免地受到消极的影响，这都不同程度地影响儿童心理的发展。

社会文化往往以一种潜在的、渗透的方式潜移默化地影响幼儿心理的发展，因此，为幼儿提供健康而和谐的文化环境，对幼儿的智力和社会性发展将会起到积极的作用。

三、幼儿心理的内部因素

遗传和环境是幼儿心理发展的条件，前者为幼儿心理发展提供可能性，后者可以使可能性变为现实。但是，发展的条件还不是发展的根本原因。我们知道，儿童从出生开始就不是消极被动地接受环境的影响，随着心理的发展和个性的形成，儿童的积极能动性越来越大。虽然环境因素在各种条件中起主导作用，但是它们绝不能机械地决定幼儿心理的发展，而只能通过儿童心理发展的内部因素来实现。

(一)儿童自身的心理因素是相互影响的

儿童的心理活动包括许多成分，这些成分之间是相互联系的。如个性倾向性和心理过程，心理过程和心理状态，能力和性格，智力和非智力因素等，都是相互联系、相互影响的。

例如，儿童的兴趣和爱好影响其坚持性和能力的发展，在有趣的游戏和活动中，幼儿的坚持性有明显的提高。幼儿学钢琴，爱好弹琴的很快就掌握了一些基本技能，不爱好的则学习起来特别费力或始终学不会。

又如性格和气质也影响幼儿心理活动的积极性。反应快、易冲动的儿童较喜欢去完成多变的任务。安静、迟缓的儿童有耐心，能够坚持较长时间做细致的工作。性格开朗的幼儿受指责后能很快就忘掉，不挫伤活动积极性。性格内向的幼儿受批评后会长时间闷闷不乐，活动积极性不高。

同样的道理，记忆特点不同，幼儿能力会有差异；创造力的表现不同，自信心会有差异，等等。因此，相同环境中成长的同卵双胞胎，即使遗传素质和环境影响十分接近，因自身的心理因素不同，其心理发展也有各自的特质。

(二)幼儿心理的内部矛盾是推动儿童心理发展的根本原因

儿童心理的内部矛盾可以概括为两个方面：即新的需要和旧的心理水平或状态。需要总是表现为对某种事物的追求和倾向，它是矛盾中比较积极活跃的一面。需要是由外界环境和教育引起的。随着儿童的成长和生活条件的变化，外界对儿童的要求也不断变化。客观要求如果被儿童接受，它就变成儿童的主观需要。需要是新的心理反映，旧的心理水平或状态是过去的心理反映。新旧心理反映之间的差异就是矛盾，它们总是处于相互否定、相互斗争中。新需要和旧水平的斗争，就是矛盾运动，儿童心理正是在这样不断的内部矛盾运动中发展。例如，1 岁前的婴儿在与成人接触中，产生了表达自己简单愿望的需要，但此时的他还不会说话。这种矛盾促使他学说话。当他学会了一些简单词语时，就是发展到新水平。这时又产生了要表达清楚自己意思的需要，他用一个词代表各种意思的水平往往使人不理解，不能满足需要，对这种新需要来说能说简单词语又成了旧水平，于是又出现新的矛盾。如此不断地产生、解决、再产生的矛盾运动，使儿童的语言活动得到发展。

儿童心理内部矛盾的两个方面又是相互依存的。一方面，儿童的需要依存于儿童原有的心理水平或状态。因为需要总是在一定的心理发展水平或状态的基础上产生的。如果外界的要求脱离儿童心理发展的已有水平或状态，就不可能被儿童所接受，也就不能形成儿童的需要。过难的教材不能引起儿童的学习积极性，毫无熟悉之处的事物不能引起儿童的兴趣，原因都在这里。另一方面，一定的心理水平的形成，又依存于相应的需要。没有需要，儿童就不去学习任何知识技能，心理水平不能提高。在包办代替过多的家庭里，儿童的生活能力发展不起来，就是因为他们缺乏这方面的需要。同样，当幼儿打架之后还感到委屈时，不可能作出自我批评，因为他还没有这种需要。只有当幼儿平静下来，认识到自己的不足，才可能产生自我批评的需要，改变原来和小朋友对立的心理状态。教育的任务就是根据已有的心理水平和心理状态，提出恰当的要求，帮助儿童产生新的矛盾运动，促进其心理发展。

总之，遗传、环境和幼儿心理的内部因素对幼儿心理的发展都起着重要的作用。我们不能只看到遗传和环境这些客观因素对幼儿心理发展的影响，而忽视幼儿心理发展主观因素对客观因素的反作用，它们之间的作用是双向的。只有正确认识它们之间的相互作用，才能弄清影响儿童心理发展的原因，充分利用各种因素，引导和促进儿童心理健康和谐地发展。

 单元小结

格塞尔的成熟学说认为，影响儿童发展的因素有成熟和学习，并提出了儿童发展的五大原则。以弗洛伊德为代表的精神分析学说，构建了人格结构的三个层次，并将儿童心理发展分为五个阶段，他十分重视早期经验和亲子关系对人格培养的重要性。行为主义学说认为，环境是发展过程中影响最大的因素，同时强调模仿，也就是观察学习的重要性。皮亚杰的认知发展学说认为，影响心理发展的因素有四个：成熟、物理环境、社会环境、平衡，他将儿童心理的发展划分为四个阶段，他认为教育应配合儿童的认知发展顺序。维果茨基强调社会文化对心理发展的影响，并提出"最近发展区"的概念。陈鹤琴认为儿童不同于成人，有不同于成人心理的特点，他强调"从出生教起"，并提出"活教育"理论。现代有影响的心理发展观有：社会生态学的心理发展观、现代生物学的心理发展观和儿童"心理理论"的心理发展观。

影响幼儿心理发展的因素有遗传、生理成熟、环境和幼儿心理的内部因素。遗传和生理成熟是幼儿心理发展的前提和条件。家庭、托幼机构和社会文化是影响幼儿心理发展的重要环境因素。这些因素只是幼儿心理发展的条件，它们只有通过幼儿自身的内部因素（心理因素和内部矛盾）才能实现幼儿心理的真正发展。

思考与练习

1. 成熟学说、精神分析学说、行为主义学说、认知发展学说的代表人物是谁？其主要儿童发展观是什么？对幼儿教育有哪些指导意义？

2. 维果茨基和陈鹤琴关于儿童发展的主要观点是什么？对幼儿教育有哪些指导意义？

3. 比较皮亚杰的认知发展理论和维果茨基的文化—历史发展理论关于儿童心理发展观点的异同。

4. 影响幼儿心理发展的因素有哪些？它们是如何影响幼儿心理发展的？

5. 与幼儿家长进行座谈，了解他们是怎样看待影响儿童心理发展的因素的。在他们看来，家庭教育对儿童的发展起什么作用。

6. 俗话说："有其父，必有其子。"说明遗传在幼儿心理发展中起决定作用。你同意这一观点吗？请用所学的理论知识分析。

7. 调查和分析目前网络游戏和动画片对幼儿心理发展的影响。

案例分析

阅读以下材料，结合本章知识，分析家长的观点和行为对颖颖身心发展的影响并提出教育建议。

颖颖从出生第一天起，就成为全家人的焦点。爷爷奶奶打心眼儿里喜欢这个漂亮活泼的小孙女，但由于颖颖从小体弱多病，奶奶认为只要照顾好颖颖的吃和穿，身体健康就好，于是对她百般呵护，有求必应。可是随着颖颖慢慢长大，爸爸发现她很娇气任性，也有很多不好的习惯，于是与家人商量颖颖的教育问题，并决定颖颖从3岁起，由父母亲自带。除了注重行为习惯的养成外，父母也效仿其他孩子的家长，帮3岁的颖颖报了4个兴趣班，开始教颖颖识字、背古诗和《三字经》，可是颖颖一点儿都不喜欢，也记不住，为此，家长十分苦恼。

问题解析：

1. 根据陈鹤琴"从出生教起"的观点，奶奶认为颖颖身体不好，所以"只要照顾好颖颖的吃和穿，身体健康就好"的观念以及"百般呵护，有求必应"的做法是不利于颖颖身心发展的。陈鹤琴认为儿童一生下来就具有学习能力，人一生的习惯、知识技能、态度和情绪都要从小打下基础。因此，建议家长在做好保育的同时，从出生起就要关注孩子的心理，为孩子提供有利于身心发展的环境刺激，引导孩子养成良好的行为习惯。

2. 根据格塞尔的观点，影响儿童发展的因素有成熟和学习。由于脑的发育不够成熟，生活和知识经验有限，3岁的颖颖无法理解古诗和《三字经》的含义，孩子不喜欢，家长也苦恼。建议家长尊重孩子的实际水平，在尚未成熟时，要善于观察并耐心等待。

3. 根据维果茨基"最近发展区"的观点，教育应了解孩子现有的发展水平，才能确定通过指导所达到的解决问题的水平。因此，教育过程中要求孩子掌握的知识和技能既不能太难，也不能太易，而《三字经》的学习对颖颖来说难度太大。建议父亲在了解颖颖现有的心理能力和水平的基础上，设计切实可行并能发挥其潜力的教育内容。

4. 根据家庭环境和教育直接影响儿童心理发展这一观点，颖颖的父母在发现她很娇气任性，也有很多不好的习惯时，与家人商量颖颖的教育问题，并注重孩子行为习惯的养成，这种做法是值得肯定和赞赏的。

5. 根据儿童自身的心理因素对儿童心理发展具有重要影响的观点，家长应该尊重幼儿自身的兴趣，了解其内心需求，而不该自作主张地为颖颖报4个兴趣班，如果长此下去，颖颖可能会出现更多的负面情绪，对其身心发展是极为不利的。建议家长在观察孩子心理特点的同时，咨询幼教专家或有经验的幼儿教师，制定有利于孩子身心健康成长的教育措施。

⇒幼儿教师资格考试模拟练习

一、单项选择题

1. 瑞士的儿童心理学家皮亚杰创立了著名的(　　　)。

A. 儿童认知发展阶段论　　　　　　B. 经典条件反射理论

C. 操作条件反射理论　　　　　　　D. 精神分析理论

2. 提出"最近发展区"的苏联心理学家是(　　　)。

A. 维果茨基　　　　B. 格塞尔　　　　C. 弗洛伊德　　　　D. 华生

3. 提出"活教育"思想的是以下哪位心理学家(　　　)。

A. 陈鹤琴　　　　B. 弗洛伊德　　　　C. 维果茨基　　　　D. 皮亚杰

4. 心理发展的生物前提是(　　　)。

A. 环境　　　　B. 成熟　　　　C. 遗传　　　　D. 教育

5. 心理学家受印刻概念的影响，提出了儿童心理发展的一个概念是(　　　)。

A. 关键期　　　　B. 最近发展区　　　　C. 依恋　　　　D. 延迟模仿

二、案例分析题

美国心理学家曾做过一项实验，他们将3～6岁儿童分成3组，先让他们观看一个成年人对一个成人大小的充气娃娃做出攻击性行为，如大声吼叫或拳打脚踢。然后，第一组儿童看到这个成年人受到另一成年人表扬和奖励(果汁与糖果)；第二组儿童看到这个成年人受到另一成年人责打(打一耳光)和训斥(斥之为暴徒)；第三

组为控制组，未看到任何后续行为。然后这些儿童被一个个单独领到房间里。房间里放着各种玩具，其中包括洋娃娃。在十分钟里，观察并记录他们的行为。结果表明，看到成年人的攻击性行为受惩罚的一组儿童，同控制组儿童相比，他们在玩洋娃娃时，表现出的攻击性行为较少。而看到成年人攻击性行为受到奖励的一组儿童，在自由玩洋娃娃时模仿攻击性行为的现象相当严重。

请结合幼儿发展理论的相关知识分析：这个实验结果说明了什么问题？对幼儿教育有哪些启示？

第三单元
婴儿心理的发展

学习目标

1. 了解胎儿的生长发育过程和心理发展特点；
2. 掌握新生儿、乳儿和幼儿前期儿童心理发展的特点；
3. 把握胎儿、新生儿、乳儿和幼儿前期各年龄阶段儿童的教育要点。

单元导言

　　芝加哥大学儿童精神病学系贝内特·列文（Bennett Levin）博士说："现在我们知道，在生命的头一年里婴儿是好学生，也是好老师。只是得有人同他们交互活动，有时是很多有能力的婴儿却遇上了非常无能的父母。"是啊，这个时期的儿童生理和心理发展都非常迅速，是人生发展的第一个重要里程，也是教育的起点和关键。

　　婴儿期的年龄范围是 0～3 岁，这一阶段的儿童具有哪些惊人的能力？通过学习本单元，你将了解胎儿、新生儿、乳儿及幼儿前期儿童心理的奥秘。

第一课　胎儿与新生儿的心理发展

　　胎儿期是指从受孕到从子宫娩出前的这段时间。胎儿的发展主要受遗传、胎内

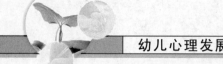

外环境及母亲自身状况等因素的影响。个体生理上的发育从妊娠阶段就开始了，而心理和行为的发展也在此时奠定了基础。因此，胎儿在子宫内的发育是其整个生理—心理发育过程的最早阶段和奠基阶段。

一、胎儿的身心发展特点与胎教

(一)胎儿的生长发育

胎龄的计算，以孕妇末次月经的第一天算起，通常以 40 孕周(280 天)为孕期。心理学大师斯滕伯格(R. J. Sternberg)将个体出生前的发育划分为胚芽期(0～2 周)、胚胎期(3～8 周)和胎儿期(9～40 周)3 个阶段。

1. 胚芽期(0～2 周)

受精卵(约 0.2 毫米)细胞迅速分裂，24 小时分裂到 2～8 个细胞(或分裂球)。这时称为早期胚胎。在输卵管内的 3 天，受精卵形成 12～16 个细胞的实心胚(或细胞团、分裂球)。第 4 天，孕卵到达子宫，称为胚泡。第 7～8 天，胚泡植入到富有养料和氧的海绵子宫内膜中，称为着床。至妊娠 14 天着床结束，最后黏合固定在子宫壁上。

着床后，胚泡的内细胞群形成胚胎。进入第三周时的胚芽，长度为 5 毫米至 1 厘米，肉眼能勉强看见，重量不足 1 克。

2. 胚胎期(3～8 周)

胚胎期是生命开始的非常重要的阶段，从绒毛到胎儿身体部分的一般形式和基本结构在胚胎期初步形成。

在胚胎期，增殖的细胞群发生分化，形成三层细胞：外胚层形成皮肤和中枢神经、周围神经系统的基础；中胚层进一步分化成为真皮、肌肉、肌腱、循环系统和排泄系统；内胚层则产生消化系统和其他内部器官与腺体。

孕 3 周，脊索、神经管形成，体节(脊椎前体)出现；孕 4 周末，脑泡形成，腭弓出现；孕 8 周末，胚泡已经发育形成具有人类胚胎的特征。除大脑外，其他所有器官系统均已存在。胚胎大体上已长成人形。四肢已得到相当的发育，有了手指和足趾，脸、眼睛、嘴都清晰可辨，可以见到心脏跳动，神经系统开始有初步的反应能力。

这一阶段也是胎儿发育的最敏感期，最容易受放射性、药物、感染及代谢产物或胎内某些病变等因素的影响，不利于胚胎的发育和成长，可使胎儿畸形，甚至导致早产、流产。这一时期胎儿死亡率很高，胚胎总数的 30% 可能都在此阶段流产。

器官发育结束，胎盘形成，表示胚胎期结束。

3. 胎儿期(9～40 周)

胎儿期胎儿的骨细胞开始发育。毛发、指甲和外生殖器发育分化出来。已有器官的结构得到进一步发展，躯体比例以及各部分功能日趋成熟。从第 9 周开始，胎儿躯体的细胞数量和大小增加，各组织器官生成并进一步分化。到妊娠 10 周，小肠、大肠开始生成，并进入这些器官各自的位置。孕 11 周末，胎儿开始有呼吸运动。到妊娠第 12 周，外生殖器已经清楚可辨，肺的发育随着支气管、细支气管和更小的分支的出芽而进行。孕 16 周末，皮肤很薄，头皮已经长出毛发，肌肉发育。到妊娠 20~24 周时，原始肺泡形成，并开始产生表面活性物质。孕 20 周末，胎儿有吞咽运动。孕 24 周末，各脏器均已发育。胎儿呼吸系统到 28 周发育完善。孕 36 周时，胎儿已经基本完成肾的大体结构，但与成人比还有很大差距。

这一时期还出现另一个重要的发育特征：胎儿出现了动作，主要表现为胎动和反射活动两种类型。

胎动是指胎儿在母体内自发的身体活动或蠕动。在胎儿期，自孕两个月开始，胎儿在羊水中进行类似游泳样的运动。两个月的胎儿就能摆动自己的头、胳膊和躯体，并且准确地顶、蹬母亲的腹部表示自己的好恶。到孕 20 周末时，多数孕妇都可感到胎动。妊娠 28~30 周是胎动最活跃的时期。

胎儿 8 周时即可利用头部或臀部的旋转使身体弯曲避开刺激，3 个月时能够动脚拇指和头。当临近出生时(孕 32~36 周)胎儿明显受母亲的情绪和饮食的影响。例如，孕妇在喝咖啡后，胎儿行为增加，而且胎儿行为可能随着母亲每日的节律而变化。

(二)胎儿心理发展的特点

研究结果证明：到妊娠第 5 周，能够分出前脑、中脑、后脑三个主要部分。到妊娠第 8 周末，神经系统的大体结构已基本形成。神经系统和脑的结构不断发育，为胎儿心理机能的形成提供了物质基础。

1. 感觉

(1)视觉。妊娠第 7 周，眼睛形成。第 10 周，出现连接眼球和大脑的视神经。第 12 周，出现眼睑；第 28 周，眼睑打开。

胎儿在 4 个月时就对光线十分敏感，母亲日光浴时，胎儿对光线变化强弱都有所感觉。当用手电筒照射孕妇腹部时，胎心率会立即加快，且胎心率可随着手电筒开启与关闭而变化。

(2)听觉。大量的生理学、心理学研究发现，孕 4 个月时，胎儿的听觉系统已经建立。有人认为，孕 4 个月时食物经过孕母消化道产生的肠鸣音、有节奏的呼吸、持续节律跳动的心脏，以及每次心脏收缩血液快速流进子宫的声音，胎儿都能听到。同时，胎儿可听到宫外的声音。

到孕 28 周以后，胎儿的听觉已经发育得较好，对于外界的声音刺激较敏感，会有喜欢或讨厌的反应及面部表情。胎儿最喜欢、最熟悉的声音是母亲的心跳。当胎儿听到强烈的音响如摇滚乐时会使劲地踢脚，而听到优美舒缓的乐曲时则可安静下来。听阈(能听到的声音的最小强度)在孕 27~29 周约为 40 分贝。孕 8 个月时，胎儿能听出音调的强弱与高低，能区别声音的种类且反应敏感(能分辨出父亲或母亲的声音，并对较低频的父亲的声音更敏感)。

(3)嗅觉。嗅感觉器位于上鼻道及鼻中隔后上部的嗅上皮。孕 6 个月时，嗅觉开始发育，胎儿能够嗅到母亲的气味并记忆在脑中。孕 8 个月时，味觉感受性增

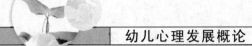

强，胎儿能够辨别苦和甜。

（4）味觉。胎儿 12 周时舌上出现味蕾，味觉在孕 26 周形成。从孕 30 周开始，胎儿已经有了发达的味觉，对羊水的味道有一定的鉴别力。

实验发现，当用不同的气味或味道的物质试验胎儿的反应时，其面部表情发展水平与成人一样。将糖水注入羊水中，可见胎儿的吸吮次数明显增多；将味道苦涩的油性液体脂醇注入羊水中，胎儿吸吮的次数明显减少。

2. 记忆的形成

胎儿的大脑在第 20 周左右形成。孕 5 个月时，脑的记忆功能开始工作，胎儿能够记住母亲的声音并产生安全感。

孕 7～8 个月时，大脑皮质已经相当发达。妊娠 32 周，胎儿大脑已如新生儿。通过脑电波已经清楚地分辨出胎儿的睡眠状态和觉醒状态，这是胎儿意识的萌芽时期。

胎儿在宫内用大脑接收了大量的信息，能判断其是否重要，决定对哪一类信息作出反应，还要将某些信息传递的记忆储存起来，这就是记忆在工作。例如，胎儿对母亲的声音感到熟悉而产生安全感，是因为胎儿反复听到母亲的声音而产生了记忆。

有人试验，孕妇在胎儿期给胎儿取一个乳名，经常隔着腹壁呼唤，并与之对话。胎儿出生后，听到唤他的小名时会突然停止吃奶或从哭闹中安静下来，有时还露出高兴的表情。这项试验证明，胎儿不但有一定的听力，还有一定的记忆和领悟能力。

资料卡

原西德医生保罗·比库博士曾治疗一位男性患者，当这位患者处于剧烈不安的状态时，全身常出现暂时性的发热感觉。为了查明原因，保罗博士对这位患者进行了催眠。于是，这位患者渐渐回忆到胎儿时期，回想起当时发生的重大事情。当他讲述怀孕 7 个月以前的情况时，语调很平静，神态也很安详；可是当他讲述 7 个月以后的情形时，突然变得嘴角僵硬、浑身发抖、高烧，并露出恐惧的神色。很显然，这位患者回忆起了导致出现这一疾病的胎儿时期的情况。那么，这究竟是怎么回事呢？

几个星期之后，保罗博士走访了患者的母亲。据这位母亲说，在她妊娠 7 个月后，曾洗过热水浴，试图堕胎。很显然，虽然患者的记忆中并没有记录下母亲的这一行为。然而，这一行为引起的恐惧却给患者留下了难以磨灭的印象。

（资料来源：中国早教网，《母亲与胎儿如何传递信息呢？》，2010-07-14）

（三）胎教

胎教是通过调节孕妇身体的内外环境，采用一定的方法和手段，给胎儿以积极

的言语、音乐、动作刺激，激发胎儿大脑神经细胞增殖，同时使胎儿从生理上和心理上得到发展的干预活动。胎教的类型大体有以下几种：

1. 音乐胎教

音乐胎教是各种胎教方法中的首选措施。

音乐是一种有节奏的空气压力波。音乐胎教是通过音乐对母体内胎儿施教。通过对胎儿不断地传输优良的乐性声波，促使其脑神经元的轴突、树突及突触的发育，为优化后天的智力及发展音乐天赋奠定基础。

从心理学理论看，音乐能够激起人们无意识超境界的幻觉，使孕妇产生恬静的美感和愉悦的情绪，产生良好的心境，并将这种信息传递给胎儿，改善胎儿的大脑功能水平。

从生物学理论看，人体内有一百多种生理活动具有音乐的旋律，有节奏的音乐可刺激身体内的细胞分子发生一种共振，以促进细胞的新陈代谢。孕妇的听觉神经器官的刺激引起大脑细胞的兴奋，改变下丘脑递质的释放，促使母体分泌出一些有益于健康的激素，如酶和乙酰胆碱等物质，直到调节血液流量和兴奋神经细胞，改善胎盘供血状况，使血液中的有益成分增多，以此促进胎儿的生长发育。

胎儿特别喜欢听大提琴的演奏，因为大提琴的音域宽广，特别容易与胎儿形成和谐的共鸣。还有柔美的小夜曲、摇篮曲、圆舞曲和中外古典乐曲，都会使胎儿心境平和，精神愉快。从孕 16 周开始，可以让胎儿、孕母收听以 C 调为主的音乐（频率 250～500 赫兹，强度 70 分贝左右），每天 1～2 次，每次 5～20 分钟。也可以采用母亲给胎儿唱歌或哼乐曲的方式进行。

但必须注意，音响过大的音乐，会导致胎儿的大脑细胞破裂而死亡，有害于胎儿的健康。突发中、低频打击乐的强节奏的声音，会引起胎儿的惊吓反射，不利于胎儿大脑的发育，其有害性不亚于噪声，甚至强于噪声。

2. 抚摸胎教

孕四五个月后，孕母在睡前可以慢慢地沿腹壁抚摸胎儿或轻轻弹扣、拍打、触压腹壁，刺激胎儿活动，使胎儿做"宫内体操"，每天 5～10 分钟。

胎儿的皮肤和皮肤感觉发育得最早，他们在母腹中经常受到触觉刺激。孕母的抚摸通过胎儿皮肤感应传入大脑，促进胎儿大脑的发育，还可以促进胎儿触觉、平衡觉以及肢体运动的发育。通过反复训练，可使胎儿建立起条件反射，为出生后的动作协调和运动打好基础。

3. 言语胎教

言语胎教是指胎儿的父母与胎儿讲话，给大脑新皮质输入最初的语言印记，促进胎儿听力、记忆力、观察力、思维能力和语言表达能力方面的发育。

言语胎教包括聊天，给胎儿讲故事，与胎儿一起欣赏文学作品、画册等，借此可使孕母保持愉快的情绪，也有利于胎儿情绪的健康发展。语言讲解要视觉化，将形象和声音同时传递给胎儿。孕母还要注意把形象和情感融合起来，创造出情景相

生的意境。

4. 光照胎教

孕28周后，当胎儿醒时（胎动），用手电筒贴在腹壁上进行一明一暗的照射，每次2～5分钟，以训练胎儿昼夜节律，即夜间睡眠，白天觉醒，促进胎儿视觉功能及脑的健康发育。

二、新生儿的心理发展与教育

新生儿指自脐带结扎至出生后满28天的幼儿。

(一)新生儿的心理发展特点

从胎儿到新生儿期，幼儿生活的环境发生了巨大的变化，从而会影响到自己弱小的生命，所以他们就必须学会适应新的生活，而在适应新生活的过程中，他们的心理也在不断地发展与完善。

1. 心理发生的基础——惊人的本能

过去，人们以为孩子刚出生时是无能的，什么也不会，可是，近年来的研究材料表明：儿童先天带来了应付外界的许多本领。天生的本能表现为无条件反射。

资料卡

新生儿的无条件反射

(1)吸吮反射：奶头、手指或其他物体，如被子的边缘等，碰到了新生儿的脸，并未直接碰到他的嘴唇，新生儿会立即把头转向物体，张嘴做吃奶的动作，这种反射能使新生儿找到食物。

(2)眨眼反射：物体或气流刺激眼毛、眼皮或眼角时，新生儿会做出眨眼动作，这是一种防御性的本能，可以保护自己的眼睛。

(3)怀抱反射：当新生儿被抱起时，他会本能地紧紧靠贴成人。

(4)抓握反射：又称达尔文反射，物体触及手掌心，新生儿会立即把它紧紧抓住。4～5个月消失。

(5)巴宾斯基反射：物体轻轻地触及新生儿的脚掌时，他会本能地竖起大脚趾，伸开小趾，这样，5个脚趾形成扇形。6个月左右消失。

(6)惊跳反射：又称莫罗反射。以水平姿势抱住婴儿，如果将其头的一端向下移动，或朝着婴儿大喊一声，他的双臂会先向两边伸展，然后向胸前合拢，做出拥抱姿势。此种反射从出生持续到6个月左右。

(7)击剑反射：又称强直性颈部反射。当新生儿仰卧时，把他的头转向一侧，他立即伸出该侧的手臂和腿，做出击剑姿势。4个月消失。

(8)迈步反射：又称行走反射。大人扶着新生儿的两腋，把他的脚放在其他平面上，他会做出迈步的动作，好像两腿协调地交替走路。2个月消失。

(9)游泳反射：让婴儿俯伏在小床上，托住他的肚子，他会抬头、伸腿，做出

游泳的姿势，如果让婴儿俯伏在水里，他会本能地抬起头，同时做出协调的游泳动作。6 个月消失。

(10)巴布金反射：如果新生儿的一只手或双手的手掌被压住，他会转头张嘴，当手掌上的压力减轻时，他会打呵欠。

(11)蜷缩反射：当新生儿的脚背碰到平面的、类似楼梯的边缘时，他本能地做出像小猫那样的蜷缩动作。

(12)身体直向反射：转动婴儿的肩或腰部，婴儿身体的其余部分会朝着相同的方向转动。在初生到 12 个月的婴儿身上可见到这种反射，其机能是帮助婴儿控制身体姿势。

新生儿的无条件反射，有着自己不同的性质：①有些对新生儿维持生命和保护自己有现实的意义，如吮吸反射；②有些对新生儿的生存没有实际意义，但它们在人类进化的历史上却有着自己的意义，如抓握反射，因为人类祖先需要抓握、爬树来保护和维持生命；③有许多先天带来的无条件反射，在婴儿长大到几个月时，会相继消失，如迈步反射。

2. 心理的发生——条件反射的出现

新生儿明显的条件反射的产生，约在婴儿出生后两周左右。由于婴儿的大脑皮质和分析器有一定的成熟度，因而开始在外界刺激的影响下，在无条件反射的基础上形成条件反射。

儿童最初的条件反射是由母亲的喂奶姿势引起的食物性条件反射。在这种条件反射形成以后，每当母亲把他抱在怀里时，他就会积极地去寻找母乳，于是母亲高兴地说："小家伙知道要吃奶了。"这种最初的条件反射是很低级的，适应性很差。但对婴儿来说却是一个新的事物，是由脑来实现的一种信号机能，它反映和揭示了刺激物的意义，从而使人能根据事物的信号和意义来调节自己的行为。因此，可以说条件反射的产生是儿童心理发生的标志，也标志着作为个体的人的心理、意识的最原始的状态。

新生儿的条件反射具有一些特点：①形成速度慢，要求条件刺激和非条件刺激的多次结合，甚至超过百次；②形成后并不稳定，如不继续练习就容易消失；③不易分化，如并非对母亲各种抱的姿势都能产生条件反射。

3. 认识世界的开始

儿童出生后就有感知觉。他会看，会听，会尝味道，会闻气味等。新生儿不但会看眼前的物体，而且会对看到的物体有选择性。他们爱看颜色鲜艳、轮廓清楚的东西，还最爱看人脸。家长可以对新生儿进行一些视觉训练：让婴儿保持仰卧，在他胸部上方 20～30 厘米处，最好用红颜色或黑白对比鲜明的玩具吸引他的注意，并训练他的视线随物体做上下、左右、圆圈、远近、斜线等方向运动，这种视觉训练可以刺激视觉发育，发展眼球运动的灵活性及协调性。

新生儿也会听，他们爱听柔和的声音，优美的乐曲，最爱听人的声音，特别是妈妈的声音和提高音调的说话声。出生后 2～3 天的新生儿，会对某些声音做出把头转向声源的动作，最初的动作是非常轻微的，以后逐渐加强和发展。

 资料卡

新生儿的听觉训练

家长可在婴儿周围不同方向，用说话声或玩具声训练婴儿转头寻找声源。母亲的声音是婴儿最喜爱听的声音之一。母亲用愉快、亲切、温柔的语调，面对面地和婴儿说话，可吸引婴儿注意成人说话的声音、表情、口形等，诱发婴儿良好、积极的情绪和发音的欲望。可选择不同旋律、速度、响度、曲调或不同乐器奏出的音乐或发声玩具，也可利用家中不同的物体敲击声，如钟表声、敲碗声等，或改变对婴儿说话的声调来训练婴儿分辨各种声音的能力。当然，不要突然使用过大的声音，以免婴儿受惊吓。

（资料来源：宝宝树网站，《0～3 个月婴儿训练方案》，2007-10-27）

孩子刚出生时，最发达的感觉是味觉。据观察，出生 1 天的孩子，就能分辨出不同的味道。甜的水，他会用力去吸；而味道比较淡的，他的吸吮力量减弱。出生 2～3 天的新生儿，对蔗糖水吮吸的时间长，吮吸时停顿次数少，停顿时间短。新生儿也能辨别奶的味道。刚出生 4 天的孩子，在医院吃惯了牛奶，就不要人奶了。如果在医院吃的是某种品牌的奶粉冲成的奶，回家后，只接受这种奶，拒绝别的奶。成人在喂新生儿吃东西时，如果孩子拒绝吃什么东西，必须立即引起警觉，检查食物的质量。

新生儿的嗅觉，比味觉稍有逊色。但从出生起，对不同气味也有反应。新生儿会把头转向发出气味的方向，去闻某种气味，或者把头转向离开发出气味的方向，避开另一种气味，同时心率加快，有时出现全身性运动，如踢脚等。新生儿从出生 6 天左右开始，就能够敏锐地嗅出妈妈的奶的气味，夜里醒来，还闭着眼睛，就把头转过去，用嗅觉找妈妈的奶。许多孩子白天可以跟别人，但夜里必须找妈妈。

视觉和听觉的集中，是注意发生的标志。明显的注意发生，是在满月之前，大约 2～3 周时。这时孩子可以对出现在眼前的人脸或手注视片刻。再大一点的孩子，会用双眼跟随慢慢移动的物体，但如果物体移动出他的视野，就不再去看。同样在出生后 2～3 周时，听到拖长的声响，会停止一切活动，安静下来，直到声音停止。到出生后第 4 周，成人对孩子说话，也会引起同样的反应。

注意的出现，表明孩子不是被动地接受外界刺激，而是对外界的刺激会做出选择性反应，他注意某些东西，同时不注意另外的东西。人生最初的这种选择性反应，正是人的心理对客观世界有能动性反应的最初表现。

4. 人际交往的开端

孩子从出生时就表现出和别人交往的需要，这是人类特有的需要。新生儿和别人的交往是通过情绪和表情来实现的。出生后第一个月内，孩子逐渐和母亲"用眼睛对话"，或称眼神交流。在吃奶时，他的眼睛时不时地看看母亲。他看着妈妈的脸，暂时放下了奶头，小手、小脸也不动了。新生儿对母亲的凝视虽然非常短暂，但十分宝贵，这是充满亲情的交流之始。稍长大些，孩子在吃饱睡足时看见人脸会发出愉快的情绪反应，在困倦或饥饿时，看见人脸也会暂时地发出愉快的情绪反应。孩子最初的愉快情绪反应，并不是像成人或大一些的孩子那样，对人微笑，而是拍动手腿的动作反应。新生儿的笑，更多属于生理性的笑。孩子生后一周左右，吃饱睡足，或听见柔和悦耳的声音时，脸上会有类似微笑的表情，但那是自发性的笑。出生第3～5周，在清醒的时间内，会有诱发性的笑。例如，轻轻地抚摸新生儿的脸颊，他会微笑，这是反射性的笑。新生儿更多的情绪表现是哭，其中大量是生理性的哭，反映他身体的各种不舒适，如饿了、渴了、困了、由于刺激太多而疲劳等。新生儿也会养成一种条件反射，那就是要成人陪伴，要成人抱。这也是他要求与人交往的情绪表现。

新生儿是天生有情的。新生儿找不到母亲，会表现出强烈的失落感。有一位母亲，在孩子出生后8天时，患了感冒，于是她戴上了口罩。当她同往常一样抱孩子，要给他喂奶的时候，孩子频繁地看她的脸。妈妈发现，孩子吃奶少了，变得入睡困难，睡觉也不那么安稳，睡眠时间也短了。看来，新生儿发现了母亲的异样，因而心神不定，受到了不小的影响。

(二)新生儿的教养

新生儿具有很大的潜力，通过适当的教育训练，这些潜力可以被提早发掘。大量事实表明教育与不教育是完全不一样的。教育应从零岁开始。我国古代史学家司马光曾说，周初的周成王出生以后"赤子而教"，即还在襁褓中就对他进行教育。而现代科学研究成果证明：赤子而教非但可行，而且必行。

1. 教育应从零岁开始

大量的现代科学实验证明，即使是新生儿，已经是一个有能力的人了。首先，新生儿一出世就能进行某些视觉活动。刚生下来的宝宝对光线已有反应，虽然还不会双眸同时盯住一个物体，但是他确实会随着移动的灯光转移视线。出生后2周的孩子看妈妈脸的时间比看生人脸的时间要长。其次，新生儿听觉能力也发展起来了。刚出生后几个小时的孩子就能感觉某些声音，对不同强度的声音有不同的反应。

不要以为对婴儿只有生活照料的义务，其实，孩子在不断地学习，在与周围事物接触的过程中，不断地建立条件反射。孩子在生活中学到的东西，对于他将来的发展会起什么作用，孩子是不知道的，这个责任应由父母来承担。例如，每天用温水轻柔地给孩子洗脸，他会安静、愉快地和大人配合；如果采取粗暴、强迫的方式，几次后，他就会怕洗脸，只要发现准备洗脸，就会大哭起来。

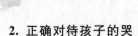

2. 正确对待孩子的哭

作为父母要经常抱抱新生儿，并尽量及时地对他的哭作出反应。随时检查孩子哭是否有造成孩子烦恼的明显的原因，如果找不到也不要惊慌，可以请一些经验丰富的老年人或专家检查。新生儿的哭看上去很普通，大家司空见惯，但其中也有不少学问，年轻父母不可不重视。

多数情况下，婴儿的哭声是一种复杂的听觉刺激，强度有大有小，从哼哼唧唧的啜泣到声嘶力竭的大哭，报告着婴儿不同程度的痛苦。当孩子哭起来时，首先应该根据哭声的大小寻找原因。饥饿、尿湿尿布、想要抱和因为清醒的时间过长引起疲劳的哭声一般不太大；剧烈的、声嘶力竭的哭声则往往由疼痛引起。生理需要是导致婴儿啼哭的重要原因，如饥饿、冷、热、突然发生的巨大响声、导致疼痛的刺激等。婴儿在光和声音刺激时的反应并不总是相同的，当他们处于安静的清醒状态时，对色彩鲜艳的东西或玩具喇叭的反应可能是感兴趣和愉悦，但是当他们感觉不舒服时，朝他们摇摇棒会使他们大哭一场。

 资料卡

孩子哭时该怎么办？

把孩子抱起来摇动或来回走动。这种办法可以使孩子与亲人身体接触并获得身体直立姿势和身体运动的机会，是安抚孩子最有效的方法。

用襁褓包裹孩子。由于这种方法限制了孩子的运动，使孩子感到暖和，常可制止啼哭。

给孩子含一个奶嘴。吸吮可以降低婴儿的生理激活水平。

以温和的口气和孩子说话，或让孩子听有节奏的响声。持续、简单、有节律的声响，如摇棒、带响声的玩具和悠扬的音乐，比断续的声响更有效。

把孩子放在小车里摇动。有节律的摇动可促使婴儿睡觉。

按摩孩子的身体。用连续、轻微的动作按摩婴儿的躯干和四肢，这种办法在一些东方国家很流行，它可以使孩子的肌肉放松，使他们感觉很舒服，从而停止啼哭。

（资料来源：陈会昌，《0～1岁婴儿的心理发展和教育》，心理学空间，2010-06-18）

3. 帮助孩子发展特定的技能

每天让孩子俯卧几次，有助于他抬头。如果总让孩子仰卧，就不利于练习这个技能，由于视力受到限制，使他产生兴趣的视野只限于一个狭窄的空间。因此，应经常把他抱起来，为了适应各种位置的变换，他的身体对各方面的反应会得到锻炼，还可激发孩子对外界环境的兴趣。此外，继续定时放胎教音乐和一些舒缓的儿童音乐，有助于孩子听力和音乐能力的发展。父母应经常利用换尿不湿、喂奶等时机与孩子交谈，虽然他听不懂，但他会很乐意听，并感到非常愉快，有时甚至会向

你微笑。

4. 激发婴儿对外界环境的兴趣

新生儿已表现出能与人简单交往的迹象。第一，他从出生第一周开始就会看抱他的人的眼睛。第二，当他看人脸或人的照片和图片时，他会露出微笑。为了发展孩子的探究兴趣，鼓励他的好奇心，最好在孩子摇篮周围提供几个好的脸谱玩具，或用一天变换几次孩子位置的办法，给他换换景物。悬挂脸谱玩具应在孩子床的左侧或右侧，最好两侧都有，不应悬在孩子的正上方。另外，当孩子快满月时，清醒时间相对长些，可以给孩子手、脚套上宽松的松紧带，用细绳将松紧带与悬挂在孩子上方的铃铛相连，当孩子运动手脚时，就会牵动铃铛发出声响，这时孩子既可以感知自己与外界事物的联系，发展其最初的思维能力，又可以激发他活动手脚，增加探究外界事物的兴趣。

第二课　乳儿心理的发展

乳儿是指胎儿出生至 1 岁的儿童。这个时期，由于大脑重量在迅速增加，大脑皮质也开始发展，脑的基本结构已经具备。因此，在这个年龄阶段，人类各种基本心理活动，如感知觉、注意、记忆、学习、言语、情感等，都在这个阶段发生。

一、乳儿的心理发展特点

(一)动作的发展

儿童动作发展是儿童活动发展的直接前提。因为从心理方面来说，活动是由动作组成的，儿童在出生后的第一年里，在动作的发展上取得了非常大的成就。特别是作为人类特有的动作——手的动作和直立行走的出现，标志着人与动物的本质区别。

1. 发展规律

乳儿期是儿童动作发展最迅速的阶段，其发展是按照一定的顺序和规律进行的。

(1)从整体动作到分化动作。最初乳儿的动作是全身性的、笼统的、散漫的，以后才逐步分化为局部的、准确的、专门化的动作。

(2)从上部动作到下部动作。让儿童俯卧在平台上，他首先出现的动作是抬头、抬胸、俯撑，然后慢慢发展到翻身、坐、爬、站立、走。

(3)从大肌肉动作到小肌肉动作。乳儿首先出现的是躯体大肌肉动作，如头部、躯体、双臂、腿部等，以后才是灵巧的手部小肌肉动作以及准确的视觉动作等。

(4)从无意动作到有意动作。乳儿的动作起初是无意的，当他做出各种动作时，既无目的也不知道自己在干什么。6 个月以后逐渐出现有目的的动作。

2. 手的动作发展

教育家苏霍姆林斯基（B. A. Cyxomjnhcknn）说过："儿童的智慧在他们的手指尖上。"我国著名的儿童教育家陈鹤琴先生说过："小孩子应有剪纸的机会。"儿童的手似乎蕴含了很多秘密和含义。

儿童约从出生后的第三个月起，一种不随意的手的抚摸动作就开始了。他无意中抚摸亲人、玩具、自己的被褥、衣服或自己的小手。

5个月后，手的动作带有一定的随意性，当他看见亲人或玩具时，他不但会发出快乐的声音，而且要伸出手来抓抓摸摸。这样，儿童开始把手作为认识的器官来感知外界事物的属性。

从出生后的下半年开始，儿童手的动作有了进一步的发展，逐步学会了拇指与其余四指对立的抓握动作，这是人类操作物的典型方式。随着这种操作方式的发展，手才有可能从自然的工具逐步变为使用和制造的工具。

在抓握过程中，逐步形成眼和手，即视觉和动觉的协调运动。这就发展了儿童对隐藏在物体当中的复杂的属性和关系进行分析综合的能力，发展了儿童的知觉和具体思维的能力。

手的动作发展下去就更加复杂了，从两只手在跟眼的合作下由玩弄一个物体发展到同时玩弄两个物体，到用种种不同的方式来玩弄各种物体，如把小盒放大盒里，用小棒敲击铃铛等，在这个过程中儿童进一步认识了事物之间的联系和区别。

在经常接触日常物体的过程中，由于成人正确的反复引导和示范以及儿童的不断模仿，儿童逐步掌握了熟练地玩弄和运用这些物体的动作技能，如用茶杯喝水、用汤匙吃东西、穿衣、扣扣子、戴帽子、洗手等。

手的动作的发展，使儿童掌握了使用物体的方法，初步掌握了成人使用工具的方法和经验。同时，儿童通过使用各种物体，也认识了这一类物体共有的特性，因而使知觉更加具有概括性，并为概括表象和概念的产生准备了条件。

(二)认知的发展

1. 感知觉的发展

乳儿的感知觉多半是在摆弄玩具以及使用其他物体的过程中形成和发展的。当新鲜的玩具或其他物体出现在婴儿面前时，他们便积极地去触及并摆弄它们，在摆弄和使用各种物体的过程中，逐渐区分出物体的各个部分，熟悉物体的各种属性。他们往往需要把出现在眼前的事物的各种属性都加以感知后，才能形成对该事物的整体认识。婴儿知觉的目的性较差，不能使自己的知觉服从于既定的目的和任务，常常凭兴趣而异。具体来说包括以下几方面。

(1)视觉：乳儿的眼对光反应敏感，最佳视焦距为19厘米，喜欢颜色鲜艳的物体和人脸的外形，能两眼追随移动的红球，4个月时已能对近的和远的目标聚焦，眼的调节能力有了很大的进步。12～20周时开始喜欢看自己的手，能固定视物，看75厘米远的物体。3～4个月时已能辨别彩色与非彩色。

(2)听觉：乳儿的听觉相当灵敏，出生后不仅能听到声音，而且对声音频率也很敏感，能区别不同的语音。小婴儿一般能倾听和谐的音乐，3～4个月时开始能区分成人发出的声音，听见母亲的声音就高兴。

(3)触觉：触觉是婴儿认识世界的主要手段，婴儿的触觉探索有口腔探索和手的探索两种形式。

美国罗恰特(Rochat，1983)对1～4个月婴儿的口腔触觉进行了实验研究。他把婴儿那种有明显节奏的吸吮活动同其他无规律(无节奏)的口腔活动区分开来，并把后者称为"口腔探索活动"。罗恰特发现，1个月的婴儿已能凭口腔触觉辨别不同软硬程度的乳头，4个月的婴儿则能同时辨别不同形状和软硬程度的乳头。艾伦及其同事(Allen et al.，1982)对3.5个月的婴儿口腔触觉进行研究后发现：他们已能辨别物体的形状和质地，对熟悉的物体产生吸吮去习惯化，这表明婴儿口腔触觉此时已能区别不同的物体。

婴儿手的真正的探索活动大约出现在5个月左右，此时口腔探索减少，手指和手的操作增加，对不同的物体采取不同的操纵方式。而手眼协调动作的出现，使婴儿手的探索活动更加准确。积极主动的触觉探索发生于婴儿7个月大左右。当婴儿学会了眼手协调之后，他逐渐会用手去摆弄物体，把东西握在手里，挤它或把它转来转去。再大一些的婴儿，能够用双手去转动物体，而且动作都有视觉相伴随。这时婴儿还可以从多个角度认识物体，视触觉协调真正起到探索的作用。

(4)味觉、嗅觉：婴儿的味觉和嗅觉在出生后几天就已经发育得很好了。哺乳时，新生儿闻到乳香味就会积极地寻找乳头。3～4个月能区别愉快与不愉快的气味。7～8个月已开始能分辨出芳香的刺激，婴儿灵敏的嗅觉可以保护自己免受有害物质的伤害。味觉在出生时就已很敏锐，对甜味表示愉快，对酸味表示痛苦。

2. 注意的发生与发展

儿童一生下来就有注意，这种注意实质上就是先天的定向反射。环境中特别的或新异的刺激会引起新生儿相应的自主神经系统活动，并表现出外在的身体运动，这就是定向反射。

乳儿期注意的发展主要表现为注意选择性的发展。

1～3个月的乳儿注意选择性的主要规律与特点是：偏好曲线多于直线；偏好复杂、不规则、轮廓密度大的图形；偏好集中的、对称的刺激物；从注意局部轮廓向有组织地注意较全面的轮廓发展；从只注意形体外周向注意形体内部因素发展。

3～6个月的乳儿对外界事物的探索活动更加主动积极。各种基本感知觉能力日趋成熟且在很多方面已经达到成人水平，运动技能虽然还很差，但头部自控能力增强，已能够转头细致地观察事物。另外其够触和抓握物体的能力也发生了根本性变化，进入了较成熟的阶段。这就使得乳儿从各个方面充实和扩展了获得信息的能力，使得他能更加深入细致地观察外界物体。这时乳儿的视觉注意能力在原有基础上进一步发展：平均注意时间缩短，探索活动更加主动、积极，而且偏爱更加复杂和有意义的视觉对象，看得见的和可操作的物体更能引起他们特别而持久的注意和兴趣。

6～12个月，乳儿的睡眠时间减少，白天经常处于警觉和兴奋状态，所以这时期的注意不再像6个月以前那样只表现在视觉方面，而是以更为广泛和复杂的形式表现出来。可以坐立、爬行、扶物体站立、扶物体行走等，这使得乳儿注意的选择性不仅表现在选择性注视，而且更多地表现在选择性抓握、吸吮、操作和运动等方面。注意的对象和注意选择性在范围和内容上大大扩展。另外，这一时期婴儿注意的选择性得到了显著的发展，而且越来越受知识和经验的支配。

3. 言语的发展

在刚出生的第一年是言语的准备时期，或言语开始发生的时期，一般称之为言语前期。这一时期语音的发生经历了以下阶段：

第一阶段：单音节阶段(0～4个月)。哭是婴儿出生后最初的发音，但这时的发音是不分化的，新生儿期，可发出[ei][ou]等声音，第二个月时婴儿可发出[m—ma]的声音。之后可听到[ai][ei][ai—i][hai—i][ue]等。韵母出现较早，而声母只是偶尔出现。

第二阶段：多音节阶段(4～10个月)。这个时期的前言语获得明显增多，会发出许多复杂的语音并发出连续的音节，同时可听到不少近似词语的声音。如能发出各种声母还会发出 a—ba—ba da—da 等的声音，家长误认为是在说话，但事实上这只是前言语阶段的发音现象。

第三阶段：学话萌芽阶段(10～13个月)。这一阶段乳儿能够正确地模仿成人的语音，其特点是：一是这种模仿不仅在音色上极为相近，而且在声调上也极为相似；二是这种模仿能被保持相当一段时间，并能被适当迁移和正确转化。

言语的概括作用和调节作用的意义是非常巨大的。它给儿童学习社会经验、形成道德品质提供了可能性。因此，教育儿童积极地掌握言语，通过言语来丰富儿童经验，培养儿童的道德品质是非常必要的。

(三)情绪的发展

1. 情绪的分化

情绪的发展表现为情绪的逐渐分化。下面介绍几种有关情绪分化的理论观点。

(1)布里奇斯的理论。加拿大心理学家布里奇斯(K. M. Bridges)的情绪分化理论是早期比较著名的理论。她通过对一百多个婴儿的观察，提出了关于情绪分化的较完整的理论和0～2岁幼儿情绪分化的模式。

她认为，初生婴儿只有皱眉和哭的反应。这种反应是未分化的一般性激动，是强烈刺激引起的内脏和肌肉反应。3个月以后，婴儿的情绪分化为快乐和痛苦。6个月以后，痛苦又分化为愤怒、厌恶和恐惧。比如，眼睛睁大、肌肉紧张，就是恐惧的表现。12个月以后，快乐的情绪又分化为高兴和喜爱。18个月以后，分化出喜悦和妒忌。

布里奇斯的情绪分化理论被较多的人接受。一些人还用不同的形式把她的情绪分化模式表示出来。但是，布里奇斯的理论也受到了批评。心理学家认为，她的情绪分化阶段缺乏具体的指标，因此难以鉴别每种情绪是如何区分出来的，也没有说明形成分化的机制。

(2)斯皮兹的理论。美国著名心理学家斯皮兹(R. Spitz)提出了情绪分化的两个明显表现：

一是2～3个月的婴儿开始发生社会性微笑。2～6个月大的婴儿对人们的表情，如微笑，做鬼脸或是人戴上假面具，都有微笑反应，对动物，如小狗，也报以微笑的反应。对非动物，如电筒光、铃、积木、球等，则没有反应。

二是7～8个月的婴儿出现认生，如当陌生人接近时，或是妈妈离开的时候他们会产生焦虑情绪。

斯皮兹的这两个标准已成为广泛应用的可靠模型。

(3)伊扎德的理论。美国心理学家伊扎德(Carroll E. Lzard)的情绪分化理论在当代美国情绪研究中颇有影响。他认为婴儿出生时就具有五大情绪：惊奇、痛苦、厌恶、最初步的微笑和兴趣；4～6周时，出现社会性微笑；3～4个月时，出现愤怒、悲伤；5～7个月时，出现惧怕；6～8个月时，出现害羞；0.5～1岁，出现依恋、分离伤心、陌生人恐惧；1.5岁左右，出现羞愧、自豪、骄傲、操作焦虑、内疚和同情等情绪。

同时，他认为，随着年龄的增长和脑的发育，情绪也逐渐增长和分化，形成了人类的9种基本情绪，愉快、惊奇、悲伤、愤怒、厌恶、惧怕、兴趣、轻蔑和痛苦。每一种情绪都有相应的面部表情模式。他把面部分为三个区域：额—眉，眼—鼻—颊，嘴唇—下巴，并提出了区分面部运动的编码手册。

伊扎德指出，不能以单一的根源去看待实际的情绪。他认为，个体情绪发展的合理的组织形式是在适应中发生的。例如，新生儿出生后就会显示痛苦表情，但是只有到4个月时才会发生愤怒的表情。因为只有到这时婴儿才能处理或应付环境事件。情绪与环境事件不是一对一地发生的。环境是一种复合因素，某种情绪的发生可以来自不同的环境，表现为不同的等级，这是复合环境可能被分化的结果。没有哪种情绪是单一地发展起来的，也难以用一个指标完备地描述它。

(4)林传鼎的理论。我国心理学家林传鼎(1963)观察了500多个出生后1～10天的婴儿所反应的54种动作的情况。根据观察结果认为。新生婴儿已有两种完全可以被分辨清楚的情绪反应，即愉快和不愉快。二者都是与生理需要是否得到满足有关的表现。

他认为，不愉快反应通常是自然动作的简单增加，由所有不利于机体安全的刺激所引起。愉快的反应和不愉快的表现显然不同，它是一种积极生动的反应，增加了某些自然动作，特别是四肢末端的自由动作，这种动作也能在婴儿洗澡后观察到，这就说明了一种一般愉快反应的存在，它由一些有利于机体安全的刺激所引起。

他提出从出生后第一个月的后半月，到第三个月月末，相继出现 6 种情绪：欲求、喜悦、厌恶、忿急、烦闷、惊骇。这些情绪不是高度分化的，只是在愉快或不愉快的轮廓上附加了一些东西，主要是面部表情。而惊骇则是强烈的特殊体态反应。4～6 个月已出现由社会性需要引起的喜悦、忿急，逐渐摆脱同生理需要的联系，如表现出对同伴、玩具的情感。从 3 岁到入学前，陆续产生了亲爱、同情、尊敬、羡慕等 20 多种情感。

林传鼎的情绪发展理论对我国情绪发展研究和理论建设产生了很大的影响，直到今日，不少观点，始终为人们所接受，并不断被今天的研究所证实，如新生儿已有两种完全可以被分辨清楚的情绪反应，4～6 个月婴儿出现与社会性需要有关的情感体验，社会性需要逐渐在婴儿情感生活、交流中起着越来越大的作用，等等。

我国心理学家孟昭兰对婴幼儿情绪进行了实验研究，其结果支持了伊扎德的观点。孟昭兰指出，只有当婴儿面部各部位肌肉运动达到足够的程度时，才能表现出典型的面部模式。如果面部某部位肌肉运动和另一部位的肌肉运动所代表的表情不相同，那就成为难以辨认的复合表情。她的研究发现，兴趣和痛苦也是最早发生的情绪，轻蔑和害羞在 1～1.5 岁时也已经发生。

总之，我们可以认为，初生婴儿的情绪是笼统的，在以后的生活中才逐渐分化，到两岁左右，各种基本情绪都已经出现。

2. 基本情绪的发展

儿童的基本情绪主要包括微笑、哭泣、惧怕、兴趣、惊奇、厌恶等，每一种基本情绪都有其特定的发展规律。其中微笑、兴趣是最基本的积极情绪，哭泣、惧怕是最基本的消极情绪。

(1)微笑。微笑是婴儿的第一个社会性行为，是情绪愉快的表现。婴儿通过笑可以引出他人对自己积极的反应。婴幼儿的笑比哭发生得晚，可分为以下几个阶段。

第一阶段：自发微笑(0～5 周)。婴儿最初的笑是自发性的，或称内源性微笑。这是一种生理表现，而不是交往的表情手段。内源性微笑，主要发生于婴儿睡眠中，困倦时也可能出现。这种微笑通常是突然出现的，是低强度的笑，其表现只有卷口角，即嘴周围的肌肉活动，因此，又称"嘴的微笑"。这种早期的微笑通常可以在没有任何外部刺激的情况下发生。这种早期的笑在 3 个月后逐渐减少。

第二阶段：无选择的社会性微笑(5 周～3.5 个月)。这一阶段，能引起婴儿微笑的刺激范围已大大缩小。这时人的声音和面孔特别容易引起婴儿的微笑。第 8 周时，婴儿会对一张不移动的脸发出持久的微笑。但这时，婴儿还不能区分出不同人的微笑，他们对主要抚养者或家庭其他成员、陌生人的微笑都是不加区分的。研究表明，3 个月大的婴儿对正面的人脸，不论其是生气还是微笑，都报以微笑；如果把正面人脸变为侧面人脸，婴儿就停止微笑。这时的婴儿看到假面具、白色或是有斑的花纹，都会微笑。

第三阶段：有选择的社会性微笑（3.5个月以后）。从3.5个月尤其是4个月开始，婴儿开始对不同的人有不同的微笑，出现有选择性的社会性微笑。他们对熟悉的人比对不熟悉的人笑得更多；对熟悉的人无拘无束地笑，而对陌生人则带有一种警惕的注意。这是真正意义上的社会性微笑。

随着年龄的增长，幼儿愉快的情绪进一步分化，愉快情绪的表情手段也不再停留于笑的表情了，甚至不只是用面部表情，而较多得用手舞足蹈及其他动作来表示。

（2）哭泣。哭泣是婴儿表达情绪的另一种常见方式，是一种不愉快的、消极的情绪反应。婴儿的哭泣大致分为三个发展阶段。

第一阶段：生理—心理激活（出生至1个月）。新生儿的哭泣通常由饥饿、腹痛或一般身体不适所致。母亲通常都会对新生儿的哭迅速作出反应：首先，察看孩子是否有生理需要；然后，安抚孩子，如晃动摇篮，抱起孩子，或轻拍孩子。

第二阶段：心理激活（1个月起）。这一阶段儿童表现为一种低频、无节奏的没有眼泪的"假哭"。许多父母认为，这种哭泣通常意味着婴儿想得到注意或照看，当婴儿得到注意或照看时，"假哭"就会停止。大约在第六周时，当母子对视时，婴儿倾向于停止哭泣。到了3个月，吮吸拇指可以减少哭泣。但是，在所有减少哭泣的行为中，身体接触最有效。

第三阶段：有区别的哭泣（2～22个月）。这一阶段，不同的人可以激活或终止哭泣。这种哭泣是一种社会性行为，反应儿童的某种需要。在8个月时，儿童是否终止哭泣，主要取决于成人或父母是否在接收他传递的信息。这种有区别的哭泣表明，婴儿依恋某一个特定的人。当依恋对象离开或不在附近时，婴儿就会哭泣。

（3）惧怕。惧怕是一种消极情绪。它在全部情绪中是最有压抑作用的，它会引起幼儿极度的紧张感，使幼儿逃避和退缩，甚至由于极度的肌肉紧张而引起身体僵化、呆板不动，造成思想受压抑、感知狭窄、动作笨拙等。惧怕不仅对幼儿认知、活动有很大影响，而且对幼儿个性也有极大的消极作用。婴儿长期、多次的恐惧及由此伴随的退缩、逃避，可能促成幼儿形成胆小、怯懦、退缩的个性。当然，惧怕也并不是完全无益的，它可以作为警戒信号使幼儿逃脱危险，使父母等及时发现并帮助幼儿去除危害性事物，并给幼儿以适当的抚慰和鼓励。

根据陈帼眉、孟昭兰等的研究，婴儿的恐惧发展经历了以下几个阶段。

第一阶段：本能的恐惧。恐惧是婴儿自出生就有的情绪反应，是一种本能的、反射性的反应。最初的恐惧由突发的巨大声响、从高处降落、身体位置突然变化、疼痛等自然因素所引起。

第二阶段：与知觉和经验相联系的恐惧。约从4个月开始，婴儿出现与知觉相联系的恐惧，以往引起过不愉快经验的刺激，如被火烫过、被小猫抓过等，都会激起恐惧情绪，也正是从这时候开始，婴儿借助于经验，视觉逐渐对恐惧的产生起作用。8～9 个月的婴儿，在一定的主动爬行经验的基础上，开始产生深度的恐惧。

第三阶段：怕生。怕生可以说是对陌生刺激物的恐惧反应。随着婴儿认知分化、表征能力和客体永久性能力的发展，婴儿能较好地分清生、熟人。一般在6～8 个月时，婴儿开始对陌生人产生恐惧，当陌生人接近时，婴儿特别警觉并拒绝接近。在这一阶段，婴儿不仅害怕陌生人，还害怕许多陌生、怪样的物体和没有经历过的情况。

第四阶段：预测性恐惧或称"想象性恐惧"。预测性恐惧是指 1.5～2 岁的婴儿，随着想象、预测和推理能力的发展，开始产生对黑暗、动物等的害怕。如怕关灯，怕"狼外婆"，怕在黑屋中独处等。这些害怕、恐惧情绪的发生常常和家长实施的简单、不良的教育影响有关。此时，语言在幼儿心理发展中的作用增加，可以通过成人讲解来帮助幼儿克服这种恐惧。

(4)兴趣。兴趣不是一种单纯的唤醒状态，而是一种积极的情感性唤醒状态，是婴儿好奇心、求知欲的内在来源。诸多研究表明，兴趣是一种先天的情绪，人类婴儿在出生后就显示出了对外界物体和社会性刺激的倾向性反应。从婴儿出生时起，兴趣就组织、指导着婴儿的看、听、动作、运动和探究等。

孟昭兰(1989)在其一系列研究和总结他人研究的基础上，指出婴儿兴趣的早期发展可分为三个阶段。

第一阶段：先天反射性反应阶段(出生～3 个月)。这一阶段兴趣表现为婴儿感官接触外界物体后，被视觉、听觉、运动刺激所吸引，持续地维持着反应。这种最初的感情—认知相结合的模型，指导着婴儿的感觉、运动和活动，使婴儿主动地参与人与环境之间的相互作用，吸收着最初的经验。

第二阶段：相似性再认知觉阶段(4～9 个月)。适宜的声、光刺激的重复出现能引起婴儿的兴趣。这时婴儿有意做出活动，以使有趣的情景得以保持。而且，在这一阶段，婴儿对自己的活动产生了快乐感。兴趣和快乐的相互作用，支持着重复性活动。如带响声的鲜艳玩具引起婴儿的注视，玩具在儿童视线中的运动引发视觉追踪，玩具的再现又引起兴趣和探索。当这样的过程一再重复之后，婴儿就得到兴趣的满足并产生快乐。而快乐情绪的释放、兴趣的提高，又引发进一步的探索活动。兴趣与快乐的相互作用支持着知觉能力的获得，因而也是这一时期婴儿的学习过程。

第三阶段：新异性探索阶段(9 个月以后)。在这个阶段婴儿不再注意连续多次出现的物体，而会注意出现的新异物体并主动做出重复性动作去认识新异物体。例如，婴儿不断地抛玩具、转玩具，试图去认识它。以后婴儿试图以不同的方式去影响事物。如婴儿拆卸玩具，即是这一时期的典型表现。到二三岁左右，婴儿的新异性兴趣激发模仿行为，如模仿妈妈拍娃娃睡觉、喂娃娃吃饭；模仿电视、故事中人物的行为。这些活动延长了儿童有兴趣地玩耍和活动的时间。

(四)依恋的发展

依恋是儿童与主要抚养者(通常是母亲)间的最初的社会性联结，是一种亲密的、持久的情绪关系，是情感社会化的重要标志。依恋对儿童整个心理发展具有重大作用，儿童是否同母亲形成依恋及其依恋的性质如何，直接影响着个体的情绪情感、社会性行为、性格特征及与人交往的基本态度的形成。

1. 依恋发展的阶段

第一阶段：无差别的社会反应阶段（出生～3个月）。这个时期乳儿对人反映的最大特点是不加区分，无差别，乳儿对所有人的反映几乎都是一样的，喜欢所有人，听到任何人的声音都高兴，喜欢注视任何人的脸孔。同时，别人抱他、对他说话，都能使他高兴，感到愉快和满足，此时的乳儿还没有对任何人包括母亲产生偏爱。

第二阶段：有差别的社会反应阶段（3～6个月）。这一阶段乳儿对人的反映产生了区别，对人的反映有所选择，对母亲更为偏爱。此时乳儿对母亲和其他熟悉的人及陌生人的反映是不同的。在母亲面前表现出更多的微笑、咿呀学语、偎依，而在其他家庭成员面前这些反映相对少一些，在陌生人面前就更少，但依然有所反应。

第三阶段：特殊的情感联结阶段（6个月～3岁）。从六七个月起，乳儿进一步对母亲的存在特别关切，特别愿意与母亲在一起，与母亲的接近使他特别高兴，而当母亲要离开时则哭喊着阻止，别人不能代替母亲使他高兴起来。当母亲回来时，婴儿则马上显得十分高兴。母亲在身边时，婴儿能安心地玩，探索周围的环境，好像母亲是他的安全基地。乳儿在这时产生了明显的对母亲的依恋，形成了专门的对母亲的情感联结。同时，对陌生人的态度也有很大变化，见到陌生人不再微笑、不再咿呀学语，而是紧张、不安、恐惧甚至哭泣，婴儿产生了怯生。

2. 依恋的类型

虽然乳儿普遍能和母亲形成依恋，但其依恋的性质是不同的。美国心理学家安斯沃斯（Ainsworth）在研究中创造了"陌生情境"研究法，这是目前最流行的通用的测查乳儿依恋性质的方法。

在研究中，安斯沃斯将乳儿、母亲和一个陌生人安排在实验室里，从而观察婴儿与母亲在一起，与陌生人在一起，与母亲和陌生人同时在一起等情况下乳儿的情绪和行为反应，以作为判断乳儿依恋性质的指标。从而确定婴儿与母亲的依恋存在三种不同类型：安全型、回避型、反抗型。这种观点已经被其他研究者所验证并被普遍接受。

（1）安全型。这类乳儿与母亲在一起，能安逸地玩弄玩具，并不总是依偎在母亲身旁，只是偶尔需要靠近或接触母亲，更多是用眼睛看母亲，对母亲微笑或与母亲有距离地交谈。母亲的在场使乳儿感到足够的安全，乳儿能在陌生的情境中进行积极的探索和操作，对陌生人的反应也比较积极。当母亲离开时，其操作和探索行为受到影响，乳儿明显地表现出苦恼、不安，想寻找母亲回来。当母亲回来时，乳儿会立即寻求与母亲的接触，并很容易抚慰、平静下来，继续做游戏。这类乳儿约占65%～70%。

（2）回避型。这类乳儿对母亲在或不在场都表现得无所谓，当母亲离开时，他

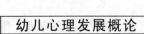

们并不反抗，很少有紧张不安的表现，当母亲回来时，也往往不予理睬，自己玩自己的。有时也会欢迎母亲的返回，但只是短暂的，接近一下就又走开了。因此，实际上这类乳儿对母亲并没有形成特别密切的感情联结，这类乳儿约占20％。

（3）反抗型。这类乳儿每当母亲将要离开时就显得很警惕，母亲离开时表现得非常苦恼，极度反抗，任何一次短暂的分离都会引起他的大喊大叫。但是当母亲回来时，他对母亲的态度又是矛盾的，既想和母亲亲近、接触，但同时又反抗与母亲的接触。所以当母亲想要抱抱他时，他会生气地拒绝、推开母亲。但如果要他重新回到游戏中去似乎又不太容易，他会不时地朝母亲这里看，这类乳儿约占10％～15％。

上述三种类型中，安全型依恋为良好、积极的依恋行为，而回避型依恋和反抗型依恋又称不安全型依恋，是消极、不良的依恋。

安斯沃斯和其他研究者的研究还表明：乳儿的依恋类型具有明显的稳定性，但同时，在家庭环境经历较大变化、母亲与乳儿的交往发生较大转变时，也可能发生变化，安全型可能转变为不安全型，不安全型可能转变为安全型。

二、乳儿的教育启示

针对乳儿心理发展的特点，父母及孩子的照料者应该注意以下几个方面。

（一）创造一个丰富多彩的生活环境

乳儿既不会说话，也听不懂大人的话，表面看起来好像只要吃饱睡足就可以了。其实不然，他们需要有多方面的刺激，喜欢接触大自然，喜欢有人与其做伴玩耍。对周岁内小儿的观察研究表明：在托儿所里，单调的环境会在一定程度上影响孩子心理的发展。心理学家曾做过这样的实验：用色彩鲜艳的床单和会摇动的物体装饰原来单调的白色环境。床单有动物和花的图案装饰，让乳儿一天做几次短时间的俯卧；用透明塑料代替床边的木板，使孩子能看到房间里的活动。结果，孩子的反应出现引人注目的变化。那些原来一天中大部分时间躺着不动的孩子，开始抬起头，最后伸手去抓。过去沉默且反应冷淡的孩子，现在笑起来了，开始"自言自语"，对周围的新鲜事物，露出探求的表情。因此，我们一定要为周岁内的乳儿创造丰富多彩的生活环境，并且不断地给予合理、丰富的刺激，这样才能促进乳儿的心理发展。

（二）善于辨别乳儿发出的各种"信号"，及时满足他们的需要

父母爱子心切，都希望孩子健康、活泼、愉快。但不少年轻父母在孩子啼哭时感到束手无策：不知他是饿了、渴了，还是有别的原因，因而不能及时了解乳儿的需求。父母们必须细心，尽快了解孩子生理活动的规律，学会分辨他们用不同的哭声表达的不同要求，并及时满足他们。保持乳儿良好的情绪状态是乳儿心理得到健康发展和接受教育的基础。

（三）多与孩子交往，开阔其视野

成人不要以为孩子不懂事就不理他们，要和孩子面对面地讲话。成人的笑脸和温柔的声音会使孩子愉快，并能促进孩子视觉、听觉的发展，提高与人交往和说话

的积极性。国外有的研究材料表明，儿童良好的情绪、愉快的心情不仅有利于身体的发育，也有利于智力的发展。

同时，不可忽视抱对开阔孩子视野的作用。经常抱抱孩子，到窗前看看，到处走走，孩子的视野就会豁然开阔。出生～1岁正是脑细胞数目增殖和结构复杂化的关键时期，单调的环境不能提供足够的信息量，不利于脑细胞结构和功能的发展。整天望着天花板或眼前的一小片天地，乳儿就会感到乏味，消极的情绪多于积极的情绪。有的乳儿吸吮手指以自慰，形成吮拇癖。至于乳儿从多大开始抱，一次抱多长时间，这要视婴儿的状况和家庭条件区别对待。一般情况下，婴儿在出生后1个月，每天适当地抱抱他，或和他亲热一番，或走走看看，都非常有利于婴儿的心理发展。当然，抱惯了的孩子不抱就会哭。当孩子能坐能爬了，就可以少抱些了。家长可以通过和他们一起玩，引导他对玩具和其他物体产生兴趣。同时，要注意培养他对物质世界的兴趣，让他与其他孩子一起进行实物活动。

(四)鼓励和训练乳儿的动作

要多给他们自由活动的机会，依次发展各种动作，及时训练婴儿的趴、坐、爬、立、走，尤其要注意发展"爬"的动作。现在不少孩子不会爬就会走，这对心理发展是不利的。爬是乳儿最先掌握的自由移动身体的动作。研究表明，爬对乳儿的交往能力、警觉性情绪、空间知觉等方面的发展均有益处。不让儿童学爬，就延缓了他的心理发展。同时，要提供机会发展乳儿手的动作。

(五)培养乳儿良好的行为习惯

乳儿年龄小，不知道什么是好，什么是不好。在生活实践中，成人如果坚持赞许好的行为，抑制不好的行为，孩子逐渐就会懂得应该怎样，不应该怎样，进而形成良好的行为习惯。另外，父母的行为态度会对孩子产生潜移默化的影响。安详、温存的父母带大的孩子，一般也安静温和；暴躁的父母带大的孩子也往往性情急躁。

在乳儿期，母亲除了应充分满足孩子对营养的需求，还应注意增强母婴的感情联系，满足乳儿交往的需要和皮肤接触的需要，母乳喂养是满足上述需要的最好途径。此外，在交往中还应注意语言能力的培养，并尽可能为乳儿的耳、眼、手、身提供丰富、适宜的刺激，加强感官功能和动作的训练。

第三课　幼儿前期儿童心理的发展

1～3岁称为幼儿前期，这个时期是人类心理特点真正形成的时期。这个时期，儿童学会走路，学会说话，第二信号系统开始形成和发展，出现了想象和思维；有了最初的独立性，自我意识开始形成。可以说，人的各种心理活动在这个时期才逐渐齐全。

一、幼儿前期儿童心理的发展特点

(一)动作的发展

1. 学会直立行走

满周岁的孩子，只是开始迈步，在学步车里，他可以自如地走动，但是，如果要求他独立迈步，他总是有些害怕，要成人伸出双手保护，或者牵着成人的一只手。他的步子还很不稳，显得僵硬，头向前倾，跟跟跄跄，容易摔倒。

1～2岁行走时还不能自如的原因：

(1)头重脚轻。

①孩子的头和身体的比例与成人相比，明显是头重脚轻。成人头和身长的比例是1：8，刚出生的孩子是1：4，2岁时孩子的比例是1：5。

②孩子头围和胸围相比，1.5岁前是头围大于胸围，1.5岁左右胸围才赶上头围，两者达到差不多的程度，以后的发展是头围小于胸围。

从以上可见，这个年龄孩子的头明显要大，和身体的比例不平衡。同时，孩子的脚相对要小，头重脚轻，走路时自然难以保持平衡。

(2)骨骼肌肉比较嫩弱。

孩子的骨骼系统布满血管，组织还不是很坚实，而且基本上是由软骨组成。因此，支撑身体直立行走不够有力。

(3)脊柱的弯曲还没有完全形成。

孩子生下时，脊柱几乎是直的。他开始抬头时，出现第一个弯曲，即颈椎向前凸起，颈弯曲支持头的活动，因而孩子可以抬头和自如地转头。6～7个月时，出现胸椎向后凸起，支持坐的动作。1岁左右，腰部向前方的弯曲才逐渐成熟。这个弯曲的形成，既支持了直立行走的姿势，又是学习直立行走过程中的产物，如果孩子不学走路，就不会形成这个弯曲。

(4)两腿和身体动作不协调。

两腿和身体动作的协调是走路时全身平衡的保证。孩子在开始走路时，自发地把双臂张开，有时甚至横着走，以求保持平衡。

由此可见，孩子学走路时摔跤是自然的事。成人不必为此惊慌。相反，应该镇静地鼓励孩子自己爬起来，继续往前走。

1.5岁以后，孩子不但会走路，而且学习上下楼梯，起先是手脚并用，向上爬楼梯或台阶；往下走时，先把脚放下，再全身趴下。2岁左右，孩子能够原地跳，学会跑，到处钻，还能学会扔球和踢球，弯下腰去从地上捡起东西而不摔跤。当然，这时的动作仍然比较笨拙。

2. 使用工具

1岁以后，孩子逐渐能够准确地拿起各种东西。1.5岁左右的孩子，已不是拿着任何东西都只会敲敲打打，单纯摆弄。他已经会根据物体的特性来使用，这就是把物体当做工具来使用的开端。2.5岁以后，孩子能够自己用小毛巾洗脸，拿起笔来画画。

2～3岁的儿童能够学会各种动作，不仅双手协调，而且能使全身和四肢的动作协调起来。例如，能端着盛了水的玻璃杯或小碗到处乱跑等。

根据这个阶段儿童的发展规律，有以下几点建议。

(1)从2岁左右，就应该培养孩子使用工具的能力。例如，鼓励孩子自己拿着杯子喝水，自己用勺子吃饭等。据观察发现，在托儿所1～2岁的孩子能够很好地自己吃饭，可是在家里的孩子一般不能，这就是教育和不教育的结果。

(2)应正确对待使用工具中的反复或倒退现象。孩子学习使用工具要经历一个过程，有时还会出现反复或倒退现象。例如，有的孩子已经学会熟练地拿勺子吃饭，忽然又不好好地用了，而是把饭粒都撒在桌上。原来，这种看似倒退的现象，是另一个方面的前进。孩子对已经熟悉的动作失去了新鲜感，而对新的动作产生了兴趣。他撒下饭粒，是为了用大拇指和食指去捡细小的东西，他用这种新动作兴致勃勃地把饭粒逐粒地捡到嘴里。因此，这是前进中的倒退。

(3)重视安全问题教育。例如，有位妈妈一天晚上看孩子睡着时，发现孩子在嚼东西，她劝说孩子将嘴里的东西吐出来，结果一看吓了一跳，含在嘴里的居然是两颗白色的小纽扣。1～3岁的孩子会做出各种危险的动作，如把大塑料袋套在头上造成窒息等。因此，要十分注意孩子的安全教育。

(二)认知的发展

1. 言语

婴儿期言语的发展正是处于一个准备阶段，到了幼儿前期，儿童才能开始真正掌握本族语言，所以，通常把幼儿前期幼儿言语的发展称为"最初正式掌握本族语言期"。

言语发展的阶段：

(1)单词句阶段(1～1.5岁)。这时期的孩子能听懂许多话，但是说的不多，有的孩子基本上不开口说话。这个时期的孩子最初所说的都是单词，但是这个单词在交往过程中，往往会表达一个完整语句所包含的意义。例如：孩子喊"咪咪"，成人可根据儿童当时说话的情境及儿童的表情来判断他的含义。所以，儿童所说的一个单词代表着一个句子，是"以词代句"。正是由于这个特点，言语发展的这个阶段被称为"单词句阶段"。

(2)多词句阶段(1.5～2岁)。一岁半以后，由于儿童掌握的词汇迅速增加，到两岁，大约已能掌握200～300个词，而且掌握的词汇逐渐具有了概括的意义，所以这个时期的孩子们是一个突然开口的时期，一下子说得很多，说得很好。但这个时期的孩子只能用由几个词组成的话来表达自己比较复杂的意思，例如："饼饼，买，帽帽"，意思是说"饼干没有了，戴着帽子上街去买"，正是由于这个特点，所以称这个阶段为"多词句阶段"，或称"电报式的言语阶段"。

(3)简单句阶段(2~3 岁)。2~3 岁的儿童掌握的词汇更多,大约能掌握300~700个词,所以,他们和成人交往时已能够运用一些合乎语法的简单句来进行交谈,同时,这个阶段的孩子非常喜欢模仿大人说话。例如,有的孩子偶然学会了一句骂人的话,家长不但不加以制止,反而以为好玩,导致以后孩子见人就骂,弄得家长和客人都哭笑不得。因此,从孩子开始学说话起,就应该给他树立正确的榜样。

2. 思维

幼儿前期儿童在摆弄各种物体时,有时拼合,有时分开,使他们的分析综合能力在实际操作中得到锻炼,另外,当儿童在生活中遇到一些困难时,逐渐会在实际行动中尝试解决。例如,拿不到桌子上的玩具,他会踩着一把小椅子上去取,这表明幼儿前期儿童逐渐认识到了事物之间的关系,会利用原有经验解决面前的问题,也表明幼儿前期儿童能对事物、行为进行初步的概括,出现了思维。当然这个时期的孩子思维是非常具体的,明显地带着行动性,具体表现在:儿童在行动中进行思维,离开了行动,思维便不再进行,所以我们把这个阶段的思维称为"直觉行动思维",就是说,思维和行动密切联系。因此,对于这个年龄阶段的孩子,在教育时要结合具体事物给他讲道理,切忌靠拉拉扯扯或是动辄以"打"来威胁。

3. 想象

2 岁左右的孩子,在游戏中已经能够拿着物体进行想象性的活动。如骑木马,用长方形木块放在头上擦等。当然,幼儿前期儿童的想象活动还很简单,只是实际生活中简单的改造重现。

这时儿童的认识活动,从感觉到思维都已形成,因此,我们说"幼儿前期是人的认识活动逐渐齐全的时期"。

(三)社会性的发展

2 岁后,孩子就不像 1 岁时那么听话了,特别是 2~3 岁时他有了自己的主意,往往就不听话了,例如,1 岁多的孩子,走路还摇摇晃晃,却要到处走,到处钻,见到东西就扯,见到小洞就抠;2 岁左右,外出走到街上,他不愿总是让妈妈领着,而要自己跑跑跳跳,时而蹲下捡石头当手榴弹,时而捡根小树枝当枪使,这是孩子出现独立性的表现。

二、幼儿前期儿童的教育启示

幼儿前期儿童的心理较之乳儿已有明显进展,但在个体心理发展的总进程中还处在初级阶段,必须积极培养,促使其进一步发展。家庭和托儿所必须重视幼儿前期儿童的保健和教育工作。

(一)增强儿童体质,促进健康成长

幼儿前期儿童年龄小,抵抗力弱,家长和保育员首先要细心照料,做好卫生保健工作。不论在家庭还是托儿所都要使儿童遵守生活制度,按时作息,不要使儿童跟着成人每晚看电视,睡得太晚。注意预防疾病,培养卫生习惯,如定时大小便,常剪指甲,不咬手指,饭前洗手,饭后擦嘴等,增强儿童体质,预防疾病感染,适

应生活条件的变化。

(二)鼓励儿童主动参与活动,积极和周围的人们交往

幼儿前期是自我意识萌芽的重要时期,而自我意识能否得到很好的发展,对于个体今后的学习、生活有着很大的影响。自我意识是在儿童与周围人们的社会交往中形成的,也就是说社会性的发展有利于自我意识的发展。所以当自我意识形成后,成人要组织幼儿前期儿童参加各种实践活动,鼓励和指导儿童做他们力所能及的事情,引导他们自己解决日常生活或游戏中遇到的问题,使儿童在实践活动中增长知识,培养情感,锻炼意志,促进独立性和社会性的发展。

(三)促进儿童言语的发展

幼儿前期是儿童言语发展的重要时期。成人要多和儿童交谈,引起儿童说话的积极性。尤其托儿所等集体教养机关,儿童人数较多,保育人员容易疏忽和每个儿童进行言语交往,以致减少了儿童早期学习语言的机会,阻滞了儿童言语的发展。托儿所要重视儿童言语的培养,充分利用集体教养的有利条件。保育人员不仅要多和儿童交谈,而且还要积极引导儿童在集体活动中多和同龄儿童交谈,使儿童的言语在语言交际过程中得到发展。

(四)加强早期教育,促进智力发展

家庭和托儿所除了做好保健工作,还须加强早期教育,促进智力发展。

近代科学根据婴幼儿早期教育的实验、天才童年生活的分析、“狼孩”的个案记录、动物脑生化研究、感觉剥夺实验、跨文化教育的比较等得出结论:对婴幼儿加强早期教育,有利于儿童智力发展。婴幼儿时期是儿童智力发展的关键期,疏忽了关键期的教育,将使智力发展受到不利影响。

关于婴幼儿早期教育,应注意下列几点:

第一,早期教育的目的主要在于启迪智力,不在于提早灌输知识;

第二,教育内容应从儿童的兴趣出发,教给儿童能够接受的知识,如身体各部分的名称、周围环境中经常接触到的自然现象和社会生活等,不要强求知识的系统性;

第三,教育方法要注意诱导,鼓励儿童探索思想,不应勉强灌输,强迫接受;

第四,教育进度应按每个儿童的特点决定,不应强求一致或操之过急;

第五,要为儿童准备适合他们发展特点的画册和玩具等,丰富他们的感性经验,培养学习兴趣和操作能力。

 **单元小结**

探索婴儿身体与心理的发展以及与此相关的抚育婴儿的方法,对婴儿心理发展有一个相对明晰的了解,有利于更好地诱导婴儿心理健康发展。婴儿时期个体身体发展速度最快,身体各部分的比例也逐渐发展,身体的各个系统发展的速率不同,神经系统发展得最快。感知觉敏感度增加,运动范围扩大;能听懂一些常用词并开始咿呀学语。看和听是婴儿喜欢的游戏,爬动是他们最多的运动。婴儿时期的心理

并没有发展成熟，他们对周围的人很敏感，婴儿的社会交际始于他们和照料者之间的相互吸引。婴儿时期在人的整个发展过程中是非常重要的阶段，因此，作为家长要特别注意对婴儿的家庭教育，建立正确的生活制度，给他们提供丰富的环境刺激，培养婴儿良好的情感和情绪，建立友好的社会交往，鼓励和支持孩子多和小朋友接近，多鼓励、多表扬。做好婴儿教育及保健工作，对婴儿负责，也对未来负责。

思考与练习

1. 新生儿的心理发展的特点有哪些，应如何教养？

2. 乳儿动作发展的规律是什么，针对乳儿心理发展的特点，父母及孩子的照料者应该注意哪些方面？

3. 幼儿前期儿童的心理发展特点是什么，应如何教养？

4. 浩浩会走路了，可是还不会爬，但是爸爸妈妈仍然特别高兴，觉得爬不爬无所谓。你怎样看待这个问题？

5. 6 个月以后的婴儿，看见了东西，往往抓住，放进嘴里；1～2 岁的婴儿，在地上捡起一些物体，也要往嘴里送，这些现象说明了什么？

6. 通过不同方式引发幼儿前期儿童发音或说话，并观察他们对言语的反应，以了解 3 岁前儿童言语发展的特点。

案例分析

阅读以下材料，试分析产生这种现象的原因以及改善的对策。

新新自从 3 岁时就开始变得特别不听话了，她处处和爸爸妈妈"作对"，逆反心理特别强烈。要她这样而她偏要那样，事事都要按照自己的意愿去做，而且说要什么，马上就要拿到手，真是"说风就是雨"。父母如果干涉她，她就会大动肝火。常常在家里发脾气，对大人发号施令，简直像个"小皇后"。父母束手无策，觉得这孩子变得难管了。一些家长反映，孩子到 2 岁以后不像 1 岁以前那么听话了。特别是 2～3 岁时，嘴里常常说："我自己来。"行动上有了自己的主意，不服从成人的吩咐，不让他做的事情他偏要做。如在外面玩得久了，成人对他说："该回家了！"他却说："我不回家，我还要玩呢！"家长对此不知道该怎样教育好！

问题解析：

1. 原因分析

从心理学角度看，这时期的孩子已经进入了"3 岁危机期"。3 岁左右的儿童感知觉和肌肉运动的准确性已大大提高，言语能力也提高了，大脑皮层的构造发生了显著的变化，因而这一时期的儿童喜欢提各种各样的问题，对一切事情都充满了浓厚的兴趣，摸一摸，动一动，总想弄清是什么。同时，在与成人的交往过程中扩大了视野，认识到了自己的能力。此时，由于自我意识的萌芽，个性初具雏形，儿童表现出了非常强烈的独立意识和愿望。于是，他们一反常态，不像过去那样安静、听话、有较大的依赖性，而是常常闹独立，突然变得固执、任性起来，什么事情都要自己去做，不听父母的吩咐，力图摆脱父母的约束，拒绝接受父母的帮助。如果自己的要求受到限制，就会引起反抗情绪。这个时期的儿童喜欢和别人比较、竞争，而且爱说并喜欢别人说自己好。

2.教育策略

有的父母不了解这一时期儿童的心理发展特点，遇到这样的情况便不知所措，觉得教养孩子不顺手。当孩子进入"危机期"，就要正确把握婴幼儿心理变化的规律和特征，采取适当的方法，因势利导，培养孩子的独立性、坚持性及对事物的兴趣，这样就能帮助孩子顺利度过这一"危机期"。具体做法有：

(1)针对这一时期的儿童，父母对孩子的独立性需求不能一味满足，也不能过多限制。一味满足很容易造成孩子的任性、固执，甚至产生极强的占有欲；过多限制会挫伤孩子的自尊心，使他变得顺从和依赖，缺乏主动性。

(2)当孩子的想法不切实际时，不要和孩子硬顶，用别的事物把孩子吸引开，先暂时解决问题，再找适当的时机进行说理教育。

(3)家长要以身作则，教育时表情一定要严肃，周围的人也要配合一致，做到教育要一致。

⇒幼儿教师资格考试模拟练习

一、单项选择题

1.婴儿期的年龄范围一般为(　　　)。

A.0～3岁　　　　　B.0～4岁　　　　　C.0～5岁　　　　　D.0～6岁

2.(　　　)不是婴儿动作发展遵循的原则。

A. 顺序原则　　　　B. 大小原则　　　　C. 近远原则　　　　D. 头尾原则

3. 下列属于新生儿条件反射的是(　　　)。

A. 抓握反射　　　　　　　　　　　B. 惊跳反射

C. 对喂奶姿势的吸吮反射　　　　　D. 游泳反射

4. 下列关于婴儿注意选择的偏好描述中正确的是(　　　)。

A. 偏好细密图像　　　　　　　　　B. 偏好直线多于曲线

C. 喜欢单色的图像　　　　　　　　D. 偏好中等复杂程度的刺激

5.吉布森的视觉悬崖是用来研究婴儿(　　　)知觉的。

A. 时间　　　　　B. 运动　　　　　C. 方位　　　　　D. 深度

二、简答题

1.婴儿依恋主要存在哪些类型，如何理解依恋的实质。

2.简述婴儿恐惧的发展阶段。

3.简述布里奇斯的情绪分化理论。

三、论述题

动作发展在婴儿心理发展中有什么重要意义？

第四单元

幼儿注意和感知觉的发展

学习目标

1. 理解注意和感知觉的概念和种类；
2. 掌握幼儿注意和感知觉发展的特点及规律；
3. 探讨培养幼儿注意力的策略，掌握感知规律在幼儿园教学中的运用。

单元导言

当有人问你每天从教室回寝室需要走多少级台阶时，你可能会说"不知道，从没注意"。是呀，没注意的事情我们当然无法知晓。当注意到一个事物并想了解它时，你要做的第一件事情应该是用眼睛看看，拿手摸摸，或用鼻子闻闻，如果能吃时我们可能还要尝尝。这里的"摸摸""闻闻""尝尝"就是我们在感知这个事物。本单元将在介绍"注意"和"感知觉"一般知识的基础上，重点探讨幼儿注意和感知觉的发展特点，以及如何提高幼儿的注意力和感知能力。

第一课　幼儿注意的发展

现实生活中，除了睡眠，我们每个人无时无刻不在注意着什么：看书、听音乐、回忆往事、思考问题。没有注意，什么事情也无法完成，所以注意是一种常见且很重要的心理状态，它贯穿于心理过程的始终。

一、注意的概述

(一)什么是注意

1.注意的概念

注意是心理活动对一定对象的指向和集中。指向性和集中性是注意的两个基本特点。

注意的指向性是指人在清醒状态时，每一瞬间的心理活动只是有选择地倾注于某些事物，而同时离开其他的事物。例如，我们周围有许多人时，我们一下只注视几个人，对其余的人则并不留意。思考问题时，我们一时也只能留心考虑一两个问题，而不考虑其他问题。

注意的集中性是指把心理活动贯注于某一事物。由于人处于注意状态时，神经系统既增强某些刺激的兴奋，也抑制其他无关刺激，从而使心理活动的对象得到鲜明而清晰的反映，对其他刺激则可以"视而不见、充耳不闻"了。例如，当幼儿专心听故事、看木偶戏和小人书时，心理活动集中在故事、木偶戏、小人书的内容上，而对周围人们的说话、活动全然不知。

2.注意与心理过程的关系

注意本身并不反映事物的属性和特征，所以它不是一种独立的心理活动过程，只是伴随着各种心理过程而存在的一种心理特性。通常我们所说的"请注意黑板""请注意别人的发言""请注意问题的关键"等，其实省略了"看、听、思考"等与心理活动有关的字眼，实际上注意一旦离开了它们，心理过程就不复存在。比如，当人们只说"注意了"，你知道注意什么吗？是注意看？是注意听？是注意想？还是注意干什么？所以无论何时何地，注意都不能离开心理过程而单独起作用，它只有与某种心理过程相联系才有价值。

注意对我们的工作、学习和生活意义重大。人们一切知识经验的积累、技能技巧的获得都离不开注意。例如，当人们注意感知某事物时，就可获得对此事物外部特征清晰和完整的认识；注意思考某一问题时，问题就易于解决；注意记忆某件事时，就记得又快又准且保持时间也长。反之，若三心二意、心不在焉，就会一无所获。可见，注意使人的心理活动始终处于一种积极状态。因此，它能够提高人们的活动效率。对于年龄较小自控能力差的幼儿来讲，注意的作用会更大。

(二)注意的功能

1.选择功能

对信息进行选择是注意的基本功能，它能使心理活动有选择地指向那些有意义的、符合需要的、与当前活动任务有关的对象，同时排除与当前活动无关的各种刺激和影响。这一功能，可以保证个体以最少的精力完成最重要的任务。

2.保持功能

外界信息进入大脑后，必须经过注意才能得到保持，否则就会很快消失。因此要想使活动取得成效，注意的保持功能不可缺少。即注意能使人在一段时间内保持一定的紧张状态，跟踪注意的对象，直到活动目的完全实现为止。如幼儿画画时，如果他把注意力集中在画画上就能专心致志，直到画完为止。

3. 调节和监督功能

注意还能使人及时发觉外界情境的变化，进而调节自己的心理和行为，以保证活动能够顺利进行。有些孩子成绩不好，不是他智力低下，而是他注意品质不好，不能很好地监督和调节自己的心理活动。

(三)注意的种类

根据注意时是否有目的和是否需要意志努力，可把注意分为无意注意和有意注意两种。

1. 无意注意

无意注意也叫不随意注意。它是一种没有预定目的，也不需要意志努力，自然而然发生的注意。例如，幼儿正在教室里听老师讲故事，教室外突然传来一阵喧哗声，孩子们不由自主地探头去看或侧目去听，这就是无意注意。又如，我们事先对孩子说好了到池边看荷花，可当他看到一只青蛙在水边跳时，就情不自禁地去看青蛙跳，而不去注意荷花了，这也是无意注意。

引起无意注意的因素主要有两个方面：

(1)外界刺激物的特点。凡是刺激比较强烈的(如刺眼的光线、巨大的声响、浓郁的气味等)，刺激物之间的对比鲜明差别较大的(如万绿丛中一点红、高矮、胖瘦、大小、黑白等)，新异的(如老师不断变换的发型、未曾见过的东西等)以及活动多变的事物(警车上的灯、自动打鼓的大熊猫、活动教具、电视电影中新颖多变的画面等)，都能引起人们的无意注意。

(2)个体本身的主观状态。一般情况下，能满足个体需要、使个体感兴趣、符合人们生活经验的事物，容易成为注意的对象。此外，身体是否健康和情绪是否良好，也影响着人们的无意注意。

无意注意可以帮助人们认识新异事物，调整自己的行为，获得对事物的清晰认识，但也能干扰人们正在进行的活动。因此，无意注意既有积极作用，也有消极作用。

2. 有意注意

有意注意也叫随意注意。它是一种有预定目的，必要时需要付出意志努力的注意。例如，为了能学有所成，尽管对某些学科不感兴趣，但我们仍然克服困难，坚持认真地学习。

保持有意注意需要具备以下条件：

(1)对活动目的和任务的理解。有意注意是一种有预定目的的注意。因此活动目的越明确，任务越具体，有意注意保持时间也就越长。如去幼儿园观摩教学活动，老师要求大家观摩后交笔记，那么同学们在观摩时就会集中注意，认真记录。

(2)对活动的兴趣及良好的活动方式。有意注意是在活动中发展起来的，丰富多彩的活动及良好的活动方式能有效地保持有意注意。良好的活动方式要求动静交替，智力活动与实际操作相结合。

（3）与已有的知识经验有关。注意内容与已有知识经验的差异太大或太小，注意都将很难维持下去。如果一本书的内容我们早已熟悉，自然不会集中注意它；如果太陌生难懂，人们也不会去阅读。

（4）与良好的意志品质有关。有意注意是需要意志努力来维持的。意志坚强的人，能排除各种干扰，使自己的注意始终服从于活动目的与任务；反之则难以维持有意注意。例如，当我们的作业还没完成，看到别人出去玩时，自己也想去玩，这时就需要意志努力，先专心完成自己的任务，然后才能去玩。意志坚强者能做到，意志薄弱者则随之而去。

有意注意是从事任何有目的的活动所不可缺少的，但长时间的有意注意往往容易产生疲劳。所以要想使活动取得比较理想的效果，往往需要无意注意和有意注意的交替进行。

二、幼儿注意发展的特点

孩子从出生之日起就表现出注意的能力。研究表明，新生儿及婴儿处于觉醒状态时，外来的新刺激或环境中特别明显的刺激（如巨大的声响、强烈的光线、鲜艳的玩具等）都会引起他们全身的反应，这种反应被称为无条件定向反射。这是无意注意发生的标志。随着幼儿年龄的增长，幼儿的注意发生了巨大的变化：从无意注意到有意注意，注意的时间越来越长，注意的对象也不断增加等，这些都体现出了幼儿注意是不断发展的且表现出自身的特点。

（一）幼儿无意注意的发展

3 岁前幼儿的注意基本上都属于无意注意。3～6 岁幼儿的注意虽然主要是无意注意，但是和 3 岁前幼儿相比，幼儿的无意注意有了较大发展。幼儿的无意注意主要有以下几个特点。

1. 刺激物的物理特性是引起无意注意的主要因素

强烈的声音、鲜明的颜色、生动的形象、突然出现或变化的刺激物，都容易引起幼儿的无意注意。比如，动画片、卡通人物和各种玩具较能吸引幼儿的注意；观察小白兔时，看得最清楚的是长长的耳朵、红红的眼睛等，而对小白兔的三瓣嘴、后腿长前腿短等特点却没有看到；如果教室里一片喧哗声，教师突然放低声音或停止说话，反而会引起幼儿的注意。

2. 与幼儿的兴趣和需要有密切关系的刺激物，逐渐成为引起无意注意的原因

符合幼儿兴趣的事物，很容易引起无意注意。比如，有的幼儿对汽车特别感兴趣，不论在何种场合，他都会去注意汽车及与汽车有关的事情。幼儿期出现了渴望参加成人的各种社会实践活动的新需要，成人社会的许多活动，都常常成为幼儿无意注意的对象。另外，幼儿的生活经验也会影响幼儿的无意注意，如听过的故事、看过的动画片、玩过的游戏……只要是他们喜欢的，他们会百听不厌、百看（玩）不烦。相反，远离幼儿生活、高深莫测、不能被幼儿理解的东西，如科幻小说、新闻广播、理论书籍等难以维持幼儿的注意。

3. 不同年龄班幼儿的无意注意表现出不同的特点

小班幼儿的无意注意明显占优势，新异、强烈以及活动多变的事物很容易引起他们的注意，但注意的稳定性差，容易转移注意。

中班幼儿注意的范围更广，他们对于自己感兴趣的活动能够较长时间保持注意，而且集中程度较高。

大班幼儿的无意注意进一步发展，对于感兴趣的活动能集中注意更长的时间，而且大班幼儿关注的不仅仅是事物的表面特征，他们的注意开始指向事物的内在联系和因果关系。注意的这种变化与其认识的深化有关。

例如，在同一个娃娃家游戏中，都在给"自己的宝宝"喂饭。饭喂完了，转身取"饭"时，小班幼儿发现旁边的幼儿正在搭建"小花园"，于是便忘了取饭而参与其中；中班幼儿会去"取饭"继续喂宝宝；大班幼儿不仅会继续这一活动，而且喂完饭还会给宝宝讲故事、哄宝宝睡觉、与宝宝一起玩耍等，如果中途中止他们的活动，往往会引起他们的反感。

据此，教师在组织幼儿的教学与活动时，应充分利用幼儿的无意注意的特点来提高活动的效率。

第一，教学与活动的内容要力求新颖、生动，使幼儿感兴趣且符合幼儿的生活经验。如奇妙有趣的童话、优美动听的散文、构思巧妙的谜语、简短活泼的幼儿歌曲及生动形象的舞蹈等，都是比较适合幼儿学习的内容。多开展和组织这样的活动，能引起幼儿注意也便于幼儿学习和掌握。

第二，教学与活动的方式方法要灵活多变，这对保持幼儿注意极为重要。比如，教幼儿学习复述故事"小蝌蚪找妈妈"，虽然故事内容很生动，但若总是采取老师讲小朋友听的方法，过不了多长时间幼儿就会分心走神。如果能换种方式效果会大不一样。先由老师生动、完整地复述；然后老师边出示图画边讲解故事；再请几个口头表达能力强的小朋友看图讲述；最后再让小朋友戴上头饰，扮演角色，进行表演。这样的一节课，虽然只有一二十分钟的时间，但因方式方法多样化，孩子们会轻松、愉快地把注意力始终集中在故事上并且能很快学会故事复述。

第三，教师选择和制作的活动教具，必须颜色鲜明、对比性强、形象生动。比如给幼儿讲述故事时，可以配上几幅色彩艳丽、对比清晰的图片或图画，使幼儿视听结合，比单纯听老师口头讲述注意保持得要好。如果还能配上活动教具（能走的、会动的或能发出声响的），边讲解边操作，幼儿会更有兴趣，注意保持的时间也会更长。

第四，教师的语言要简单明了，抑扬顿挫，富有表情。即教师在上课时要运用幼儿能听得懂的"儿语化"的语言进行讲解，且语速要慢，千万不能像对待成人那样，用难以理解的抽象的语言快速地讲课，这样幼儿既听不懂也不爱听，自然就不会集中注意去听。

此外，还需要注意的一点是，教师组织教学与活动时，在恰当地利用这些因素对幼儿进行教育的同时，也要考虑到这些因素对幼儿产生的负面影响。因此，凡是不需要幼儿注意的东西就不应该过于鲜艳、突出与多变。如教师的服饰、发型不要过于奇异、花哨，环境布置避免繁杂，教室外面不要有强烈的喧哗嘈杂声，暂时不用的教具可以收起来避免让小朋友看到等。否则会影响幼儿的注意力，干扰正常的教学活动。

(二)幼儿有意注意的发展

幼儿期，儿童的有意注意逐渐形成和发展起来。幼儿有意注意的发展表现出以下特点。

1. 幼儿的有意注意受大脑发育水平的局限

额叶是有意注意的控制中枢所在，7岁的儿童才达到成熟水平。因此，幼儿有意注意尚处于初步形成时期。一般而言，小班儿童的有意注意只能保持3～5分钟，中班幼儿在正确的教育下能保持10分钟，大班能保持15分钟左右。可见其发展水平大大低于无意注意；因此，在幼儿园教育教学中，一方面应充分利用幼儿的无意注意；另一方面要努力培养其有意注意。

2. 幼儿的有意注意是在外界环境，特别是成人的教导下发展的

幼儿的有意注意需要成人的引导。成人的作用在于两个方面：一是帮助幼儿明确注意的目的和任务，产生有意注意的动机；二是用语言组织幼儿的有意注意。例如，通过提问"小朋友注意看，什么东西浮起来了"引导幼儿注意的方向等；又如，观察图片时，他们不仅可以注意到自己感兴趣的部分，也可以在老师提示下注意图片中的细节和衬托部分；再如，为了能够正确回答老师提出的问题，他们能够集中注意去听老师的讲课或仔细点数自己手中的实物等，这些都说明幼儿的有意注意有了一定的发展。

3. 幼儿的有意注意是在活动中完成的

幼儿的有意注意的发展水平是比较低级的，同时受其整个心理水平发展的制约，幼儿的有意注意需要依靠活动和操作来维持。当幼儿有直接操作的对象时，其注意往往能保持在操作活动之中，并处于积极的活动状态，否则幼儿的注意就容易分散。为幼儿创设活动的机会，有利于幼儿有意注意的形成和发展。

在幼儿园教育教学活动中，教师可采取如下策略提高幼儿有意注意的能力。

第一，必须使幼儿明确活动的目的和任务。这样幼儿的有意注意就容易维持。例如，要求幼儿背诵一首诗，并告诉他们要在"六一"儿童节上朗诵，此时幼儿背诵这首诗就要比平时专心、认真得多；要求幼儿画贺年片，并告诉他们这是准备送给老师的，幼儿也会表现出从未有过的细心与专注。

第二，在各种活动中对幼儿要提出一定的要求。如幼儿早晨入园时，要求他们注意观察活动室内外都有什么变化；上课时，要求幼儿坐好："注意听，这个故事里都讲了什么？""仔细看，老师是怎么画的？"等。如果老师经常这样反复地要求，

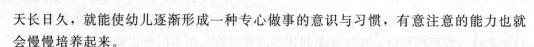

天长日久，就能使幼儿逐渐形成一种专心做事的意识与习惯，有意注意的能力也就会慢慢培养起来。

第三，让幼儿在参与活动中保持有意注意。许多老师都有这样的体会：如果让幼儿单纯坐着听，他们的注意保持的时间就短；如果让他们边听边动手学着做一做，注意保持的时间就长些。因此，在教学过程中应该让幼儿有动手操作的机会。如上计算课时，可以让幼儿每人手里拿一套计算卡片，跟随老师一起动手演算；上音乐课时，可以让他们随着老师弹琴的节奏，模仿老师的嘴形跟着轻轻哼唱；上语言课讲故事时，老师讲，小朋友也可以轻轻地、断断续续地跟着讲，甚至可以用手或身体来表演等。

有研究表明：游戏特别是教学游戏、智力游戏是发展幼儿有意注意的有效手段，如在"配对""找错"等游戏中，幼儿能自觉控制注意，不受外界干扰的时间，远远超过平常上课时保持注意的时间。特别是在中、小班差别更显著。因此，还要多组织幼儿参加游戏活动，以发展幼儿有意注意的能力。

第四，用语言引领幼儿的有意注意。在教学与活动中，教师的语言常常能帮助幼儿引起和维持有意注意。例如，在带幼儿参观百货商店时，一进门，琳琅满目的商品立即吸引了幼儿的注意，这时幼儿的注意是无意的不自觉的。此时，老师可以及时响亮地带头问："售货员叔叔、阿姨好！"幼儿的注意就会马上随着老师的问好声而转到了售货员身上。接着老师再围绕售货员向幼儿提问："小朋友你们看，售货员叔叔、阿姨在做什么？""他们是怎样把东西卖给顾客的？""顾客走时，售货员叔叔、阿姨说什么？"老师的语言引导着幼儿有目的地去看去听，幼儿的注意力也就牢牢地集中在他所进行的活动上。由此可见，幼儿有意注意的形成与老师的言语指导是密不可分的。

(三)幼儿注意品质的发展

从注意的品质上看，幼儿的注意品质整体水平较低，但随年龄增长，注意的品质不断提高。注意的基本品质包括注意的广度、注意的稳定性、注意的转移和注意的分配四个方面。

1. 注意的广度

注意的广度是指在同一时间能清楚地把握对象数量的多少。把握的注意对象数量越多，注意的范围越大。如一目十行，眼观六路，耳听八方。

幼儿注意的范围较小。即幼儿在同一瞬间能清楚把握注意对象的数量较少。这主要与幼儿年龄特征有关。幼儿年龄较小，接触事物不多，知识经验较少，在较短时间内很难把事物联系在一起形成信息组块，因此，幼儿的注意范围较小。

也有研究表明，注意范围的大小还与注意对象的特点有关。如果注意对象排列有规律、颜色相同、大小一致、各对象之间有一定联系且能形成整体，这时儿童的注意范围就大些，反之就小些。例如，10个圆点胡乱分布则不易把握，如果5个为一组排成两排，就很容易被注意到。

据此教师在组织幼儿活动时，为扩大幼儿注意范围，应采取的策略是：

第一，尽可能地扩大孩子的知识面，丰富孩子的知识经验。

第二，提出的任务要明确、具体，且一次不能同时提太多的任务，以免影响幼儿的注意范围。如出示一幅故事图画，可根据故事内容有顺序地提出问题，可以先问图上有谁，当幼儿完成了这一任务后，再提出他们都在干什么等。

第三，呈现的教具应有次序、不能太多，同时还要考虑到教具的排列要有规律。如让幼儿看图片或挂图时，不能一开始就把所有图片或挂图全部摆放出来。这样做不仅会分散孩子的注意力而且也影响教学效果。

第四，为幼儿提供的活动一定是幼儿知识经验范围内和易于理解的。这样，幼儿就可以运用已有的知识经验帮助他们把注意的对象联系起来，从而扩大幼儿的注意范围。

2. 注意的稳定性

注意的稳定性是指注意保持在某种事物或某种活动上时间的长短。时间越长，注意越稳定。例如，上课时，学生若能长时间地集中注意听、看或记等，说明他的注意是稳定的。与之相反的是注意分散（又叫分心），即注意不能长时间地保持在该注意的对象上。

这里需要特别指出的是：注意的稳定性并不意味着注意始终指向同一个对象，而是指注意的对象可以变换，但活动的总方向始终保持不变。

幼儿注意的稳定性较差，特别容易分散，但在良好的教育条件下，幼儿注意的稳定性随年龄增长而提高。影响幼儿注意稳定性的因素有：活动内容（注意对象）是否新颖、生动、形象；活动方式是否适宜且有趣（是不是多样化、游戏化、能不能动手操作）；教师的语言是否生动具有吸引力；幼儿的身体状况是否良好等。

据此，教师在组织幼儿活动时，为维持幼儿注意的稳定性，应注意做到以下几点：

第一，活动内容难易适当符合幼儿水平；注意的对象要新颖、生动、形象。

第二，活动的方式方法要灵活多变，即要多样化、游戏化且具有可操作性。

第三，教师语言要生动形象、抑扬顿挫、具有吸引力，不能平铺直叙，过于单调。

第四，组织活动的时间不宜过长，应根据幼儿年龄段来安排上课和活动的时间。

此外，还要注意幼儿的身体状况。一般情况下，幼儿身体健康、精神饱满，活动的积极性高且注意稳定。反之，如果幼儿情绪不佳、身体不适或疲劳时，注意就难以稳定而出现分心现象。

3. 注意的转移

注意的转移是指根据新的任务，主动及时地把注意从一个对象转换到另一个对象上。注意转移与注意分散不同。虽然它们都是变换注意对象，但前者是积极主动、有目的有意识地变换，而后者则是消极被动的，是幼儿无意中受无关刺激的干扰，从而使注意离开需要注意的对象，它是一种不良的注意品质。

幼儿注意转移的速度较慢，不够灵活，即他们往往不能根据新的任务和活动的需要，及时主动地将注意从一个对象转移到另一个对象上，也就是说不能快速地将注意集中到当前应该注意的对象上。如刚上完音乐课，接着上计算课，幼儿就很难将注意马上转移到计算中来。

研究表明，注意转移的快慢与难易，依赖于前后进行的两种活动的性质以及幼儿对它们的态度。如果前一种活动，注意的紧张度高或者主体对前种活动特别感兴趣，注意转移就困难且缓慢，反之，就容易且快。例如，一位老师拿出一个非常逼真的桃子，让幼儿说说"这个桃子是真的还是假的？你是怎么知道的？"幼儿对这个假桃子非常感兴趣，不停地说着什么。老师紧接着又拿出一个苹果，并提出同样的问题，但很多幼儿根本没有注意老师出示的第二个教具，还是在讨论桃子是真是假。由此可见，幼儿因为被前面的内容吸引而长时间地受到影响，注意难以迅速转移到新的活动上去。所以，孩子正在玩有趣的游戏时，不要要求他立刻来学习；让他学习前，也不要让他玩过于兴奋的游戏。

为加快幼儿注意转移的速度，教师在组织幼儿活动时，应做到：

第一，合理安排教学活动。前后进行的两种活动之间最好有一定的时间间隔，给幼儿一点注意转移的准备时间；把幼儿更感兴趣的、强度较大的活动安排在后面；用生动有趣的方法组织后一种活动，把幼儿的注意尽快吸引到新的活动中来。

第二，培养幼儿良好的注意习惯。良好的注意习惯有利于提高幼儿注意转移速度，要培养幼儿把注意集中到要做的事情上的良好习惯。

4. 注意的分配

注意的分配是指在同一时间内能把注意指向两种或两种以上的活动或对象。如边弹边唱边观察，边听边记等。注意分配是有条件的。它要求同时进行的几种活动之间有密切联系，或者这几种活动中某些活动已非常熟练甚至达到自动化程度，否则，注意分配是难以完成甚至是不可能的。

幼儿注意分配的能力较差且年龄越小越突出，即在同一时间内很难将注意分配到两种或两种以上的活动中，他们常常是顾此失彼。例如，站队时顾了前后就顾不了左右；学习歌表演时，顾了动作忘了歌词，反之亦然。这主要是与同时进行的几种活动是否熟练有关。如果同时进行的几种活动都比较熟练，甚至达到自动化的程度，注意分配较好，反之则差。随着年龄的增长，幼儿注意分配的能力逐渐提高。现实生活中我们也可以看到，3岁的孩子，注意力一般只能集中在一件事物上。如在游戏中，3岁的幼儿常常只注意玩自己的玩具，如果看别人玩，自己的活动就停止了；到了4岁，就可以和别人一起玩；5~6岁的孩子，既能注意自己的活动，又能注意其他幼儿的活动情况。

为提高幼儿注意分配的能力，教师在组织幼儿活动时，应通过各种活动，培养幼儿的有意注意及自我控制能力；加强动作或活动的练习，使幼儿对所进行的活动比较熟练，至少对其中的一种活动掌握得比较熟练；丰富幼儿的知识经验，使同时进行的几种活动在幼儿头脑中建立联系。

三、幼儿注意发展中常见的问题及教育措施

(一)幼儿注意分散的原因和预防

1. 引起幼儿注意分散的主要原因

(1)过多的无关刺激。尽管幼儿的有意注意已经开始萌芽，但仍然以无意注意为主。他们很容易被新奇的、多变的或强烈的刺激物所吸引，从而干扰他们正在进行的活动。例如，活动室的布置过于烦琐、杂乱，装饰物更换的次数过于频繁，老师的教具做得过于有趣，甚至教师打扮得过于新潮，这些过多的无关刺激都可能会分散幼儿的注意。

(2)疲劳。幼儿的神经系统尚处于生长发育中，某些机能还未充分发展，如果长时间处于紧张状态或从事单调、枯燥的活动，大脑就会出现一种"保护性抑制"：刚开始幼儿会表现出精神状态差、打哈欠，继而就会出现注意力不集中。

(3)缺乏兴趣。俗话说"兴趣是最好的老师"。对幼儿来说，兴趣的动机作用尤为重要。兴趣、成就感以及他人的关注等是构成幼儿参与活动的动机的重要因素。对于自我意识处于发展状态中的幼儿来说，这些因素更会直接影响活动时的注意状况。

(4)活动组织不合理。教育过程组织得呆板缺少变化，幼儿缺少实际操作的机会，教师对活动要求不明确，活动内容的选择过难或过易等都是活动组织不合理的表现。这些不合理因素都会导致幼儿出现注意分散的现象。此外由于目前幼儿园普遍存在的一些现实问题，比如，班额相对较满，老师对幼儿的个别交流太少，幼儿可能因得不到教师的关注而丧失活动的积极性。另外，教师在教学活动中对教育过程控制得过多、过死，幼儿缺少积极参与和创造性发挥的机会等也容易导致幼儿注意分散现象的发生。

2. 幼儿注意分散的预防

(1)避免无关刺激的干扰。对于托幼机构来说，避免环境中无关刺激对幼儿的干扰可以从以下几个方面进行：教具的选择和使用过程应密切配合教学；规范教师的仪表、行为；在教学过程中避免当众批评个别注意力不集中的幼儿，以免干扰全班幼儿的注意。

(2)根据幼儿的兴趣和需要组织活动。幼儿园的教育活动应符合幼儿的兴趣和发展需要。活动内容应尽可能贴近幼儿的生活，要选择他们关注和感兴趣的事物；应尽量以游戏化的方式组织各种教育活动，使幼儿积极、主动地参与活动。这样的活动过程不仅可以使幼儿获得愉快、自信的情感体验，还有利于师生之间、同伴之间的交往。

(3)无意注意和有意注意的交互并用。注意的发展，尤其是有意注意的发展对

幼儿记忆、想象、思维的发展具有重要意义，同时也是个体完成任何有目的的活动的重要前提。但有意注意需要一定的意志努力，很容易引起疲劳，无意注意容易引发但又不持久。所以，教师在组织教育活动时，要根据教学内容和幼儿的注意发展水平，灵活地运用两种注意方式。

（4）合理地组织教育活动。幼儿教师作为教育活动的组织者和引导者，对防止幼儿注意分散具有重要的影响。教师要不断学习专业知识，不断总结自己的教学实践，科学、合理地组织每一次教育活动。在轻松、愉快、有效地教育活动中，不仅可以有效避免幼儿注意分散，也可以促进他们各种心理机能尤其是注意力的发展。

（二）幼儿的多动现象与注意

幼儿注意稳定性比较差，主要特征之一就是"多动"，注意力不集中。

"多动"与"多动症"是不同的概念。好动是幼儿的天性，与幼儿的好奇和自制力差等有关。儿童多动症又称轻微脑功能失调（MBD）或活动过度及注意缺陷障碍（ADHD），是一种常见的儿童行为异常问题。

在不同的年龄阶段，多动症有不同的表现。新生儿期表现为易兴奋、惊醒、惊跳、夜哭、要成人抱着睡或嗜睡；婴儿期表现为不安宁、好哭、容易激怒、好发脾气，母亲常常抱怨孩子难带；幼儿期表现为乱奔乱跑、易摔跤，注意障碍开始变得明显，注意力难以集中，睡眠不安、喂食困难，在幼儿园不遵守规则，不能静坐等。

近几年的研究表明，多动症既有病理上的原因，又有心理上的原因，它的确定需要医疗机构认真综合诊断，才能下结论。因此，教师应谨慎对待幼儿多动的现象，不能轻率地把幼儿的爱动好动现象归为多动症，但也不能忽视幼儿的注意力不稳定现象。教师要善于分析原因，注重幼儿良好习惯的养成，在活动中逐渐提高幼儿的注意水平。

 资料卡

判断儿童多动症必须符合以下四项以上的症状表现

1. 需要安静的场合，他却难以安静，经常动来动去，动个不停。
2. 容易兴奋和冲动。
3. 注意力难以集中，极易转移。
4. 做事经常有始无终。
5. 不仅话多，而且好插话或喧闹，常干扰其他儿童的活动。
6. 难以遵守集体活动的秩序和纪律。
7. 情绪不稳，提出的要求必须立即得到满足，否则就会产生情绪反应。
8. 学习成绩差，但不是由智力障碍引起的。
9. 动作较笨拙，精细运动技能差。

（资料来源：郑日昌、陈永胜，《学校心理咨询》，1991）

第二课　幼儿感知觉的发展

现实生活中，人们常说：我感觉他是一个好人；我感觉这件事情有点蹊跷……这里的"感觉"是不是心理学上所说的"感觉"呢？它和知觉有什么不同？为什么人们总把感觉和知觉合称为感知觉？

一、感知觉的概述

(一)什么是感觉和知觉

1. 感觉的概念

感觉是指人脑对直接作用于感觉器官的客观事物的个别属性的反映。现实中的事物都有许多不同的个别属性，如颜色、声音、气味、重量、软硬等。当这些个别属性作用于我们的感觉器官时，人脑对它们的反映，就是感觉。如通过眼睛可以看到颜色、形状、大小等，这是视觉；通过耳朵听到声音，这是听觉等。

2. 知觉的概念

知觉是指人脑对直接作用于感觉器官的客观事物的整体的反映。例如，我们看到了猴子的动作、皮毛、颜色，又听到了猴子的叫声，在头脑中就形成了对猴子总的印象，从而产生了对猴子的知觉。又如，这是一个苹果、那是一朵茉莉花也是知觉，因为这是对它们各种属性(色、形、味)的综合反映。

3. 感觉和知觉的关系

首先，感觉和知觉一样，都是人脑对直接作用于感官的客观事物的反映，即都离不开人脑、客观事物、感觉器官；但它们又有不同：感觉是对事物个别属性的反映，而知觉却是对事物整体的反映。

其次，感觉是知觉的基础，没有感觉便没有知觉，但知觉并不是感觉信息的简单相加，而是对它的有机结合。在现实生活中，任何事物的个别属性都不可能离开整体而单独存在，即人在感觉事物个别属性的同时就知觉到事物的整体，所以纯粹的感觉几乎是没有的，我们常把二者合称为感知觉。

(二)感觉和知觉的种类

1. 感觉的种类

根据刺激的来源不同可把感觉分为外部感觉和内部感觉(见表4-1)。

(1)外部感觉是指接受外部刺激，反映外界事物个别属性的感觉。它包括视觉、听觉、味觉、嗅觉和肤觉。就人类而言，视觉和听觉最为重要，因为人类90%的信息是通过视听获得的。

(2)内部感觉是指接受内部刺激，反映机体内部变化的感觉。它包括运动觉(又叫动觉)、平衡觉(静觉)和机体觉(内脏觉)。

幼儿心理发展概论

表 4-1　人的 8 种感觉

感觉种类		适宜刺激	感受器	反映属性
外部感觉	视觉	390～800毫微米的光波	视网膜上的棒状和椎状细胞	黑、白、彩色
	听觉	16～20000次/秒音波	耳蜗管内的毛细胞	声音
	味觉	溶解于水或唾液中的化学物质	舌面、咽后部、腭及会厌上的味蕾	甜、酸、苦、咸等味道
	嗅觉	有气味的挥发性物质	鼻腔黏膜的嗅细胞	气味
	肤觉	物体机械的、温度的作用或伤害性刺激	皮肤的和黏膜上的冷点、温点、痛点、触点	冷、温、痛、压、触
内部感觉	运动觉（动觉）	肌肉收缩、身体各部分位置的变化	肌肉、筋腱、韧带、关节中的神经末梢	身体运动状态位置的变化
	平衡觉（静觉）	身体位置、方向的变化	内耳、前庭和半规管的毛细胞	身体位置的变化
	机体觉（内脏觉）	内脏器官活动变化时的物理化学刺激	内脏器官壁上的神经末梢	身体疲劳、饥渴和内脏器官活动不正常

2. 知觉的种类

知觉可分为一般知觉和复杂知觉。

(1)一般知觉是指根据知觉过程中起主导作用的分析器的不同，可把知觉分为视知觉、听知觉、味知觉、嗅知觉和触知觉。

(2)复杂知觉是指根据知觉对象性质的不同，知觉又可分为物体知觉和社会知觉。前者是对物的知觉，它包括空间知觉、时间知觉和运动知觉。后者是对人的知觉，它包括对他人的知觉、自我知觉和人际关系知觉等。

二、幼儿感知觉的发展

(一)幼儿感觉的发展

1. 幼儿视觉的发展

视觉是指个体辨别物体的明暗、颜色、形状、大小等特性的感觉。它包括视敏度和颜色视觉两个方面。

(1)幼儿视敏度的发展。

视敏度是指个体分辨细小物体和远距离物体的细微部分的能力。也就是人们通常所说的视力。幼儿视敏度的发展随年龄的增长不断提高，但发展速度不均衡。

有人认为，幼儿年龄越小，视力越好，但事实并非如此。有研究者对 4～7 岁幼儿的视力进行调查。调查时采用一种视力测试图，图上有许多带有小缺口的圆圈，测量幼儿站在什么距离可以看出圆圈上的缺口。结果是：4～5岁幼儿平均距离 2.1 米；5～6岁是 2.7 米；6～7岁是 3米。可见幼儿的视力并不是年龄越小视力越好，而是随年龄增长不断提高，但并非等速发展。

幼儿教师要提醒幼儿注意用眼卫生，保护幼儿视力。教育幼儿不要在光线太强或太暗的地方看书、画画；看书、写字的姿势要正确且时间不要太长；不边走边看；不躺着看书；不要用手揉眼睛；幼儿园要定期检查幼儿视力，发现问题及时矫正。另外，教师给幼儿出示的图书、画册及玩教具字迹要大而清晰等。

(2)幼儿颜色视觉的发展。

颜色视觉也称辨色力，是指个体辨别颜色细微差别的能力。

幼儿颜色视觉发展也是随年龄增长不断提高的。实验研究表明，幼儿辨色力发展有如下趋势：小班幼儿已能初步分辨红、黄、蓝、绿等基本色，但在辨认近似色时有困难且难以说出颜色名称；大多中班幼儿已能区分基本色与近似色，如红与粉红，并能说出基本色的名称；大班幼儿不仅能认识颜色、运用颜色而且能正确地说出常用颜色的名称，如黑、白、红、蓝、绿、黄、棕、灰、粉红、紫等，并且开始注意颜色的搭配和协调。

幼儿辨色能力的发展，主要在于掌握颜色的名称。如果掌握了颜色名称，即使是混合色如"淡棕""橘黄"，幼儿同样可以掌握。

幼儿教师在日常生活和教学活动中，要为幼儿提供色彩丰富的环境，指导幼儿认识和辨别各种色彩并学习调配各种颜色。同时，幼儿教师要把颜色名称教给幼儿，这对幼儿辨色能力的发展有直接的促进作用。

2. 幼儿听觉的发展

听觉是指个体辨别声音的强弱、高低、大小的感觉。它包括纯音听觉和语音听觉两种。

(1)幼儿听觉感受性的发展。

感受性是指有机体对内外刺激的感受能力。听觉感受性是指听觉感受器官对声音的感觉能力。

幼儿的听觉感受性是随年龄增长而提高的，但存在着明显的个别差异。

有人报道，5～6岁儿童在 55～65 厘米距离处能听到钟表的走动声；6～8岁儿童则在 100～110 厘米之外能听见。这说明从6～8岁两年间，听觉感受性提高了一倍。另有研究表明：12～13岁以前，儿童的听觉感受性一直在增长。成年以后，听力有所下降。

听觉是人们极其重要的感觉通道。幼儿教师应避免噪声对幼儿听力的影响。所谓噪声，是指那些杂乱无章的使人烦躁的高音。人最理想的声强是 15～35 分贝。大声说话声强可达 60～70 分贝。60 分贝以上的噪声，就会使人产生不舒服的感觉。如果长期处在 80 分贝的噪声环境下，人的内耳听觉器官就会发生病变，产生噪声性耳聋。

幼儿园是孩子集中的地方，幼儿又非常容易兴奋。许多孩子在一起玩耍时，容易出现大声喧哗现象。教师应加强对孩子的教育与组织工作：教师说话时要带头轻声细语；要防止孩子们大吵大闹；如果条件允许，孩子们的自由活动应该多在户外进行。

孩子耳道短，容易患中耳炎，可能导致听力丧失，幼儿教师在这方面也要做好保健工作，如不进脏水；不用锐器乱挖耳垢；避免感冒；有问题及时救治等。

(2)幼儿语音听觉的发展。

语音听觉是指对说话声的感知能力。幼儿语音听觉是在言语交际中发展和完善的。幼儿初期还不能辨别语言的微小差别，例如，分不清"s"和"sh"，"k"和"h"等；幼儿中期可以辨别语言的微小差别，到了晚期，几乎可以毫无困难地辨别本民族的所有语音。

幼儿教师可通过语言教学与训练发展幼儿的语音听觉能力。语言教学中语音的变化、语词声调的不同、语言表达时语气的多样化等都是促进儿童听觉发展的有效途径。良好的音乐环境，如多让幼儿倾听各种物体及各种乐器发出的声音，也是发展幼儿听觉的有力手段。此外，幼儿园还可以组织专门的训练听力的游戏，如让幼儿闭上眼睛，听小朋友说一句话，辨别说话人的声音，猜猜说话的是谁，这样可以训练幼儿的听觉辨别力。

在幼儿阶段存在着"重听"现象。所谓"重听"，即"半聋""半听见"。是指这些孩子听力上存在的缺陷，但是能够根据别人的面部表情、嘴唇的动作以及当时说话的情境，正确地猜到别人说话的内容。这种现象易被忽视，但它对幼儿言语听觉、言语能力和智力的发展都会带来危害，应引起人们的重视。

(二)幼儿知觉的发展

1. 幼儿空间知觉的发展

空间知觉是指人们对物体空间特性的反映。它包括方位知觉、距离知觉、形状知觉和大小知觉。

(1)幼儿方位知觉的发展。

方位知觉是对自身或物体所处空间方向的知觉。例如对上下、前后、左右、东西南北中的辨别。

幼儿在判断方位时常以自身为中心进行判断，然后逐渐过渡到以其他客体为参照来进行判断。其发展趋势为：小班幼儿(3 岁)可以辨别上下；中班(4 岁)开始辨别前后；大班(5 岁)开始能以自身为中心辨别左右；7 岁才开始能够辨别以别人为基准的左右方位。

幼儿教师在教学中应运用"镜面示范"的方式，即以幼儿为中心进行教学。如面向幼儿做示范时，其动作要以幼儿的左右为基准。教学中还要把方位词与生活实际结合起来。如右手就是拿勺子的手，幼儿渐渐就会懂得"右"这个词。也可通过游戏方式让幼儿掌握方位，如做相反动作的游戏。比如，老师说"上"同时把手向上举，小朋友则必须说"下"且把手放下等。再如，"乓板、乓板、乓乓板板"(两人边说边双手拍对方的手)"上上、下下、前前、后后、左左、右右"(说什么方位,两手就在什么地方拍两下,如说上上,就在头的上方拍两下)等。此外在日常生活中,也可训练幼儿掌握方位概念,如要求孩子把椅子放在桌子下面,或把桌子上边的书拿来。对大一点的孩子,早上送他上幼儿园时,可指着太阳告诉他,"太阳升起的地方是东边。"晚上接孩子回家时,又指着太阳对他说:"太阳落山的地方是西边。"并告诉他,东边和西边正好是相对的。这样,幼儿便在玩中逐渐掌握了有关的方位概念。

(2)幼儿距离知觉的发展。

距离知觉是对同一物体的凹凸程度或不同物体的远近程度的辨别。

幼儿距离知觉发展水平较低。具体表现为,一是他们只能对熟悉的物体或场地区分出远近,对于比较遥远的距离则不能正确认识;二是幼儿对透视原理还不能很好把握,不懂得近物大且清晰、远物小而模糊等感知距离的视觉信号,因此,他们画出的物体远近、大小不分,也不善于把现实物体的距离、位置、大小等空间特性在图画中正确地表现出来,更不会正确判断图画中人物的远近距离位置。如幼儿会把图画中在远处的树看成是小树,把近处的树理解为大树。

为使幼儿较好掌握物与物之间的距离,在教学中教师应教给他们判断远近距离的方法或线索。如两物重叠时,前面的物体在近处,应画大些清楚些;后面被挡住的物体在远处,应画小些模糊些。幼儿教师也可在现实中引导幼儿分析、比较或用实际动作来配合,如用手比一比量一量,结合动作练习目测等。

(3)幼儿形状知觉的发展。

形状知觉是对物体几何形体的辨别。

幼儿对物体形状的辨别发展较快,通常情况下,小班幼儿已能正确辨别圆形、正方形、三角形和长方形;中大班幼儿除此之外还能进一步掌握半圆形、梯形、菱形、平行四边形等。研究表明:4～5岁时已能辨别各种基本几何图形。

由于形状是幼儿学习数学、绘画及辨认物体的必要基础知识之一,所以在教学中教师还要进一步发展幼儿对形状的认识和掌握,可结合生活实际让幼儿认识物体及其形状。如让小朋友找一找现实生活中什么东西是圆的、方的、三角的;让小朋友辨别户外树叶的形状、游戏材料的形状等;还可通过游戏提高幼儿形状知觉的水平,如配对游戏,找出形状完全一样的。又如,准备10个形状不同的盒子,每个盒子都有相应的盖,让幼儿尽快把盒子都盖上。各种镶嵌板玩具也是训练幼儿形状知觉的材料,教师和家长都可以加以利用。

(4)幼儿大小知觉的发展。

大小知觉是对物体长度、面积、体积的辨别。

由于大小是相对的,是在比较中获得的,对物体大小的知觉,蕴含着辩证思维的萌芽,而幼儿思维能力发展水平较低,所以,幼儿在知觉物体大小时,除非遇到

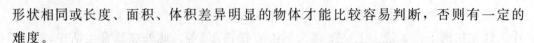

形状相同或长度、面积、体积差异明显的物体才能比较容易判断，否则有一定的难度。

总之，幼儿的空间知觉有明显的发展，但还不精确。教师要在实践活动中，通过教学、绘画、泥工等活动以及拼板等玩具，利用散步的机会让幼儿了解物体的空间特性，并教给他们有关空间特性的词语，以促进幼儿空间知觉的不断发展。

2. 幼儿时间知觉的发展

时间知觉是指人们对客观事物运动的连续性和顺序性的反映。它是一种感知时间的长短、快慢、节奏及先后的知觉。

时间知觉有其自身的特殊性：一是时间本身没有直观的形象；二是人们也没有专门感知时间的分析器，因此人们对时间的准确把握比较难，必须借助于某种媒介来认识：昼夜、四季交替、月亮盈缺等自然界周期性变化；饥饿等知觉主体的生理变化；时钟、日历等计时工具。

儿童自出生之时起就在时间中成长，但感知时间却是无意识的不自觉的。起初，他们主要依靠生理上的变化来体验时间，如对吃奶时间形成条件反射，即到点就感到饿想要吃。以后逐渐学习借助于某种生活经验（作息制度、有规律的生活事件等）和环境信息（自然界的变化等）来反映时间。到了幼儿晚期，在教育的影响下，开始有意识地借助于计时工具来认识时间。但由于时间比较抽象，幼儿知觉时间也比较困难，水平不高。研究表明，幼儿时间知觉表现出如下特点与发展趋势。

（1）时间知觉的精确性与年龄正相关，即年龄越大，精确性越高。

（2）时间知觉的发展水平与儿童的生活经验相关。他们常以作息制度作为时间定向的依据。如"早上"就是起床上幼儿园的时间；"晚上"就是看完动画片上床睡觉的时间。

（3）幼儿对时间单元的知觉和理解有一个"由中间向两端""由近及远"的发展趋势。如他们对天的理解最先是"今天"，然后才是"昨天"和"明天"，最后才是"前天""后天"等。

（4）理解与利用计时工具的能力与年龄相关。小孩子常常不理解计时工具的意义。如妈妈告诉孩子当时针走到6点半时，可以打开电视看动画片，孩子等得不耐烦了，就要求妈妈把钟表拨到6点半。还有个孩子听妈妈说："日历快撕完了，就该过新年了。"他跑去把日历统统撕掉，回来告诉妈妈："该过新年了，日历已经撕完了。"有研究表明，大约到7岁，儿童才开始利用时间标尺估计时间。

教师应针对幼儿年龄的特点，从小培养孩子时间知觉的能力和时间观念，使孩子形成良好的珍惜时间的态度和习惯。可结合具体事情来讲解时间，如通知他们"后天"过"六一儿童节"，要解释"后天就是睡了一个晚上，过了一天，再睡一个晚上就到了"。也可通过具体形象的事物，教孩子掌握时间概念。如早上送孩子上幼儿园，就可指着太阳告诉他："太阳刚升起来，妈妈去上班，你去上幼儿园，这个时间就是早上。"还可以对他说："今天下午 6 点我来接你""我们从幼儿园走到家用了半小时""你再玩 10 分钟就吃饭"等。经常让孩子体验时间单位的长短，逐渐让他理解和掌握一些时间概念。

此外还可通过幼儿园有规律的生活、音乐、体育活动中的节奏动作来感知时间；通过观察自然界规律性的变化来了解时间的变迁；通过日常生活培养幼儿珍惜时间的好习惯，如早上能够按时起床、抓紧时间吃早饭、按时上幼儿园、在规定时间内擦完桌椅等；家长可以帮助孩子制定合理的作息制度，按作息时间游戏和生活等。

三、幼儿观察力的发展

观察是一种有目的、有计划、比较持久的知觉过程。观察事物的能力称为观察力。幼儿期是一个人的观察力开始形成并迅速发展的时期。

(一)幼儿观察力的发展特点

1. 从观察的目的性上看，幼儿的观察是从无意性向有意性的方向发展

幼儿的观察是从无目的向有目的性方向发展的。小班孩子在观察过程中常常会忘掉观察任务。如给幼儿一张图片，上面有几个孩子在玩雪，旁边有一只手套，要求他们从画面中找出那个丢了手套的孩子。结果小班孩子大部分不认真去找，他们胡乱地看一些无关的细节，完全忘了观察的目的。中、大班孩子则能根据要求很快地完成任务。此外，在观察中任务越具体，幼儿观察的目的就越明确，效果就越好。如让幼儿找出两幅图画的不同之处，如果明确告诉他们有几处不同，观察效果会显著提高。

2. 从观察的持续性上看，幼儿观察持续的时间由短变长

幼儿初期，观察持续的时间很短，很容易受主体当时的情绪、兴趣的影响，也受客体变化的影响。阿格诺索娃的研究发现，3～4 岁幼儿持续观察某一事物的时间平均为 6 分 8 秒；5 岁幼儿有所提高，平均为 7 分 6 秒；从 6 岁开始观察持续的时间显著增加，平均时间为 12 分 3 秒。

实验研究表明，幼儿观察持续性的发展与幼儿观察的目的与兴趣有关。如果观察目的明确且是幼儿感兴趣的事物，观察的时间就长些。如把观察者分成两组，一组提出明确的要求，即找出两张图片中穿相同服装的人；另一组只是笼统地说一下。结果，前一组由于目的较明确，观察时间较长。又如，观察金鱼比观察树木时间要长，这是由于幼儿对活动的金鱼更感兴趣。

3. 从观察的细致性上看，幼儿的观察从笼统模糊的知觉向比较准确的知觉发展

幼儿的观察一般是比较笼统、粗略的，通常只能看到事物的大概轮廓和比较明显、突出的部分，而看不到事物比较隐蔽的和细致的部分。姚平子等探索了3～6岁幼儿观察图片的过程，实验结果表明，幼儿观察的细致性随年龄增长而提高(见表 4-2)。

幼儿心理发展概论

表 4-2　各年龄组幼儿进行正确观察的百分率(%)

项目 年龄(岁)	找相同图形	找缺少部分	找图形不同处	观察图形	找图中物体
3	62	78	54	88	38
4	90	92	90	96	70
5	100	100	98	96	86
6	100	100	100	100	98

4. 从观察的概括性上看，幼儿的观察是从知觉事物的表面特征向知觉事物的本质特征发展

幼儿初期，幼儿观察时，常常不能把事物的各个方面联系起来考察，因而不能发现各事物之间的相互联系及本质特征。例如，你让幼儿看两盘萝卜，其中一盘泡在水里，萝卜头长出了小绿叶；一盘无水，萝卜头萎缩了。小班幼儿通常看不出萝卜头生长情况与水分之间的关系。又如，给幼儿看两幅图画，其中一幅画着小孩玩球，另一幅画着球把玻璃打碎了，小班孩子也往往说不出这两幅图画间的因果关系。这主要是与他们观察的系统性差有关。尤其是小班孩子，他们只能回答图片上"有什么""是什么"不能回答"在做什么，怎么做的"等问题。到了中、大班，幼儿的概括能力有一定发展。他们能说出图片上人物之间的关系，有的孩子还能用一句话概括地说明图画内容。

观察是幼儿认识的源泉，幼儿通过对外界事物的观察可以获得丰富的感性知识。观察力是构成智力的主要成分之一，也是智力发展的基础。由于幼儿观察力不强，观察不认真不细致，结果对事物的认识往往是笼统的、粗略的，对事物的印象也只能是表面的、孤立的。因此培养和提高幼儿的观察力是教师的主要任务之一。

(二)幼儿观察力的培养

1. 提出明确的观察目的与任务

观察前，教师应告诉幼儿观察什么以及怎么观察。比如，在幼儿观察桃树之前，教师就先向幼儿说明："今天我们观察桃树，要仔细看看桃树的树干是什么样子？树杈多不多？从哪儿开始分杈？桃花是什么颜色，它有几个花瓣？"这样幼儿对观察桃树的任务就有了一个比较具体、清楚的理解。有人做过这样的实验：请两组幼儿观察两张乍看完全相同的图片，对其中一组幼儿在观察前讲明这两张画有五处不同，而对另一组幼儿只笼统地要求他们找出图片的不同之处，而不告诉他们共有几处不同。结果前组儿童平均找出 4.5 个不同，后组儿童只找出 3.7 个不同。由此看出，观察目的、任务的明确程度，会直接影响观察效果。可见目的任务越明确，效果越好。

2. 培养幼儿的观察兴趣

一方面，教师要经常引导幼儿注意观察周围事物及大自然。大自然是孩子最好的老师，它纷繁复杂、千姿百态，既为孩子们提供了丰富的感性知识，也有助于促进幼儿观察概括能力的发展。比如，春天老师可以带孩子们观察小草怎样变绿，小花怎样开放，到秋天可以带孩子再看看它们又怎样凋谢、枯黄，然后启发幼儿想一想小草、小花的生长与季节气候之间有什么关系。夏天，在下雨之前，可带幼儿去观察地上蚂蚁怎样忙碌地搬家，雨后再带幼儿去看天上出现的美丽彩虹，使幼儿懂得下雨与蚂蚁搬家、彩虹出现之间的联系。其他像日出日落，月缺月圆，云霜雨雪以及四季的更替等自然现象，都是用来培养和训练幼儿观察的概括性的极好素材。

另一方面，鼓励幼儿动手做实验。把两盆花分别放在向阳和背阴的地方，将两颗蒜分别放在有水和无水的盘子里，引导幼儿观察它们生长变化的过程及其异同，使幼儿从实践中了解植物生长与阳光、水分之间的关系，这无疑比单纯用语言讲解，效果要好得多。类似这样的实验很多，如把树叶、铁片放在水里看它们的沉浮；做架风车看空气怎样使它转动；用水冻冰花以了解气温和水与冰之间的相互关系；养几条小蝌蚪，观察它们怎样长腿、脱尾，最后变成小青蛙。

再者，启发幼儿多提问并尽可能使幼儿多种感官都参与其中。如在认识黄瓜和西红柿时，不仅让幼儿用眼睛看，还可以让他们用手摸、用嘴尝；教幼儿认识菊花、水仙花时，不仅可以让幼儿看看、摸摸，还可以让幼儿闻闻，这样可使幼儿从形状、颜色、气味等各个方面对黄瓜、西红柿、菊花、水仙花有比较完整、精确的认识。

3. 提供丰富的观察材料，引导幼儿观察概括

如让幼儿观察小兔形象时，不要总是白色的，还可出示灰色的、黑色的、花色的等，让幼儿来概括其本质特征。

4. 教给幼儿观察的方法和步骤

幼儿的观察是从跳跃式、无序的，逐渐向有顺序性的观察发展。教师应教给幼儿观察的方法，让幼儿能够学会从左到右，从上到下，从外到里，从整体到局部，或从局部到整体有顺序地进行观察。在此基础上，引导幼儿学会思考和概括。

如在组织观察图片《你先玩吧》时，引导幼儿先看清图片上都有谁和谁，再做进一步的观察和思考：图片上有几个皮球？小男孩正拿着皮球做什么？他为什么要把他的皮球递给小女孩等，这样可以帮助幼儿理解概括出小男孩与小女孩之间的相互关系。又如，在观察《谁又替我把雪扫》这张图片时，可以指导幼儿先观察老爷爷和一群小朋友，老爷爷手里拿着一把笤帚，他正推开房门，四个小朋友躲在门背后，手里也拿着笤帚；然后观察老爷爷家门前小路上的积雪已经被打扫得干干净净；在此基础上，再引导幼儿进一步思考："老爷爷家门前的雪是谁扫的？""这四个小朋友为什么要躲在门背后？""他们手里为什么也拿着笤帚？""扫雪和他们有没有关系？"等问题，使幼儿逐步概括出"老爷爷—小朋友—扫雪"之间的内在联系，概括出图画的主要内容。

总之，观察是一个人认识世界的重要手段，从小培养儿童观察力是十分必要的。应当通过日常生活和教学，有意识地组织儿童在教师的指导下，有目的有计划地进行观察，以促进儿童观察力的发展。

四、感知规律在幼儿园教学活动中的运用

(一)感觉的规律及其运用

感觉的规律主要表现在感受性的变化上。所谓感受性是指有机体对内外刺激的感受能力。每个人的感受性存在着个别差异。感受性的变化主要体现在以下几方面。

1. 感觉的相互作用

感觉的相互作用是指各种感觉之间因相互作用，可以使感受性发生变化的现象。如一明一暗的灯光，会使一个强度保持不变的音调，听起来带有时高时低的波动现象，这是视觉对听觉的影响。反之亦然。

感觉的相互作用可使感受性提高或降低。一般情况下，弱刺激可提高感受性，强刺激则降低感受性。例如，在寂静的夜晚或教室，低声说话也可听见，而在喧哗的闹市，大声讲话也听不清楚。根据以上规律，教师在讲课时，应轻声细语，不要高声大叫，以免影响幼儿的听觉感受性。

2. 感觉的适应

适应是指在刺激的持续作用下引起感受性变化的现象。视、听、嗅、味、肤各种感觉都有适应现象。视觉上有明适应和暗适应；听觉上表现为常在噪声下工作，对声音的感受能力会降低；古话说的好：入芝兰之室久而不闻其香，入鲍鱼之肆久而不闻其臭，这就是嗅觉的适应；肤觉上表现为用冷水或热水泡脚久而不知其凉或烫，棉衣穿久不知其重等。这些都是感觉适应的表现。

强刺激可以降低感受性(如明适应)，弱刺激可以提高感受性(如暗适应)。教师讲课时说话声音不要持续高声；把幼儿从亮的地方领到暗的地方，要适应一会儿再开始活动以免发生意外，反之亦然。要注意幼儿看书的光线不能太强或太弱；每次运动前要先做好准备活动之后再开始，以免受伤。

3. 感觉的对比

感觉对比是指同一分析器接受不同刺激引起的感受性的变化。对比有同时性对比，如月明星稀、白与黑、红和绿、冷和热，灰纸放在黑背景中亮一些，放在白背景中暗一些；同样长的线放在短线中长些，放在长线中又短些等；也有相继性对比，如吃完中药后吃甘蔗，就会觉得甘蔗更甜；吃完甘蔗后吃橘子，就会觉得橘子比平时更酸。

幼儿教师在为幼儿制作直观教具或布置教室和活动室时，注意运用"对比"规律，注意色彩搭配，以突出主题；讲话时应注意音调的高低对比，以引起幼儿的注意；教师也可利用不鲜明的对比，以培养幼儿的观察力，如草丛中找青蛙、花丛中找蝴蝶等都是对比规律在教学中的运用。

4. 感觉的敏感化

感觉的敏感化是指分析器的相互作用和练习可使感受性提高的现象。人的感受

性是可以训练的，它可以通过特殊训练和积累经验而提高。如盲人的听觉和触觉特别发达；染色工人由于职业需要和实际锻炼，可以区分 40～60 种黑色色调；美术家的辨色力和音乐家的辨音力等都是特殊训练的结果。

教师要重视感知觉的教育，通过各种活动有意识地训练幼儿的感知能力。音乐活动、美术绘画及"百宝箱中摸一摸"等游戏活动，是发展幼儿的听觉、辨色力和触觉的有效手段。

(二)知觉的规律及其运用

知觉的规律主要表现在以下四个方面。

1.知觉的选择性

知觉的选择性是指从众多事物中选择出要知觉的对象。在现实生活中，人所处的环境复杂多样。在每一个瞬间，人不可能同时清楚地去反映所有对象，而总是有选择地把某一事物作为知觉对象，挑选出来加以注意。与此同时，把其他事物作为背景，这就是选择性。如教师上计算课时，写在黑板上的题是幼儿知觉的对象，比较清晰；而周围的一切则作为背景在幼儿的视野外，比较模糊。

知觉的对象与背景只是相对的，它们可以相互转化。如下列双关图(图 4-1)

是兔子还是鸭子？
提示：从左边看起来是鸭子，
　　　从右边看起来是兔子。

图 4-1　《花瓶与人脸》《兔与鸭》双关图

影响知觉选择性的因素有以下几个方面：

一是对象与背景的差别。差别越大越容易被选择。强烈的、对比明显的刺激，如强光和洪亮的声音、绿草中的红花等容易被选择。根据这个规律，教师的板书、挂图和实验演示应当突出重点、色彩分明，以加强对象与背景的差别，便于引起孩子的注意而加以选择。

二是刺激物的组合特点。越有规律越容易被选择。如穿着统一服装的幼儿很容易被从人群中知觉出来。因此，教师给幼儿呈现的教具排列要有规律，不能杂乱无章；为突出某一部位，周围最好不要附加其他线条或图形，注意拉开距离或加上不同色彩。所讲知识应由浅入深，不能跳跃太大。

三是对象的活动性。在固定不变的背景上活动着的对象容易被选择。如小虫子

趴着不动不易被觉察,爬来爬去就会被注意到。所以在教学过程中教师尽量制作和使用活动教具,如活动模型、活动玩具、幻灯和录像等,使幼儿获得清晰的知觉。此外,教师讲课的声调应有变化,抑扬顿挫,重点内容要加重语气,辅以合适的表情与手势,便于孩子理解和掌握。

2. 知觉的整体性

虽然事物是由多种属性和各个部分构成的,但是人们并不把它感知为个别的、孤立的几个部分,而倾向于把它们组合为一个整体来认识,这便是知觉的整体性。例如,树后小动物虽只画出它突出的一小部分,幼儿也能猜出是什么动物。因此,当人感知一个熟悉的对象时,哪怕只感知了它的个别属性或部分特征,也可以依据以往的经验判知其他特征,从而产生整体性的知觉。

影响知觉整体性的因素主要与人的知识经验的多少有关。在日常生活和教学中,我们要通过各种途径扩大幼儿的知识面,丰富幼儿的知识经验,便于幼儿把事物的各种属性结合起来,从整体上把握事物,形成完整的印象。

3. 知觉的理解性

知觉的理解性是指人总是根据以往的知识经验理解当前的事物,并用词把它们标志出来。例如,根据画中人物形象知道其扮演的角色;再如右图所示:⬜,你可以根据自己的理解把它看成任何东西:箱子、柜子、魔术盒、椅子、砖头、火柴盒、炸药包等。

影响知觉理解性的因素有以下几个方面:

一是与知识经验有关。在理解过程中,知识经验是关键。例如,面对一张 X 光片,不懂医学的人很难看懂,而放射科的医师却能获知病变与否;我们看到图画中的人物,能够理解他们所扮演的角色;还有"一人比画一人猜"等,也都要受知识经验的影响和制约。

二是受语言指导的影响。有些事物只有通过语言指导方可明白其含义,如对古诗、古文的理解。所以教师应运用语言启发幼儿,帮助幼儿提取知识经验,组织知觉信息。

幼儿年龄小知识经验少,理解有一定的困难。因此,要想提高幼儿知觉的理解性,一方面要丰富幼儿的知识经验;另一方面,教师要耐心地给予解释,帮助孩子对事物进行理解。

4. 知觉的恒常性

知觉的恒常性是指当知觉条件发生改变时,知觉对象仍然保持相对不变。

知觉的恒常性表现在很多方面。最主要的是视觉恒常。视觉恒常又包括亮度恒常,如石灰与煤不管放在哪里,石灰总比煤要亮;形状恒常,如圆盘不管怎么放置(平放、竖放、侧放、斜放)它在人们脑中仍然是圆的;大小恒常,例如妈妈已走远,我们仍然将其知觉为原形中的妈妈,并未因人变小而改变。此外,知觉的恒常性还包括声音恒常。如飞机与蚊子的声音相比,飞机的声音要大,即使它飞得很高,我们仍然觉得它的声音要大过蚊子的声音。

影响知觉恒常性的因素,也与知识经验有关。即过去的知识经验对当前知觉起了纠正作用，从而使人对事物有了较稳定的看法，形成了知觉的恒常性。

正因为有了恒常性，我们对事物才能做出相对准确的评判，否则每个事物随时都可能变成新事物，整个世界不知会是什么样子。

 单元小结

感觉和知觉是两个既区别又联系的概念。感觉是人脑对直接作用于客观事物的个别属性的反映，知觉则是对事物整体的反映。没有感觉便没有知觉，但知觉并不是对事物个别属性的简单累加，而是它们的有机结合。在这个过程中始终伴随着注意，才能获得对事物清晰而准确的印象。

幼儿注意的发展表现为：以无意注意为主，有意注意初步发展，注意品质随年龄增长逐步提高，但总体水平较低。教师应正确分析影响幼儿注意分散的原因，通过排除无关刺激的干扰和合理组织活动等防止幼儿注意的分散。此外，要区分幼儿多动现象和"多动症"并谨慎对待。

幼儿感知觉的发展突出表现在视觉、听觉、触觉、空间知觉和时间知觉的发展上，幼儿观察的目的性、持续性、细致性和概括性随年龄增长不断提高，但整体水平较低。教师应正确运用感知觉规律组织活动，并有效促进幼儿观察力的发展。

思考与练习

1. 什么是注意？注意的品质有哪些？
2. 幼儿的注意有何特点？你认为在组织幼儿活动时应注意什么问题？
3. 幼儿注意分散的原因有哪些？请利用实习机会到幼儿园观察、记录幼儿注意的现象并加以分析。看看老师是如何防止幼儿注意分散的？
4. 如何看待孩子的"多动"现象？
5. 什么是感觉和知觉？二者有何不同？
6. 幼儿视觉和听觉发展有何特点？如何保护孩子的视力和听力？
7. 幼儿时间知觉和空间知觉发展有何特点？
8. 如何利用适应、对比规律组织幼儿的活动？
9. 幼儿的观察力发展有何特点？怎样培养幼儿的观察力？

案例分析

阅读以下材料，分析王老师在讲故事活动中运用了哪些注意规律？请用相关规律理论对这一活动片段进行简要分析和评述。

王老师组织"小猫钓鱼"的故事活动。为了加深幼儿对故事的理解，王老师事先准备了活动玩具"猫"和"鱼"作为教具。讲述前，王老师通过提问"故事里有谁？故事里讲了一件什么事情？"要求幼儿认真听故事。讲述中，她边有声有色、抑扬顿挫地讲述故事情节，边演示活动教具，同时伴随相关的轻音乐……

问题解析：

1. 运用了刺激物的特性是引起幼儿无意注意因素这一规律。教师通过抑扬顿挫的语言和活动教具吸引幼儿的注意，这种不断变化和活动的刺激是引起幼儿无意注意的重要因素。

2. 运用了幼儿的情绪状态对幼儿注意的影响这一规律。教师通过轻音乐营造良好的氛围，使幼儿具备良好的情绪状态，也更易投入到活动中。

3. 运用了明确活动目的是保持幼儿有意注意的重要因素这一规律。讲述前，王老师通过提问提出明确的目的和要求，有助于幼儿注意的集中和长久保持。

4. 运用了活动组织的合理性对幼儿有意注意的影响这一规律。通过教具、语言、音乐的合理的搭配，使幼儿的有意注意更好地维持，符合幼儿注意的特点。

总之，教师在活动中能有效地交互运用有意注意和无意注意，较好地运用了注意规律，较为成功地吸引和保持了幼儿的注意。

⇒ 幼儿教师资格考试模拟练习

一、单项选择题

1. 以下哪一项属于幼儿的无意注意（　　　）。

A. 老师组织集体活动时提示幼儿看前方挂图

B. 老师说："小朋友看，大象的鼻子是这样画的。"小朋友都向老师望去

C. 老师穿了一件新衣服，小朋友都好奇地向老师看去

2. 对于方位，幼儿较难掌握的是（　　　）。

A. 上下　　　　　　　B. 前后　　　　　　　C. 左右

3. 幼儿对暗光的适应说明了（　　　）。

A. 强的刺激降低了视觉感受性　　　　　　B. 幼儿的视力比成人好

C. 弱刺激能提高视觉感受性　　　　　　　D. 幼儿控制眼动的能力较强

4. 老师让幼儿观察小兔，一次出示黑、白、灰三只兔子，其目的是（　　　）。

A. 帮助幼儿明确观察的目的和任务

B. 使幼儿用多种感官观察

C. 提供丰富的观察材料引导幼儿观察概括

D. 教给幼儿有序地去观察

E. 促进幼儿辨色力的发展

二、简答题

1. 结合幼儿注意和感知觉的发展，谈一谈幼儿教师在制作教具时应注意什么。

2. 教师应从哪些方面保护和发展幼儿的视觉？

三、论述题

1. 请论述幼儿注意容易出现的问题以及如何采取相应的教育措施。

2. 根据幼儿观察发展的特点，结合幼儿园实际谈谈如何培养幼儿的观察力。

第五单元

幼儿记忆和想象的发展

学习目标

1. 理解记忆和想象的概念、种类；
2. 掌握幼儿记忆和想象的发展特点；
3. 学会运用发展幼儿记忆力和想象力的策略。

单元导言

　　小班的幼儿特别喜欢听《聪明的乌龟》的故事，听完后能复述故事中一些让他们觉得好玩的句子，比如："哎哟，哎哟，谁咬我的尾巴？""我正想到天上去玩玩呢！"还能复述一些有趣的象声词，如"啪嗒""呼啦""扑通"等，但至于乌龟是如何没让狐狸吃到的，他们往往不提及。他们为什么对有些内容记得牢，而对另外一些内容又记不住？

　　有一天幼儿园停电了，孩子们就问老师为什么会停电，老师回答说因为夏天用电的人太多，电不够用，所以有时就会停一下电。孩子们就七嘴八舌地议论开了："如果把太阳固定在天上就好了""如果把全世界的萤火虫都集中放在一个大瓶子里就好了"……幼儿们的这些奇思妙想让成人感到惊讶，这是否说明幼儿的想象水平很高，超过了成人呢？通过本单元的学习，你将能解开这些疑惑，并懂得如何在教学实践中促进幼儿记忆力和想象力的发展。

第一课　幼儿记忆的发展

记忆是大家非常熟悉的一种心理现象。记忆是如何形成的？幼儿记忆有哪些特点？在实践教学中如何根据这些特点组织教育教学活动？这些都是我们幼教工作者应该思考和掌握的问题。

一、记忆的概述

(一)记忆的概念

记忆是人脑对过去经验的反映。记忆与感知觉不同，感知觉是对当前直接作用于感官的事物的一种反映，具有表面性和直观性；而记忆是对经历过的事物的反映，具有内隐性和概括性。

过去经验包括人们感知过的事物、思考过的问题、体验过的情感以及操作过的动作等。例如，幼儿观赏过的花朵，再次看到时能说出它的名字；唱过的歌曲，再听到歌曲的旋律时就会哼唱起来；起床后，能按妈妈教的方法穿好衣服等。

记忆不是一个瞬间的过程，而是一个从"记"到"忆"的过程。也就是说记忆是有阶段的，记忆包括三个阶段：识记、保持和回忆。按照信息加工论的观点，识记就是对信息进行编码的过程，保持就是将编码过的信息以一定的方式储存在头脑中的过程，而回忆就是提取和输出信息的过程。回忆又分为再认和再现。所谓再认是指过去经历过的事物再度出现时，人们能够识别它。再现是指过去经历过的事物即使不在面前，也能把它在头脑中重新呈现出来。比如，你在一次旅游中到过某个景点，这个景点的优美景色给你留下了深刻的印象，当你在电视或画册上看到这个景点的景色时，你会说这个景色你看过，这就是再认；或者是你再次听到这个景点的名字时，你头脑中就会浮现那个景点的优美景色，这就是再现。识记、保持和回忆这三个阶段是密切联系、不可分割的。没有信息的输入，就谈不上保持，信息没有保持住就提取不出来，也就没有回忆，所以记忆也可以说是对信息的输入、存储和提取的过程。

(二)遗忘规律与记忆回涨现象

1. 遗忘和遗忘规律

我们识记过的事物，并不是始终能再认(回忆)，这种不能再认(回忆)或错误地再认(回忆)的现象就是遗忘。

遗忘可分为两类：一种是永久性遗忘，即如果不再学习，是永远不可能再认(回忆)的。另一种是暂时性遗忘，即一时不能再认(回忆)，但在适当的条件下，还能再认(回忆)。例如，一个幼儿背儿歌背得很熟，但当老师让他在台前背诵时，往往会背不出来，而一回到自己座位上就又会背了；又如，我们看到某个物品，明明知道它的名字，可就是一时想不起来，事后又猛然记起。这种明明记得，但就是一时不能回忆起来的现象也称为"舌尖现象"。这就是暂时性遗忘。

关于遗忘产生的原因有这样两种解释：一种是识记后留下的痕迹由于没有强化随时间的推移而自动消退了。比如，幼儿记忆过的儿歌，如果没有反复背诵和检查，在幼儿头脑中保留下的痕迹就会随时间而消退；另一种是由来自附加的干扰作用产生的抑制所引起的。这种附加的干扰刺激可能是外界的刺激，或过去识记留下的痕迹对当前记忆内容的干扰，也可能是自身某种情绪状态的干扰作用。早期的一项睡眠对记忆影响的研究就证实了外界的刺激对记忆任务的干扰。实验中，儿童被要求记住一些无意义的音节，达到一次能正确背诵的标准，然后在两种情况下比较他们回忆学习材料的效果。一种情况是记完后就入睡，另一种是记完后继续日常活动。当在识记后1、2、4、8小时分别让儿童回忆学习材料，结果发现，记完后就入睡的回忆效果高于记完后继续日常活动的回忆效果，日常活动干扰了原先学习材料的回忆。

心理学研究表明，遗忘是有规律的。德国心理学家艾宾浩斯（Hermann Ebbinghaus）最早对遗忘做了系统的研究。为了尽量减少过去经验对学习、记忆的影响，他在实验中应用无意义音节作为学习、记忆材料，把学习材料学到恰能背诵，过了一定时间间隔，再来重新学习，以重新学习所节省的时间或需要的次数作为测量记忆的指标。实验结果如表5-1，并绘制了著名的"艾宾浩斯遗忘曲线"，如图5-1所示。从遗忘曲线中可看出，遗忘的进程是不均衡的，在识记后最初遗忘得比较快，而以后逐渐缓慢，即"先快后慢"。因此，可以通过及时复习来提高学习效率，减少遗忘。

表5-1　不同时间间隔后的记忆成绩

时间间隔	重学时节省诵读时间百分数
20分钟	58.2
1小时	44.2
8小时	35.8
1日	33.7
2日	27.8
6日	25.4
31日	21.1

（资料来源：黄希庭，《普通心理学》，第313页，1985）

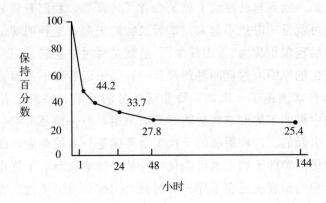

图 5-1　艾宾浩斯遗忘曲线

（资料来源：陈帼眉，《幼儿心理学》，第 75 页，1999）

2. 婴儿期遗忘症

许多实验证实在婴儿期就能表现出一定的记忆能力。但是，人们也发现，我们不能回忆起婴儿期的经历。这种现象被称为"婴儿期遗忘症"。那么，如何解释这种现象呢？尽管目前这一现象还未完全弄清楚，但一些研究者提出了各自的意见，其中主要有两种观点：第一种观点认为，2 岁前儿童的神经系统发展存在局限性，这个年龄的儿童不具备将短时记忆中的信息转入长时记忆系统的能力；第二种观点认为，这是个体在婴儿期对信息编码的方式与在以后各阶段对信息提取的方式不相匹配而造成的。

3. 记忆回涨现象

研究发现，幼儿的遗忘还有一个特殊的记忆回涨现象，即学习后一段时间测得的保持量比学习后立即测得的保持量要高。也就是说，刚学习完某种材料马上回忆的效果还不如过一段时间后再回忆的效果好。这个回涨期过后，遗忘才遵循先快后慢的规律。在小班幼儿中这种情况更为明显。比如，带幼儿去动物园游玩回家的路上，你问他在动物园看了哪些动物，他可能只能说出几种，但当他回家后可能说出许多。关于幼儿记忆回涨现象的原因，目前有两种解释：一种认为是疲劳造成的。幼儿神经系统耐受力差，学习时容易引起大脑皮质相应部位的疲劳，所以学习后立即再现的效果不好。一段时间后，疲劳解除，才使再现量达到最高峰。另一种认为，这是因为幼儿记忆的保持加工能力较差。幼儿不能对输入的新信息及时处理，所以立即提取困难。一段时间后，信息已被分门别类处理好了，检索提取变得容易了，再现量会有所增加。

(三)记忆的种类

1. 根据记忆的保持时间分类

根据记忆保持的时间，可将记忆分为瞬时记忆、短时记忆和长时记忆。

(1)瞬时记忆：生活中我们都有这样的体会，当我们注视了日光灯后，马上把灯关上，在很短的时间内我们还能保持它的印象。这种只储存瞬间的记忆，就称为瞬时记忆。在这个阶段，外界信息进入感觉通道，并以感觉映象的形式短暂停留，所以又叫感觉记忆。

（2）短时记忆：储存在感觉通道中的大部分信息迅速消退，只有那些得到复习和注意的一小部分信息能转入并保存在这个短时记忆中，短时记忆的储存时间为 $1\sim2$ 分钟之内。这种记忆的内容是人们所意识到的，识记快回忆也快，但回忆后没有保持，刺激的痕迹很快消失。像我们在别人的口授下书写过程，就是短时记忆的表现，在写完后没有必要保持，记忆也就消退了。

（3）长时记忆：在短时记忆中所储存的信息，经过编码、复述，并与个体过去的经验建立意义联系后，就可能转入长时记忆系统中。信息一旦储存在长时记忆中就能保持一分钟以上乃至终生。长时记忆容量是一切记忆系统中最大的一个系统，甚至是没有极限的，它能容纳个体所能记住的所有经验。虽然长时记忆有很大的容量，但并不是说主体在任何时候都能将所需要的信息提取出来，这也就是说，遗忘现象是必然存在的。

2. 根据记忆的内容分类

根据内容的不同，记忆可分为形象记忆、运动记忆、情绪记忆和逻辑记忆。

（1）形象记忆：是以感知过的事物的具体形象为内容的记忆。例如，带幼儿参观动物园后，幼儿会记住猴子、大象、老虎等动物的形象。形象记忆可以是视觉的、听觉的、嗅觉的、味觉的、触觉的，如我们对看过的人、物和画面，听过的音乐，闻过的气味，尝过的味道和触摸过的物体等的记忆，都是形象记忆。

（2）运动记忆：是以过去做过的运动或动作为内容的记忆。例如，幼儿对做操或洗手的一个接一个动作的记忆。对一切生活习惯上的技能、体育运动或舞蹈等动作的记忆，都是运动记忆。

（3）情绪记忆：是以体验过的情绪或情感为内容的记忆。例如，幼儿对被关黑屋子时的恐惧，或玩游戏时的快乐等情绪的记忆。

（4）逻辑记忆：是以语词、概念、原理为内容的记忆。例如，我们对科学概念、数学公式、物理定理、法律法则的记忆等都是逻辑记忆。

（四）记忆表象及其特征

1. 表象的概念

表象是指在头脑中保持的客观对象的形象。如幼儿在幼儿园里游戏，看不到自己的母亲，但头脑中仍然能出现母亲的形象。

表象分为记忆表象和想象表象两类。通常所说的表象，是记忆表象的简称。

表象是在感知觉的基础上发生的，根据其产生的感觉器官种类的不同可以分为视觉表象、听觉表象、嗅觉表象等。

2. 表象的特征

（1）形象性。构成表象的材料都来自于知觉过的内容，因此表象是直观的感性

反映，和原物体有相似之处。但和感知觉相比，表象中的形象带有不完整性和不稳定性，如头脑中公园的表象不如直接感知时的形象那样鲜明、具体，而仅仅是一个大致的印象。

（2）概括性。表象是多次知觉后概括的结果，它具有感知的原型，却不限于某个具体原型，这就是表象的概括性。如表象中"树"的形象，一般很难具体到现实中的一棵树，而是具有树干、树枝、树叶等"树"所共有的特征。

表象和思维都具有概括性，但表象的概括用的是形象，而思维的概括性体现的是语词；表象概括的既有事物的本质属性，又有非本质属性，而思维概括的都是事物的本质属性。因此，我们可以把表象看作是由感知向思维过渡的中间环节。

二、幼儿记忆的发展特点

尽管人类在婴儿期就表现出了一定的再认和再现能力，但并不完善。随着儿童活动的复杂化和言语的发展，幼儿的记忆不断发展，主要表现在：信息的接收和编码方式有所发展以及记忆的策略开始形成。

（一）无意记忆占优势，有意记忆逐渐发展

无意记忆是一种没有自觉记忆目的和任务，也不需要意志努力的记忆。如幼儿在生活中或游戏活动中，自然而然记住了某件物品的名称。幼儿的记忆以无意记忆为主，他们所获得的许多知识都是无意记忆的结果。有关研究表明，幼儿记住什么，没有记住什么，取决于记忆的对象是否是儿童感兴趣的、是否能给儿童留下鲜明强烈的印象。具体说来，幼儿能记住的往往是具有下列特征的对象：一是直观、形象、具体、鲜明、活动的事物；二是满足儿童的需要、符合儿童兴趣、能激起儿童强烈的情绪体验的事物；三是儿童活动的对象或与儿童活动任务有联系的事物。在整个幼儿期都表现出无意记忆的特点，并且，无意记忆的效果会随着年龄的增长而提高。

有意记忆是一种有预定目的和任务，采取一定的措施，按一定的方法步骤并经过一定的努力完成的记忆。如大班的幼儿记住老师布置的任务等。在教育的影响下，幼儿晚期的儿童有意记忆和追忆的能力才逐步发展起来。幼儿最初的有意记忆往往是被动的，记忆的目的和任务通常是由成人提出的，随着言语的发展和教育的影响，幼儿才能主动确定目标进行记忆。有意记忆的出现标志着儿童记忆发展的一个质变。

 资料卡

幼儿的无意记忆和有意记忆

苏联心理学家陈千科做了这样一个实验：给儿童在实验桌上画一些假设的厨房、花园、睡眠室等，要求幼儿用图片在桌上做游戏，把图片放在实验桌相应的位置上。图片共15张，内容都是儿童熟悉的东西，如水壶、苹果、狗等。待游戏结束后要求

幼儿回忆所玩过的东西，测查其无意记忆的效果。另外，在同样的条件下，要求儿童进行有意记忆，记住15张图片的内容。结果表明，幼儿中期和晚期的记忆效果都是无意记忆优于有意记忆。3岁幼儿并未真正接受记忆任务，基本只有无意记忆。到了小学阶段，有意记忆才赶上无意记忆，并逐步超过无意记忆。

（资料来源：林崇德，《发展心理学》，2009）

幼儿教师在教育教学活动和日常生活中要注意发展幼儿的无意记忆和有意记忆，一方面要采取适当的措施引起幼儿的无意记忆，提高记忆的能力和效果；另一方面要正确对待幼儿的"偶发记忆"，充分发挥幼儿言语的调节机能，帮助幼儿确定记忆的任务，激发幼儿记忆活动的积极性，提高幼儿有意记忆的水平。幼儿的"偶发记忆"是指当要求幼儿记住某样东西时，他往往记住的是和这件东西一起出现的其他东西。如在幼儿园教育教学活动中，当老师要幼儿回忆刚出示的卡片上有几只小狗时，而幼儿回答小狗是黄色的。这是由于幼儿对课题选择的注意力、目的性不明确，只把不必要的"偶发课题"记住了，而对"中心记忆课题"的记忆效果不好。

（二）机械记忆占优势，意义记忆逐渐发展

根据记忆方法的不同，人们往往把记忆分为机械记忆和意义记忆。前者是在不理解内容的情况下主要采用简单重复的方式完成的记忆；后者是根据内容的意义和内在逻辑关系，依靠已有经验的联系形成的记忆。例如，儿童早期"鹦鹉学舌"式的背诵诗歌、认字多是机械记忆，而大班幼儿复述简单易懂的故事时多是在理解的基础上经过了一些加工的记忆，这就是意义记忆。但更多时候，由于幼儿的知识经验比较贫乏，理解事物能力差，他们往往是在对事物的表面特征和外部联系进行简单重复之后而记忆的，表现为非常突出的机械记忆。这一现象在小班幼儿身上表现尤为明显。在成人的正确引导下，幼儿的意义记忆开始发展起来。中大班的幼儿在进行记忆活动时不再只用机械记忆，而是开始对记忆材料进行分析和一定的逻辑加工，有时也用自己的语言代替原文，表现出一定的意义记忆和优于机械记忆的良好记忆效果。一般来说，意义记忆效果高于机械记忆效果。

幼儿教师可充分利用幼儿机械记忆占优势的特点，应让幼儿多记忆一些知识，为将来的学习打下良好的基础。当然，教师更应该在教育教学活动和日常生活中发展幼儿的意义记忆，帮助幼儿理解记忆材料，对于那些没有意义的内容，要引导幼儿把它赋予一定的意义，建立人为的意义联系，提高幼儿记忆的效果。如让幼儿认识阿拉伯数字"9"时，引导幼儿把它与"气球"形象联系起来进行记忆，提高学习效率。

（三）形象记忆占优势，语词记忆逐渐发展

形象记忆是指借助事物的具体形象来进行的记忆。如我们到过天安门或看过天安门的图片之后，头脑中还保留了天安门的形象。语词记忆是利用词的标志来进行的记忆，如我们背诵概念、定理、公式等，这种记忆只有在言语系统出现后才产生。由于幼儿心理发展水平较低，所以整个幼儿期以形象记忆为主，并且形象记忆的效果比语词记忆的好。同时，这两种记忆的能力都随着年龄的增长而提高，并且

语词记忆的发展速度大于形象记忆，语词记忆的效果逐渐接近形象记忆的效果。在教育教学活动和日常生活中，幼儿教师要善于把记忆材料形象化、直观化，同时要加强语词与形象的结合，提高记忆效果。

（四）自传式记忆突出

自传式记忆是指对个人特别重要的经历的回忆。幼儿对新异事件的自传式记忆常常表现得很好。在3岁或4岁时参加过好朋友的生日派对的幼儿，甚至在18个月之后，还记得许多发生于这次派对的事件。通常而言，年龄较小的儿童比年龄较大的儿童需要更多的提示或指示性帮助，在这种帮助下，他们常常能回忆起与年长儿童一样多的事件。

但是婴幼儿对事件的记忆非常容易被误导，他们会以为一些强加在自己身上的事件和原先虚构的事件真的发生在自己身上了。切奇等（Ceci，et al.，1995）在研究中询问幼儿是否记得曾经经历了诸如被老鼠夹夹到手指这样的事件。尽管几乎所有的儿童在第一次访谈的时候都没有承认经历过这些虚构的事件，但是在不断的询问之后，超过50%的5岁以下儿童和约40%的5、6岁儿童都说这些事件在自己身上发生过，并且还能生动地对自己的经历进行描述。此外，即使面谈者和父母告诉儿童这些事件是假的，实际上并没有发生过，但许多儿童仍然相信这些事件确实在自己身上发生了。因此，成人应该正确对待这种现象，不要随便指责幼儿"不诚实"，而要耐心地帮助幼儿把事实弄清楚。

（五）记忆策略的形成

记忆策略是人们为有效地完成记忆任务而采用的方法或手段。个体的记忆策略是不断发展的。弗拉维尔等（Flavell，et al.，1966）提出记忆策略的发展可以分为三个阶段：一是没有策略；二是不能主动应用策略，但经过诱导，可以使用策略；三是能主动自觉地采用策略。一般来说，儿童5岁以前没有记忆策略，5～7岁处于过渡期，10岁以后记忆策略逐步稳定地发展起来。

下面介绍三种记忆策略。

1. 复述

这是一种非常重要的记忆策略。许多心理学家曾研究过儿童复述策略的发展。

资料卡

儿童的复述策略

弗拉维尔等（Flavell. et al.，1966）做过一项实验，被试是幼儿园和小学的5岁、7岁、10岁儿童。实验时先呈现给被试7张物体图片，主试依次指出3张图片要求被试记住。15秒后，要儿童从中指出已识记的那3张图片。在间隔时间内，让儿童戴上盔形帽，帽舌遮住眼睛。这样儿童看不见图片，主试却能观察到儿童的唇动。以唇动次数作为儿童复述的指标。结果是20个5岁儿童中只有2个（10%）显示复述行为，7岁儿童中60％有复述行为，10岁儿童中85％有复述行为。在每一年龄组中，采用自发复述策略的儿童的记忆效果优于不进行复述的儿童。

年长儿童与年幼儿童除了复述策略使用率不同外，其复述的方式也是不同的。如果让儿童记忆呈现给他们的一组单词，5～8岁的儿童通常会按原来的顺序每次复述一个单词，而12岁的儿童则会成组地复述词语，也就是每次复述前面连续的一组单词。

2. 组织策略

这种策略与复述是有所不同的，复述策略可以被看做是机械记忆，而组织策略就可以认为是意义记忆。人们在运用这种策略时，会主动地对记忆内容进行组织加工，把新材料纳入已有的知识框架之中或把材料作为合并单元而组合为某个新的知识框架，从而获得更好的记忆效果。对记忆材料可以用多种方式组织加工。下面介绍几种加工方式。

（1）归类加工：如果向你呈现60张图片，它们分别属于家具、碗碟、花、交通工具等，然后要求你进行自由回忆，你会怎么做呢？你自然知道，要记住60张互不联系的图片要比把这些图片聚集为几个类别再进行记忆困难得多。所以可能的做法就是将这60张图片分门别类再进行记忆。事实上，研究结果表明，归类加工是促进幼儿记忆的一种良好的组织策略。上例中所使用的方法是类别归类，意思是指我们在记忆一系列项目时总是倾向于将它们按一定的类别记忆。还有一类归类加工是联想归类。所谓联想就是由一种经验想起另一种经验，或由想起的一种经验又想起另一种经验。人们在记忆的过程中可以根据著名的联想三定律（相似律、对比律和接近律）进行归类加工。例如，根据接近律（由一种经验而想到在空间上或时间上与之接近的另一种经验）而将"桌子—椅子""男人—女人"等词汇组织在一起记忆。

（2）主观组织：当记忆材料既不能进行类别归类又没有较好的联想律可以用时，人们倾向于进行主观的组织加工。例如，当向被试呈现一些无关联的单词（如帽子、照片、羊、祖父等），让他们自由回忆时，随着测验次数的增加，被试的回忆量会不断增多。同时还发现，被试在连续各次实验中有以相同顺序回忆单词的倾向。这种现象就可能是被试主观地将这些无关联的单词放到一个故事场景中进行记忆而产生的。

（3）意义编码：对那些无意义的数字、单词等，如果把它们与原有的知识经验联系起来，或者从中找出它们之间的关联来，赋予一定的意义，就容易记住。例如，要记住：149162536496481。如果看不出这些数字间的意义联系，就很难记。如果看出了这些数字的一种意义结构：1，4，9，16，25，36，49，64，81，即"从1到9的整数的平方"，那就容易记住了。

（4）心象化：幼儿早期的记忆特点是形象记忆占优势，语词记忆逐渐发展。因此，对于故事、诗歌或单词，如果能在头脑中形成心象来记忆，其效果远远优于机械地重复记忆。

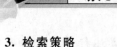

3. 检索策略

信息一旦进入记忆系统，就要通过某些方法将它检索出来。对于再认而言，因为呈现的刺激将有助于检索出相应的记忆内容，所以检索过程就要容易些。然而，对于回忆而言，检索过程就不是那么简单了。幼儿在检索方面的缺陷明显地与他们对恢复原先的编码环境的需要有关。例如，在一项研究中，呈现给幼儿一组与当时的目标表征有关的线索(如用玫瑰花和郁金香花作为百合花的线索)。然后，在检索过程中，又再将这些线索部分或全部呈现给幼儿，要求幼儿回忆那些与线索相关的目标词。结果发现，幼儿在适当的指导下，能够检索出信息，但是需要比年长儿童更多的、更清楚的提示。

三、促进幼儿记忆力发展的策略

(一)培养幼儿学习的兴趣和信心，明确记忆的目的

情绪是幼儿心理的动力系统，记忆效果和幼儿的情绪状态有很大关系。幼儿兴趣强烈，情绪积极，自信心足，记忆效果就能提高。所以家长和教师要注意创设良好的学习环境，培养、激发幼儿对识记材料的兴趣，要让每一位幼儿都能在愉快的学习环境中提高记忆效果。

有意识记的形成和发展是儿童记忆发展中最重要的质变，识记的目的性直接影响记忆的效果。在日常生活和各项活动中教师要向幼儿提出明确具体的任务和识记要求，并进行言语指导，促进他们言语调节机能的提高。事实证明，如果在识记某一事物前，教师向幼儿提出具体的要求，那么就能调动幼儿记忆的积极性，幼儿的记忆效果会更好。

(二)教学内容具体生动，富有感情色彩，促进幼儿的形象记忆和情绪记忆的发展

在幼儿园的各项活动中，教师要精心设计活动方案，准备丰富多彩、形象鲜明的教具玩具，提供幼儿能直接操作的游戏材料；教师的语言要生动有趣，绘声绘色，这些不但容易吸引幼儿的注意，使教学内容成为记忆的对象，而且由于富有感情色彩，容易引起幼儿的情感共鸣，反过来又加深了记忆，提高了记忆的效果。如幼儿园经常采用的教学游戏、演木偶戏等形式，都能收到很好的效果。

(三)帮助幼儿提高认识能力，提高意义识记水平

许多实验和事实表明，幼儿对记忆材料理解得越深，记得就越快，保持的时间就越长。在幼儿园的教学活动中，教师应该采取多种多样的方法，尽量帮助幼儿理解所要识记的材料。同时，还要指导幼儿在记忆过程中进行积极的思维活动，逐步学会从事物的内部联系上去识记事物。这样，在理解的基础上记，在积极思维的过程中记，幼儿识记不仅容易，而且效果好，还有助于意义识记和认识能力的提高。例如，用单纯重复跟读的方法教幼儿背诵古诗《锄禾》，需要二三节课才能记住。由于某些词、句理解不透，背诵时还经常出错。而一位有经验的教师在教幼儿背诵古诗前，先把诗的内容绘成美丽的图画，再用故事形式向幼儿讲述诗歌的内容，进而引导幼儿对诗中的"锄禾""当午"等词进行讨论，结合幼儿的生活经验帮助他们理

解。结果只用一节课幼儿便顺利地记住了这首诗，而且经久不忘。

(四)正确评价识记结果，合理组织复习

幼儿记忆的特点是记得快，忘得也快，记忆的保持性差。所以，正确地评价幼儿的识记结果，对提高幼儿记忆的品质会有很大的促进。在幼儿园的教学活动中，只要幼儿能背出、复述出规定识记材料的一部分，教师就应该给予及时的表扬，而不要去责怪为什么另外的部分记不起来，或用"罚做""罚背"的办法来惩罚幼儿。这样做只会挫伤幼儿识记的积极性。

给幼儿布置识记的任务后，根据遗忘的规律，及时合理地组织复习，是提高幼儿记忆效果的好办法。复习的形式要多样，尽量避免靠简单的重复、机械识记来复习。可以结合教学和生活活动，用游戏、谈话、讨论等方法让幼儿在活动中对需要识记的材料进行强化，提高记忆的正确性。

第二课 幼儿想象的发展

想象是人类特有的心理活动，是比感知和记忆更复杂的认识活动，是幼儿认知发展的重要内容。

一、想象的概述

(一)想象的概念

人不仅能感知当前作用于感觉器官的事物，回忆过去经历过的事物，而且还能想象出当前和过去从未感知过的事物。例如，一名大班的幼儿在幼儿园毕业典礼后，对老师说："我长大会来看你的。"老师问他："那时你会是什么样子了呢?"他说："那个时候我一定长很高了，戴着红领巾，背着书包。"这名幼儿在向老师描述他未来的样子时，就是把他生活中所见的小学生与他自己的形象进行加工、改造而产生的一个新形象，这个新形象的产生过程就是想象。

想象是人脑在一定刺激的影响下对已储存的表象进行加工改造形成新形象的过程。从生理机制上看，想象是人脑的机能。它是大脑皮质上旧的暂时联系经过重新组合形成新的暂时联系的过程，想象的发生、发展与大脑皮质的成熟水平有关。大脑神经系统往往在两岁左右趋于成熟，幼儿在这个阶段能储存比较多的信息材料，因此，1～2岁是儿童想象的萌芽阶段，这时幼儿的想象水平很低，表现为相似联想或象征性游戏，基本上是记忆表象的简单迁移，加工改造的成分非常少。例如，一名1岁10个月的孩子在撕纸玩，当他看到一条条纸条后，忽然对妈妈说："看!面条!"这就是相似联想，由纸条联想起头脑中储存的关于面条的形象。

想象过程中产生的形象虽说不是当前事物的形象，也不是曾经感知过的事物的形象，但这不等于说想象不是客观现实的反映。任何想象都不是凭空产生的，都是在已有形象的基础上形成的。一个天生色盲的人，在他的想象中一定没有颜色的表象。童话、神话、动画片中的许多形象，如孙悟空、美人鱼、葫芦娃、变形金刚、哆啦A梦等，无一不是与作者的现实生活密切相关的，都是作者通过对自己头脑中已有的形象进行综合、夸张、拟人等方式创造出来的。因此，想象是对客观现实的反映。

想象对我们人类具有非常重要的意义。第一，想象可以补充认识过程，填补感知的空白。我们在认识客观事物时，虽说可以通过直接感知去认识事物，但不可能亲身经历每件事，必须通过别人的描述间接地去认识事物，想象可以帮助我们在获取间接经验时构建新形象、新知识。第二，想象是知识进化、创造发明的源泉。人类所有的新发明、新创造，都是从似乎尚未存在的事物中发展而来的。例如，爱因斯坦创立的狭义相对论学说，就是源于他的一个想象：如果有人追上光速，将会看到什么现象；他创立的广义相对论学说，源于他的另一个想象：人在自由下落的升降机里会看到什么现象。如果没有想象就没有科学的预见，没有创造发明。第三，合理的想象还能改善人际关系，促进心理健康。我们在现实生活中都会与人交往，当出现矛盾冲突时，如果能把自己想象为对方，设身处地地想想，可能就会多几分理解，多几分宽容，就会使人际关系更为和谐；当然我们也可以把自己想象成另外一个形象，从心理上得到安慰。例如，一个幼儿在游戏中被别的小朋友抢走了玩具，我们可以引导他把自己想象成"大哥哥"，不和"小弟弟""小妹妹"计较，这样幼儿的负面情绪"伤心"就会转为正面情绪"自豪"，他会高高兴兴投入另外一项活动中了。

(二)想象的种类

根据产生想象时有无目的意图，可将想象划分为无意想象和有意想象。

1. 无意想象

无意想象是指没有特定目的、不自觉的想象，是最简单的、初级的想象。如幼儿看见充气玩具金箍棒，就把自己想象成孙悟空，舞动起来；看见沐浴的莲蓬头，就拿起来当麦克风。无意想象实际上是一种自由联想，不要求意志努力，意识水平低，是幼儿想象的典型形式。而梦是无意想象的一种极端的表现，梦完全不受意识的支配，是人在睡眠状态时一种漫无目的、不由自主的想象。在梦中，有时会故地重游，有时会见到阔别已久的亲朋，体验童年时代的快乐或经历一些稀奇古怪的事情。从梦境的内容看，它是过去经验的奇特组合。按照巴甫洛夫的解释，梦是人在睡眠时大脑皮层产生的一种弥漫性抑制，由于抑制发展不平衡，皮层的某些部位出现活跃状态，暂时神经联系以意想不到的方式重新组合而产生各种形象，就出现了梦。

梦中的形象往往不是感知到的形象，而是重新组合成的新的形象，它的出现是无意的。梦中所出现的形象或它们之间的联系，有的和现实生活有一定的关联，但却不是现实生活的再现，有的荒诞不稽，似乎脱离现实很远。但是，构成梦境的材料是做梦者曾经经历过的事物的形象，这说明梦境的材料来自于客观现实，是客观现实的反映。

梦是在儿童哪个年龄段最早出现？这个很难确定。皮亚杰观察到儿童最早的梦是在1岁9个月至2岁之间出现的。这时儿童开始说梦话，睡醒后会说梦。比如，一个2岁2个月的孩子醒来就喊："小熊回来了！"因为前一天，在公园里，一个小男孩把他的玩具熊抢走了。

 资料卡

幼儿梦的种类

瑞士心理学家皮亚杰研究了幼儿梦的种类，认为可能分为下列几类。

1. 反映愿望的。例如，有两个月不让小女孩吃雪糕，她在梦中吃了好多的雪糕。

2. 以一物代替他物的。例如，在梦里如同在游戏中一样，有象征性的大人、孩子。

3. 回忆痛苦的事情，但有好的结果。如同游戏一样，儿童自己对痛苦的事情赋予良好的结果。在幼儿园没有玩到玩具，梦里有好多的玩具包围着。

4. 噩梦。在噩梦和游戏中都有恐惧，这是对没有意识到的不愉快的回忆。在游戏中对这种回忆多少能够自觉地控制，在梦中却不能控制。一个5岁的女孩，有一天半夜突然惊醒，又哭又叫，说："妈妈，我怕，我怕！"清醒后她说自己看见很多妖怪在追她。

5. 受到自我惩罚的梦。这种梦，有时是听父母讲了可怕的故事造成的，有时则是其他原因。例如，某小孩入睡前用东西砸了自己的脚指头，醒来后说小狗咬了她的脚指头。

6. 由身体受到刺激直接转化而来的直接象征。如小孩尿湿了，会梦见自己坐在水盆里。

皮亚杰认为，以上各种梦说明了梦和游戏在结构和内容上都是相似的。

2. 有意想象

有意想象是带有目的性、自觉性的想象。有意想象是需要培养的，在教育的影响下逐渐发展。有意想象分为再造想象、创造想象和幻想。再造想象是根据言语的描述和图样的示意，在人脑中形成相应新形象的过程。再造想象对理解别人的经验是十分必要的。幼儿期主要以再造想象为主，如幼儿在一起玩"过家家"的游戏，有的拿着玩具炊具在"做饭"，有的抱着"娃娃"在用玩具奶瓶喂奶等，整个游戏过程就是以再造想象为线索。创造想象指的是在开创性活动中，人脑创造新形象的过程。创造想象的主要特点是，它的形象不仅新颖而且是开创性的，如幼儿想象在天上安个大灯泡，全世界就没有黑夜了等。实践证明，科学研究上的重大发现和创见，生产技术和产品的改造和发明，文学家、艺术家的塑造和构思等，都离不开创造想

象，所以创造想象是各种创造活动的重要组成部分。幼儿的再造想象和创造想象是密切相关的，再造想象的发展使幼儿积累了大量的形象，在此基础上，逐渐出现创造想象的成分。

幻想属于创造想象的特殊形式，是一种指向未来并与个人的愿望相联系的想象，如千里眼、顺风耳、铁臂阿童木、星球大战等都属于幻想。符合事物发展规律的幻想，能激发人们对未来的向往，克服前进道路上的困难，属于理想。今天，通过人们的努力，千里眼、顺风耳都已成为现实。而与事物发展规律相违背的幻想，如因果迷信中的形象，则是有害的，属于空想。

二、幼儿想象的发展

幼儿期是想象最为活跃的时期，想象几乎贯穿幼儿的各种活动，幼儿的思维、游戏、绘画、音乐、行动等，都离不开想象，想象是幼儿行动的推动力，创造想象是幼儿创造性思维的典型表现。幼儿想象发展的一般趋势是从简单的自由联想向创造想象发展，具体表现为：从无意想象发展到有意想象；从简单的再造想象发展到创造想象；从天马行空的想象发展到合乎现实的想象。

（一）无意想象占优势，有意想象逐渐发展

在幼儿的想象中，无意想象占主要地位，有意想象是在教育的影响下逐渐发展起来的。幼儿的无意想象主要有以下特点。

1. 想象无预定目的，由外界刺激直接引起

如三四岁的幼儿看见小汽车或者是小凳子，就开着"车"当司机，嘴里还"滴滴……嘟嘟……""转弯了""下车了"说个不停。幼儿画画也是如此，如看见糖果就要画糖果，其他的小朋友也跟着画。

资料卡

天天画画

小班的崔老师发现天天小朋友最近几天有些反常，每到绘画时就表现出无所适从的样子，可他以前是很爱画画的，为什么会出现这样的情况呢？当崔老师问天天为什么不画画了，天天回答说妈妈不让我画，这个回答让崔老师很吃惊。等妈妈来接天天时，崔老师就与天天妈妈进行了沟通，原来，前几天天天在家里画画时，妈妈看到他画的东西"乱七八糟"，就很生气地批评他说，今后画画要想好了再画，没想好就不要画。妈妈不知道天天这个年龄的幼儿是不可能先想好再画的。

2. 想象的主题不稳定，内容零散

应该说，在幼儿期，由于生理和心理发展的不成熟，孩子们在很多方面都表现出不稳定的现象。如在游戏中，幼儿正在当"老师"，忽然看见别的小朋友在给娃娃打针，他也跑去当"医生"，加入打针的行列。这一特点在绘画活动中表现得更明

显，一会儿画人，一会儿画树，一会儿又去画小虫、小花等，当说他画的不像树时，他立刻说："这是火箭"，显现出一串串无系统的自由联想。

3. 以想象过程为满足

由于幼儿的想象主要是无意想象，所以幼儿的想象一般没有什么目的，更多是从想象的过程中得到满足。如小朋友讲故事时，讲起来有声有色，既抑扬顿挫，又有表情，还有动作，听故事的小朋友也被吸引得相当投入，听得津津有味，但成人一听，却不知道他在讲什么，完全没有来龙去脉。孩子们就这样在讲和听的过程中进行想象，感到满足。

4. 想象受情绪和兴趣的影响

幼儿的情绪常常能引起某种想象过程，也可能改变想象的方向。同时，幼儿对感兴趣的主体会多次重复。如小男孩们喜欢奥特曼，他们就经常在一起玩奥特曼打怪兽的游戏。幼儿教师要了解幼儿无意想象的这些特点从而正确引导幼儿。

有意想象在幼儿期开始萌芽，幼儿晚期有了比较明显的表现。在大班幼儿的活动中出现了更多有目的、有主题的想象，但这种有意想象的水平还很低，并且受条件的左右。如在游戏状态下，即使四岁左右的幼儿有意想象的水平都较高，而在实验条件下，有意想象的水平就很低。在教育的作用下，有意想象逐渐发展起来，并且逐渐占主导地位。

(二)再造想象为主，创造想象开始发展

幼儿期主要以再造想象为主，创造想象在再造想象的基础上逐渐发展起来。幼儿再造想象的特点是：依赖于成人的语言描述；常常根据外界情境的变化而变化；实际行动是幼儿想象的必要条件。2～3岁是想象发展的最初阶段，这个时期幼儿想象的过程进行缓慢，依赖于成人的语言提示和感知动作的辅助；想象在3～4岁时迅速发展，这时以再造想象为线索，在幼儿的绘画、音乐、游戏等活动中都出现了再造想象的成分；4～5岁幼儿在再造想象过程中，逐渐开始独立地而不是根据成人的语言描述去进行想象，想象的内容已有独立创造的萌芽。5～6岁幼儿的创造想象已经有相当明显的表现，想象内容开始有了较多的新颖性，萌发了非常可喜的创造因素，如幼儿开始想象"取下太阳光给奶奶暖手""在月亮上荡秋千"等。对于幼儿的这种表现，幼儿教师要保护、鼓励，并创造条件促进其进一步发展。

幼儿期是创造想象开始发生的时期，这个时期的创造想象主要有以下特点：

(1)最初的创造想象是无意的自由联想，这种最初级的创造，严格说来，还只是创造想象的萌芽或雏形。

(2)幼儿创造想象的形象与原型只是稍有不同，是一种典型的不完全模仿，如原型的小鱼是不能飞的，幼儿给它添上翅膀，配上脚就能在天上飞，在地上走了。

(3)想象情节逐渐丰富，从原型发散出来的数量和种类增加。

幼儿创造想象的发展大致经历了三个阶段：

第一阶段：3岁左右幼儿想象的创造性还很低，基本上是以重现生活中某些经验的再造想象为主。

第二阶段：4岁左右，随着知识经验的丰富及语言和抽象概括能力的提高，幼儿的想象便有了一些创造性成分，如在看图说话时，加入本来没有的人物、情节，使整个故事更加生动、丰满；能用图形组合出许多别人意想不到的物品，如用一个长椭圆和两个小长三角形组成企鹅，用两个三角形组成蝴蝶等。

第三阶段：5岁时幼儿的想象内容变得丰富，新颖性增加，独立性发展到较高水平，且力求符合客观现实，能更多地运用创造想象进行一些创造性的游戏和活动。

(三)想象脱离现实或与现实混淆

幼儿想象脱离现实的情况，主要表现为想象具有夸张性。幼儿非常喜欢听童话故事，因为童话中有许多夸张的成分：大人国里和天一样高的巨人，小人国里像拇指一样矮的小人，长着长长的鼻子的公主等。这些夸张的人物形象和故事情节简直能把孩子们迷得不得了，不吃饭、不睡觉也要听故事。

儿童自己讲述事情时，也喜欢用夸张的说法。比如，"我家来的大哥哥可有劲儿了！天下第一！""我家买的那个瓜可大了！"如果有人说自己家的比他家的还大，幼儿比划大瓜的手势就会不断扩大，直到两只手臂全张开为止，"还是我家的大！我家的有这么大！"至于这些说法是否符合实际，幼儿是不太关心的。

幼儿想象的夸张性还表现在绘画活动中。画人时，幼儿常常不画人的鼻子、耳朵，只画上一双大眼睛，还有一排大大的扣子或一个大肚脐。画小朋友在草地上玩时，幼儿会把蝴蝶画得有3个小朋友那么大。

幼儿想象的夸张性是其心理发展特点的一种反映。首先，由于幼儿认知水平尚处在感性认识占优势的阶段，所以往往抓不住事物的本质，比如，幼儿的绘画有很大的夸张性，但这种夸张与漫画艺术的夸张有质的不同。漫画的夸张是在抓住事物本质的基础上的夸张，往往具有深刻的意义。幼儿的夸张往往显得可笑，因为没有抓住事物的本质和主要特征。他们在绘画中表现出来的往往是在感知过程中给他们留下深刻印象的事物。如人的一双会动的、富有表情的眼睛；每天穿脱衣服都要触及到的扣子等。其次，幼儿想象的夸张性是情绪对想象过程影响的结果。幼儿的一个显著心理特点是情绪性强。他感兴趣的东西、他希望得到的东西，往往在其意识中占据主要地位。对蝴蝶有兴趣，画面上就会让它占据中心位置；希望自己家的东西比别人家强，就拼命地去夸大，甚至自己有时也信以为真。

幼儿的想象，一方面常常脱离现实，另一方面又常与现实相混淆。小班幼儿把想象当做现实的情况比较多。比如，游戏时过分沉迷于想象情景中，有的幼儿甚至把游戏中的"菜"真的吃了。幼儿教师和家长还经常发现，有时幼儿讲的事情并不是真的。幼儿常常把想象的事情当做真实的。

为什么会出现想象与现实相混淆的情况呢？这是由于幼儿认识水平不高，有时把想象表象和记忆表象混淆了起来。有些幼儿渴望的事情，经反复想象在头脑中留下了深刻的印象，以至于变成似乎是记忆中的事情了。有时候，则是由于知识经验不足，把假想的事情信以为真。

中、大班幼儿想象与现实混淆的情况相对较少。孩子们听到一些事情后，常问："这是真的吗?"有些大班幼儿甚至不喜欢听童话故事，希望老师"讲个真的"，这说明他们已经意识到想象的东西与真实情况是有区别的。

总之，幼儿期是儿童想象非常活跃的时期。应该重视发展幼儿想象，这也是促进他们智力发展的一个重要方面。

三、幼儿想象力的培养

想象力是智力活动的翅膀，是创造的先导。爱因斯坦认为，想象力比知识更重要，因为想象力概括了世界上的一切。想象对幼儿来说具有特殊的意义，幼儿借助想象对类似的事物进行推断，可以认识从未见过又不可能见到的事物，发展创新能力。因此幼儿教师在活动中要充分发展幼儿的想象，并通过一定的游戏及其他方式，培养幼儿想象的有意性和创造性。

(一)丰富幼儿的表象，发展幼儿的语言表现力

表象是想象的材料。表象的数量和质量直接影响着想象的水平。表象越丰富、越准确，想象就越新颖、越深刻、越合理。表象越贫乏，想象就会越狭窄、越肤浅；表象越准确，想象就越合理；表象越错误，想象也就越荒诞。因此，教师在各种活动中应该丰富幼儿的感性知识和经验，有计划地采用一些直观教具、实物等，帮助幼儿积累丰富的表象知识，使他们多获得一些进行想象加工的原材料，为想象提供条件。幼儿想象必须以感性经验为基础，以表象为条件，给幼儿提供更多发表自己想法的机会和环境，从而更好地训练幼儿的语言表达能力。

语言可以表现想象，语言水平直接影响想象的发展。幼儿在表达自己想象内容时，能进一步激发起想象活动，使想象内容更加丰富。因此教师在丰富幼儿表象的同时，要发展幼儿的语言表达能力。如在看图讲述时，可以让幼儿在认真观察的前提下，丰富感性经验，展开自由联想，将所看到的内容用语言表述出来；在科学活动中，让幼儿用丰富、正确、清晰、生动形象的语言来描述事物。还可以让幼儿描述在大自然中看到的事物，通过纸工、泥工、绘画的制作鼓励幼儿大胆地想象和创造，使幼儿的想象力和创造性在这些活动中得到充分发展。发展幼儿语言的途径是多种多样的，只要充分认识，认真思考，不仅能丰富幼儿的表象，而且还能促进幼儿语言、思维及其他心理现象的发展。

(二)在文学艺术等活动中，创造幼儿想象发展的条件

通过故事续编、仿编诗歌、适时停止故事讲述等形式，鼓励幼儿自己大胆想象，并用语言表述自己的想象，让他们在活动中体验创造的自豪和快乐，培养幼儿爱动脑筋的好习惯。创造性的讲述能激发幼儿广泛的联想，使他们在已有的经验的基础上构思、加工、创造出自己满意的内容。如创造性讲述中的构图讲述，幼儿必须首先进行充分的想象，然后构图画画，组成一个完整故事，最后运用自己已有的

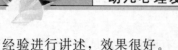

经验进行讲述，效果很好。

幼儿园多种艺术教育活动，也是培养幼儿想象发展的有利条件。如美术活动中的主题画，要求幼儿围绕主题开展想象，而意愿画能活跃幼儿的想象力，使他们无拘无束地构思、创造出各种新形象；音乐、舞蹈是美的，幼儿可以在表演过程中，运用自己的想象去理解艺术形象，然后再创造性地表达出来。这都是发展幼儿想象力的有效途径。

(三)在游戏中鼓励和引导幼儿大胆想象

游戏对儿童的身心健康和智力的发展具有深刻的意义，在玩耍的过程中锻炼想象力、创造力、毅力、思维能力、社交能力和体力等。游戏是幼儿的主要活动，积极组织、开展各种各样的游戏，让幼儿以玩具、各种游戏材料代替真实物品，想象故事情节，促进想象的发展。除此之外，还要引导幼儿自己发明更多新的玩法。在玩法上进行创新，鼓励大胆想象，创编出更多玩法，让幼儿成为游戏真正的主人。幼儿的想象力正是在各种有趣的游戏活动中逐渐发展起来的。游戏的内容越丰富，想象就越活跃。因此老师要积极引导幼儿参与各种游戏。

幼儿进行游戏，总离不开玩具和游戏材料。玩具和游戏材料是引起幼儿想象的物质基础。我们还要鼓励幼儿在玩具材料上进行创新。幼儿在游戏时，可以根据自己的兴趣和需要，随意地将游戏材料加以想象，为此教师尽量给幼儿准备有多种玩法的玩具，为幼儿提供多种可以探索的辅助材料。如滚竹圈游戏中，幼儿不用竹圈滚，而是用小型呼啦圈来滚；用打门球的球当做游戏中的鸡蛋等。这些都充分体现了幼儿的想象能力和创新能力。

游戏的材料除了购买之外，多直接来源于废旧物品，体现了一切来源于自然的原则。有一个五岁的小女孩，特别爱收集家里废弃的瓶瓶罐罐、盒子之类的东西。她把这些东西和玩具放在一起，自己编故事、做游戏。她把各种废物想象成各种宝贝编进故事中或用来做游戏。这不仅培养幼儿自己动手、主动探索的实践创新能力，同时也说明幼儿玩具并非一定要精致、漂亮、昂贵，只要安全、卫生即可。为幼儿选择玩具和游戏材料时，关键要看它能否满足幼儿想象力的发展，而不在其价格。只要教师做个有心人，就能发现你身边的许多废旧物品都是宝贝：奶粉罐做个小鼓挺不错；酒瓶盖串成串铃摇起来很好听；大纸箱子打开底和盖，让幼儿钻进钻出不亦乐乎……同时还可以鼓励幼儿有选择地收集物品，自制玩具，不但变废为宝，经济实惠，而且给孩子带来更多的乐趣。开动脑筋，瓶瓶罐罐、纸盒纸杯都可以变成孩子们喜爱的玩具。教师还要与家长、社区合作，协同为幼儿准备更多更好的游戏材料。

(四)在活动中进行适当的训练，提高幼儿的想象力

积极组织、开展各种创造性的活动(如语言、美工、音乐活动等)，为幼儿创造充分想象创造的空间，提供形式多样的表现想象力、创造力的机会，创设发展幼儿想象的必要条件。有目的、有计划的训练，是提高幼儿想象力的重要措施。除通过

讲故事、绘画、听音乐等活动培养幼儿想象力外，还可以采用其他一些形式，如填补成画，即向幼儿提供一张画有许多半圆形、圆形或者其他图形的纸，每人一张，请他们画各种各样的物体图形；再如，让幼儿听几组录音，想象这几组声音是说明发生了什么事情；给幼儿几幅秩序颠倒的图画，要求幼儿重新排列，并叙说整个事情的经过等。经常进行这样的训练，可以使幼儿想象的内容广泛而新颖。

在进行活动时，必须从幼儿原有的水平出发，逐步提高要求，促进想象的发展。例如，对小班幼儿要多提供具体的玩具实物等，以引起他们的想象；对中、大班幼儿，教师可多用词语描述等启发他们的想象，并创造机会鼓励儿童把自己的想象编成故事，用语言表述出来，从而促进想象逐步地向前发展。

(五)抓住日常生活中的教育契机，引导幼儿进行想象

日常生活中想象的培养，是教育活动形式的必要补充和延伸。实际上，给孩子更多自由选择的想象空间，对拓展他们的想象力很有帮助，而这些就在我们生活的点滴之间。因此，应该利用一切机会为幼儿创设想象的有利环境，充分利用幼儿在园中的一切生活环节，全方位、多角度地为幼儿提供丰富而宽松的空间，鼓励幼儿大胆想象，从而使幼儿得到更好的发展。

另外，指导家长在日常生活中创设好想象的环境。如跟幼儿一起玩具有丰富想象力的小游戏；多带幼儿接触外面的世界，见多识广，为想象积累丰富的素材；让幼儿设计布置自己的房间；多和幼儿一起从多个角度探讨问题，多向幼儿提开放式问题；开发想象力的同时，训练幼儿的语言能力；给幼儿提供更多发表自己想法的机会和环境；尽量给幼儿买有多种玩法的玩具，并鼓励幼儿自己发明更多新的玩法等。

值得注意的是，当幼儿向幼儿教师讲述他的想法时，无论听起来多么离奇可笑，甚至荒谬，也不要笑话他。要认真倾听，给予肯定，然后用平等的姿态说出想法，不求说服幼儿，重在引发他进一步的思考和探索。如果幼儿教师都能有保护幼儿想象力的意识，积极为幼儿营造自由想象的空间，那么就一定能培养出极具创新意识的新一代。

 **单元小结**

记忆是人脑对过去经验的反映，包含识记、保持、再认和再现几个过程。想象是人脑对已有表象进行加工改造形成新形象的心理过程，包含无意想象和有意想象两大类，其中有意想象又包含再造想象和创造想象等。

幼儿的记忆和想象都表现出较明显的年龄特征。随着幼儿大脑发育的成熟和言语的进一步完善，他们的记忆和想象水平都随着年龄的增长而逐渐提高发展，表现为以无意性占主导地位，有意性逐步发展。幼儿的记忆还表现为形象记忆、机械记忆占优势，语词记忆、意义记忆逐渐发展，自传式记忆突出和记忆策略逐步形成。幼儿的想象还表现在以再造想象为主，创造想象开始发展；想象脱离现实或与现实混淆。幼儿教师应该充分认识到这些特点，并在教育教学活动和日常生活中采取正

幼儿心理发展概论

确的方法提高幼儿的记忆和想象水平。

思考与练习

1. 请结合自己的经验说明记忆的环节及各环节之间的关系。
2. 举例说明想象仍然是对客观现实的反映。
3. 幼儿记忆发展特点有哪些？幼儿教师如何针对这些特点组织教育教学活动？
4. 记忆策略对幼儿心理发展有何帮助？
5. 幼儿想象的发展特点有哪些？如何提高幼儿的想象力？
6. 试着设计一个提高幼儿记忆力或想象力的游戏活动。
7. 试着用不同方法教幼儿儿歌，谈论分析哪种方法幼儿的记忆效果最好。
8. 观察记录各年龄班幼儿的画画过程，分析幼儿想象的发展特点。

案例分析

阅读下面材料，分析案例中幼儿出现这种情况的原因，并指出成人应如何对待这种现象。

王园长今天早上接到中三班嘉峰妈妈的投诉：嘉峰说，昨天中三班的程老师一天不让嘉峰参加游戏活动，嘉峰妈妈对程老师的做法非常不满。王园长就此事询问程老师，原来昨天上午早餐后的区角游戏时嘉峰有些调皮，总是去破坏别人的游戏，程老师就让嘉峰在旁边站了一会儿，并说他如果再这样捣乱就一天不让他玩游戏。事实上只是让他站了不到十分钟就让他玩去了。可嘉峰回家后对妈妈说谎了，说程老师一天不让他玩游戏。

问题解析：

嘉峰的"说谎"其实不是道德层面上的。出现这种情况有以下几个原因。

1. 幼儿对时间的把握还不太正确。嘉峰不太清楚"一天"是多久，把不到十分钟的时间理解为一天。

2. 幼儿的记忆存在正确性差的特点。嘉峰这个年龄的幼儿特别容易受暗示，往往用自己虚构的内容来补充记忆中残缺的部分，把主观臆想的事情当做自己经历过的事情来回忆。

3. 幼儿的想象往往与现实混淆。嘉峰把没有发生的事当做发生的事了，造成了家长的误会。幼儿教师在教学中要注意教育方法，不要用威胁、恐吓等语言，如果幼儿把这些威胁、恐吓当作了事实告诉家长，而家长又不加分析或调查，过分轻信幼儿，就会使家长产生误会，对幼儿园及幼儿教师造成不良影响。

4. 教师和家长应充分了解幼儿的这些特点，正确对待幼儿的"说谎"，帮助他们分清什么是假想的，什么是真实的，从而促进幼儿记忆和想象的发展。

⇒幼儿教师资格考试模拟练习

一、单项选择题

1. 下列描述幼儿记忆特点不正确的是(　　)。

A. 幼儿以无意记忆为主　　　　　　　　B. 幼儿记忆以机械记忆为主

C. 幼儿以词语记忆占优势　　　　　　　D. 幼儿以形象记忆为主

2. 艾宾浩斯遗忘曲线告诉我们遗忘的规律是(　　)。

A. 遗忘的速度是匀速的

B. 遗忘的进程是不均衡的，先快后慢

C. 遗忘的进程是不均衡的，先慢后快

D. 遗忘无规律可循

3. 下列对幼儿想象特点的描述正确的是(　　)。

A. 幼儿以无意想象为主

B. 幼儿想象的创造性优于成人

C. 幼儿的想象一般不会与现实混淆

D. 幼儿有意想象的发展非常完善

4. 梦是(　　)的特殊形式。

A. 有意想象　　　　B. 无意记忆　　　　C. 创造想象　　　　D. 无意想象

二、案例分析题

阅读下面材料，分析案例中两位妈妈不同的教育方法产生不同效果的原因。

帅帅是个聪明伶俐的小男孩，因为是男孩，妈妈想应该多培养孩子的语言能力。妈妈教帅帅背《锄禾》，妈妈念一句帅帅学一句，不一会儿帅帅就背得非常流利了。到了周末去看望爷爷奶奶时，妈妈让帅帅把诗歌《锄禾》背给爷爷奶奶听，但帅帅半天也背不出来一个字，妈妈觉得很奇怪，责怪帅帅说："在家里不是背得挺好吗？怎么现在背不出来呢？"帅帅一脸无辜地看着妈妈，觉得很委屈。帅帅为什么背诵不出来呢？

轩轩有时也会跟妈妈学古诗，妈妈在教轩轩时，总是一边念一边做动作，轩轩也是一边学一边像妈妈一样做动作。这些符合诗意的动作总是很吸引轩轩，轩轩背得很快，而且从来不忘。

第六单元
幼儿思维和言语的发展

学习目标

1. 理解思维和言语的含义和种类；
2. 掌握幼儿思维和言语发展的一般规律；
3. 初步具备促进幼儿思维和言语发展的教育能力。

单元导言

　　幼儿对自己未知的世界总是充满好奇心，总喜欢对所见所闻问"这是什么？""为什么？"等并努力去寻找问题的答案。幼儿思考解决问题的能力在不断地变化。当你问幼儿："你有玩具吗？"年龄较小的幼儿可能无法理解，4 岁的幼儿则会把自己所有的玩具都搬到你面前，一边搬玩具一边说："这是我的玩具。"而 6 岁的幼儿会向你列举自己特别喜欢的玩具名称或一些玩具的类别。幼儿这种变化源于他们的思维和言语能力获得了快速的发展。通过本单元的学习，你将对幼儿的思维世界和他们言语发展的特点有更系统和深入的了解。

第一课　　幼儿思维的发展

　　感知觉开启了幼儿认识事物的第一扇门，幼儿在看、听、摸、尝中对自己周围的世界有了最初的认识，对自己的生活经历有了记忆。但幼儿并未满足于对周围生活观察的粗浅认识，在强烈好奇心的推动下，他们还想进一步了解所观察到的事物的来龙去脉。而思维是人类认知的高级形式，借助思维可以帮助幼儿拓展视野、认识他们尚未亲历的世界。

一、思维的概述

(一)什么是思维

1.思维的概念

思维是人脑对客观事物间接的、概括的反映，是借助语言和言语解释事物本质特征和内部规律的认知活动。思维的产生、发展意味着儿童的认识过程完全形成，其认识水平有了质的飞跃，同时思维发展的影响还会渗透到其情感、社会性及个性发展的各个方面。

思维主要表现在人们解决问题的过程中。人通过自己的思维活动，能创造出各种各样的工具，使自己的体力、视力、听力甚至奔跑、飞翔能力等得到扩展，使人认识世界、改造世界的能力超出了地球上的其他动物，人类因此被称为"万物之灵"。3岁的幼儿已经会运用思维解决他们遇到的问题了，无论是在游戏活动中对玩具的使用还是在学习活动中对数学符号的操作，幼儿都逐步地运用思维解决遇到的问题。

2.思维的基本特征

(1)思维的间接性。思维的间接性是指人们能借助已有的知识经验或其他媒介来认识客观事物。医生给病人量体温、号脉推断病人的病情和病因，汽车修理工通过听汽车发出的声音来推断汽车出故障的部位，科学家借助相关数据分析描述火星表面的物质与状态，这些都是思维间接性的表现。

思维具有间接性，这使人类摆脱了时间和空间的限制，使人类认识那些不能够直接观察到的事物成为可能，并能够揭示远古时期历史的秘密或者预见未来。比如，月亮和地球的运动规律，人们是看不见、摸不着的，而早在一千多年前南北朝时期的科学家祖冲之却能在简陋的研究条件下，在长期观察记录的基础上，借助思维间接但非常准确地预测出月食发生的时间。

(2)思维的概括性。思维的概括性是指人们能在大量感性材料的基础上，把同一类事物的共同特征和规律抽取出来，形成本质的、一般的规律和特征。例如，许多事物是以数量来表示其存在的形式的，如1只小猫、1颗糖、1个人、1场球赛等，虽然这些事物的形态不同，但它们都有一个共同的数量特征"1"，这属于对事物量的属性方面的概括。

人类对事物的概括性的认识，可以帮助人们在认识事物时摆脱对具体事物的直接依赖，从而扩大人们的认识范围，加深人们对事物各种属性的认识。一般来说，一些科学概念、各种定义、定理以及规律、法则等都是通过思维概括出来的结论。

（二）思维的分类

1. 根据思维凭借物的不同来划分

根据思维凭借物的不同，思维可分为动作思维、形象思维、抽象思维。

（1）动作思维。动作思维是指通过实际操作解决问题的思维活动。人在凭借动作进行思维时，既依赖他对事物的直接感知，又依赖于其自身的行动。动作思维在生活中很常见，例如，家里的灯不亮了，通常我们解决问题的办法是试着动手更换灯泡或者开关。动作思维是幼儿最初的思维形式，幼儿以动作思维形式思考问题时，离不开对当前具体情境的感知觉，当他探索解决问题的动作停止时，他思考问题的过程也就结束了。例如，生活中常常可以看到1.5岁的乳儿第一次看到一个会动的电动娃娃，他首先会好奇地看一会儿，然后就抓过来用力摇晃，再接下来用手指抠娃娃会转动的眼珠子。如果娃娃还会发出声音，孩子会用力摔打或者努力撕扯娃娃的身子，想弄清楚声音从哪里来。如果这个探索过程一开始就被父母制止，乳儿的动作被阻止，他运用动作思考问题的心理活动也就结束了。

（2）形象思维。形象思维是指运用事物的具体形象、表象以及对表象的联想来解决问题的思维活动。幼儿阶段主要的思维形式就是形象思维。幼儿思考问题常常借助他们在生活和学习中积累的关于具体事物的记忆表象或想象表象。例如，小班的小朋友刚入园时，老师对他们说："请小朋友把喝水杯放好。"有一些小班幼儿无法理解这个指令，老师再次说："请小朋友把喝水杯放在柜子里"。原来不理解的几个孩子听明白了，但还有一个叫可可的孩子不理解，老师接着对他说："可可，请你把喝水杯放在柜子里。"这次可可理解了老师对他的要求，顺利地完成了任务。在老师的指令中，"小朋友"是一个泛指概念，并不特指某个孩子，"放好"这个动作要求也是一个泛化的指令，这两个泛化概念缺乏具体指向的对象，幼儿找不到对应的记忆表象，因此出现了概念理解的障碍。当教师把要求转变为具体对象——"可可"和具体的指令——"放在柜子里"时，幼儿借助记忆表象理解了教师提出的要求。

（3）抽象思维。抽象思维是指运用抽象的符号或者符号的逻辑关系来解决问题的思维活动。它是人类思维的核心形态，是人与动物思维水平的根本差异之处。人们在思考问题时通常都会借助语词、符号来进行推理和判断。大班的幼儿开始学会根据已有经验概括一些事物的共同属性。例如，小班幼儿在回答"什么是猫"的问题时，只会指着一只猫说这是猫，大班幼儿则会回答"会抓老鼠的是猫""爱吃鱼的是猫""猫是动物""猫是我们人类的好朋友"等。从幼儿的回答中可以发现，大班幼儿已经学会对事物的一些共同特征进行概括，并用特定符号来代表其特征。

2. 根据思维探索方向的不同来划分

根据思维探索方向的不同，思维可分为发散思维和集中思维。

（1）发散思维。发散思维是指沿着不同方向探索多种不同解决问题方案的思维方式。发散思维有助于人们开阔思路，得出各种解决问题的办法，虽然有时想出来的方法不一定实用，但有些非同寻常的想法可能会成为创造性解决问题的基础。如奥斯本（Alex Osborn）提倡的头脑风暴法就是借助发散思维解决问题的一种具体表现。

头脑风暴法是按照打破常规、出奇制胜的原则，致力于找到数量众多的解决问题的方法的一种思维形式，它能为问题的解决提出多种可能的路径。例如，美国通用电气公司在头脑风暴法的启发下找到了解决棘手问题的巧妙方法：一次美国北部下暴风雪，压断了高压干线，造成重大损失。为此，美国通用电气公司召开工程智慧讨论会，以期用头脑风暴法迅速找到最佳解决方案。围绕中心议题，公司鼓励专家们畅所欲言。有人提议用加温装置消融积雪。主持人继续鼓励大家开动脑筋提出各自的绝招。又有人幽默地提出："最简单的莫过于用大扫帚沿线清扫一回。"有人马上接过话题："那得把上帝雇来啦。"这些怪念头和俏皮话，却启发了一位讨论参与者的思想火花："啊哈！上帝拖着扫帚来回跑，真妙！我们开一架直升机不就行了吗？"是的，飞机的速度和风力足以迅速地吹掉高压线上的积雪。最后通用电气公司采纳了这一方案，实践证明它不仅行之有效，而且是最省钱的办法。

（2）集中思维。集中思维是指把问题所提供的所有信息集中起来从中选择一个最佳解决方案的思维方式。它是对发散思维提出的多种可能性进行比较后选择某一种最佳、最适合的方法来解决问题的思维形式。

3. 根据解决问题使用方法的独创性来划分

根据解决问题所使用方法的独创性，思维可分为常规思维和创造性思维。

（1）常规思维。常规思维是指运用已知的、现成方法解决问题的思维。例如，我们学习先辈们积累下的丰富经验，在我们遇到相同或类似的问题时，有现成解决问题的方法，节省了问题解决的时间，提高了工作的效率。心理学家卢钦斯（A. S. Luchins）曾经用水罐问题实验揭示了人们在解决某一问题时，如果用某一种方法成功解决了一系列类似问题，往往就会形成一种习惯定势，这种定势有时有助于提高人们解决问题的速度，但有时也会成为解决问题的障碍。思维定势是已有经验对判断或解决当前问题所造成的内在准备倾向。定势具有两重性，既可易化问题的解决，缩短判断、决定的时间，也可形成适应新情境的障碍。不问情由、不分析具体条件地按经验办事。当解决问题的人具有某种定势支配倾向时，那么他就会固守于某种通常可以解决许多问题、但恰恰是不能解决当前问题的方法或策略。

资料卡

卢钦斯设计的水罐问题实验

给被试呈现一份量水问题的题单，要求其用所给的水罐 A、B、C 量出水量，并记录解决问题的思维过程。

问题序数	水罐容量(毫升)			取水量	解决问题的思维过程	
	A	B	C	D(毫升)	常规思维	简便方法
1	21	127	3	100	D＝B－A－2C	
2	14	163	25	99	D＝B－A－2C	
3	18	43	10	5	D＝B－A－2C	
4	9	42	6	21	D＝B－A－2C	
5	20	59	4	31	D＝B－A－2C	
6	23	49	3	20	D＝B－A－2C	D＝A－C
7	15	39	3	18	D＝B－A－2C	D＝A＋C
8	25	53	3	22	D＝B－A－2C	D＝A－C
9	18	48	4	22	D＝B－A－2C	D＝A＋C

分析：在1～5题中，其解题的思路是B－A－2C。形成定势后，观察受试者是否对6～9也使用同样的思路。实际上，6～9题有更简便的方法：A＋C或A－C。观察发现，尽管受试者都是大学生，但他们在以B－A－2C的公式解决了前五道题之后，到第六题时，几乎全部仍按B－A－2C公式解决A－C即可解决的问题。而对第七题，竟有2/3受试者因无法套用原先的公式而放弃解决。

(2)创造性思维。创造性思维是指运用了与已知的完全不同的方法来解决问题的思维。无论是作家创作的新作品、科学家的新发明，还是幼儿园小朋友用积木搭建不同的建筑物、自己创编或改编故事，都需要运用创造性思维。创造性思维是人类思维的高级形态，是智力的高级表现。一个人在生活、学习和工作中，遇事不盲从、独立思考，多问几个为什么，敢于提出与众不同的看法，养成独立思考的习惯，个人的创造性思维就会获得不断发展。

二、幼儿思维的发展

(一)幼儿思维发展的趋势

1. 思维逐步摆脱客观事物和行动的制约

2～3岁幼儿的思维具有直观行动性，突出表现在幼儿的思维过程离不开思维的对象，离不开对实物(思维对象)的实际操作，且他们不能预见操作的结果。幼儿的直接行动思维是一种"尝试错误"式的智慧动作，具有外显性。对于该年龄段幼儿的教育，皮亚杰曾明确指出："若剥夺孩子的动作就会影响孩子思维的进程，思维的积极性就会降低。"随着幼儿记忆能力的增强，生活经验不断丰富，3岁以后幼儿的思维有了一个跨越性的发展。

4～5岁幼儿的思维具有具体形象性，突出表现在幼儿的思维逐步摆脱了对同步"尝试错误"操作的依赖性，而依靠对具体事物的表象以及对具体事物的联想来进行思维。通常，幼儿会借助他们所感知过的和经历过的事物的心理映象来思考问题，因此他们解决与其生活经验相类似的情境的问题时较容易，但是对于与他们生活经验没有任何相关的问题情境，他们不仅解决起来非常困难而且缺乏探索问题的兴趣。因此，幼儿教育过程中特别强调要引导幼儿探索生活周围的环境，从幼儿的兴趣出发，从幼儿实际生活中挖掘有价值的教育内容。在幼儿园教育的影响下，5岁以后的幼儿思维又有了新的变化。

5～6岁幼儿的具体形象思维不断完善，开始出现了抽象逻辑思维的萌芽。抽象逻辑思维是在具体形象思维的基础上发展起来的，只有在积累了各种感性经验与表象的基础上，才能抽象概括出表象的本质属性。在幼儿晚期，幼儿经验越来越丰富，而且语言的表达和理解能力有了很大的发展，语言的掌握和运用推动幼儿思维进一步发生质的变化，出现了抽象逻辑思维萌芽。

幼儿思维的发展进程是不可逆的，其思维发展水平会越来越高。如幼儿思维内容的发展，由原来的反映事物表面化、片面化且零散无系统，逐步发展到客观化、深刻化地反映事物，进一步接近事物的本质特征。但就发展的结果来说，又不是相排斥的。当幼儿思维发展到高一级水平后，一开始的发展成果并没有消失，而是整合在新的发展水平中。因此即便是抽象思维发展相对成熟的成年人，遇到陌生的物件时，也要通过实际操作来尝试了解它，运用动作思维来解决问题。

根据幼儿思维逐步摆脱客观事物和行动制约的发展趋势，教师在组织活动时，对小班幼儿要确保活动中有直接感知的可操作性材料，以支持他们思维活动的开展。对中班幼儿，要唤起他们对有关生活经验的回忆，引导他们利用表象来思考解决问题，帮助他们逐步摆脱对可直接感知材料的依赖性。对大班幼儿，教师要引导幼儿学习用语言和符号来交流和检查自己解决问题的过程，从而有效帮助幼儿逐步摆脱思维过程中表象形象性的制约。

2. 思维逐步摆脱自我中心性

瑞士心理学家皮亚杰认为，年幼儿童和成人的思维之间存在着质的差别，幼儿不能区别自己和别人的观点，不知道除了自己的观点以外，还存在着别人的观点；他只能从自己的观点看事物，以为事物就是他看到的样子，不可能再有其他的看法。为此，他提出了"自我中心"的观点。幼儿的思维无论是直观行动思维还是具体形象思维，都是以自己的直接经验为基础的思维，因此他们的思维都带有自我中心性。思维具有自我中心性的幼儿在思考和解决问题时，习惯于从自己的立场和观点出发，而不太容易从客观事物本身内在的规律或者他人的角度去思考和理解问题。具体表现为幼儿思维的不可逆性、绝对性、泛灵论。

皮亚杰设计了著名的"三山实验"来揭示幼儿思维的自我中心特点。在实验中，把大小不同的三座山摆放在桌子中央，四周各放一张椅子；先请儿童围绕三座山的模型散步，使儿童可以从不同角度观察这三个模型的形状；散步完以后，让儿童坐在其中的一张椅子上，洋娃娃依次放在桌边其他椅子上；这时提问儿童，"娃娃看到了什么？"然后向儿童出示从不同的角度拍摄的"三座山"的照片，让儿童挑出娃娃所看到的那张照片（如图6-1）。

 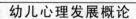

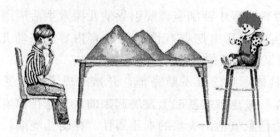

图 6-1 三山实验

实验结果显示，不到 4 岁的幼儿根本不懂得问题的意思。4～6 岁的幼儿不能区分他们自己和娃娃看到的景色，相当一部分幼儿挑出的往往是与在自己的角度所见的景象完全相同的照片。8～9 岁的儿童能够理解自己与娃娃的观测点之间的某些联系，能准确挑出娃娃观察点看到的景色的照片。

对于幼儿思维摆脱自我中心的发展过程，皮亚杰进行了详细的论述。他认为婴儿自我中心表现为开始是物我不分，生活在没有客体的宇宙里，没有自我意识。随后，与外界产生了分化，才能分清我和非我的物质世界。而幼儿期的自我中心表现为不能区别自己与别人的观点，分不清主观和客观。在对世界的看法上，幼儿习惯将自己的特性投射到外物上，认为风、河、云、太阳都有生命（泛灵论）；总是把自己的感觉、看法或观点看成是绝对的，无法与他人的观点相协调（绝对性）。7～12 岁时，儿童摆脱自我中心的能力进一步得到发展，他们开始认识到别人的观点，能将自己的看法和别人的看法调和起来，但看问题不完全客观化。事实上，有些成人的思维方式仍是自我中心的。儿童 12 岁以后，又出现了第三种自我中心表现的形式。儿童把注意力集中在自我理想的追求上，常常忽视自身能力和客观条件的限制，要摆脱第三种形式的自我中心，需要经过较长时间的社会实践，儿童才能认识客观现实和社会对他的要求，变得较为现实。

(二)幼儿思维过程的发展

思维的基本过程包括分析与综合、比较与分类、抽象与概括、具体化和系统化。由于幼儿思维水平主要还处在具体形象思维阶段，幼儿思维过程的发展突出表现在分析与综合、比较与分类能力的发展。

1. 幼儿分析与综合能力的发展

分析是在头脑中把事物分解为若干属性、方面、要素、组成部分、发展阶段，而分别加以思考的过程。综合是在头脑中把事物的组成部分、属性、方面、要素和发展的阶段等按照一定关系组合成为一个整体进行思考的过程。

幼儿在分析与综合活动中，还不能把握事物复杂的组成部分。对 3～6 岁幼儿来说，要求分析的环节越少，相应的概括完成就越好。研究人员曾经做过一个幼儿分析与综合能力的研究，向 3～6 岁幼儿提出下列任务：利用"工具"从器皿中取出带有金属圈的糖果。器皿旁放着形状、颜色各异的工具，其中只有带小钩的工具才能取出糖果，任务是选择适当的工具。

第一组：形状、颜色各不相同，需要从两个维度分析。

第二组：颜色相同、形状不同，只分析一个维度。

第三组：颜色、形状都不同，但颜色鲜明的是合适的工具，颜色和有钩的形状之间存在固定联系，是最简单的分析。

实验结果表明第一组幼儿完成任务所用的时间和尝试的次数最多。

2. 幼儿比较与分类能力的发展

比较是在头脑中确定事物之间的共同点和差异点的过程。分类是根据某一特征将物体组织起来，便于人们整体识别或记忆这些物体的思维过程。

例如，向幼儿展示游戏机、变形金刚、电脑、电动玩具车，要求幼儿完成"给它们一个共同的名字"和"找不同"两项任务。当幼儿进行第一个任务时，会根据它们都是可以玩的特征，把它们归为"玩具"或"可以玩的东西"。但幼儿在进行第二个任务时，可能会把电脑挑选出来，而把其他的物品都归为一类，这样归类可能是因为电脑总是由爸爸妈妈控制，平时不随便给他们玩，是属于爸爸妈妈的，而其他的东西他们可以支配，是属于他们的玩具。幼儿完成这两项任务，都需要经历思维的比较和分类过程。

幼儿分类能力的发展经历了随机分类、知觉分类、功能分类、概念分类四个阶段。幼儿分类能力的发展为其理解概念的内涵奠定了基础。心理学家维果茨基曾用一些大小、颜色、形状不同的几何体做实验，要求幼儿将几何体进行分组。研究发现低龄幼儿在分组时不断改变分类的标准，一会儿以形状，一会儿又以颜色或大小作为分组标准，证明年龄小的幼儿分类具有随机性的特点，他们有时也会根据对物体的知觉特征进行分类。年龄稍大的幼儿逐步倾向于根据物体的功能或主题关系进行分类，如幼儿倾向于把牛、青草和牛奶分为一类，因为牛吃草能产牛奶。直到幼儿后期，幼儿才开始根据事物之间相对较为严密的逻辑关系进行概念分类。

(三)幼儿思维形式的发展

概念、判断、推理是思维的基本形式。判断是由概念组成的，推理是由判断组成的，概念是思维的细胞，是思维进行的基础。

1. 幼儿对概念的初步掌握

人们在认知事物时，把感知属于一类的事物抽取其共同本质特征加以概括，成为概念。每个概念都有内涵和外延。概念的内涵是指概念所包含事物的本质特征。概念的外延是指具有这一概念本质特征的所有事物。表征能力的发展是幼儿理解概念的基础。表征是指信息或知识在心理活动中的表现和记载方式，是应用语词、艺术形式或其他物体作为某一物体的代替物。例如，2~4岁的幼儿，会用"甜甜"来表示所有他见过的糖果和小点心，用"可乐"表示所有他见过的饮料。基于幼儿表征与分类能力的发展，幼儿的概念掌握经历了两个阶段。

第一阶段，幼儿最初掌握的大多都是一些具体的实物概念，尤其是低龄幼儿通常从理解生活中可接触的具体概念逐步过渡到理解抽象概念。例如幼儿的妈妈告诉他："不要吃零食，吃多了就吃不下饭了。"他会回答说："我不吃零食，我要吃糖葫芦。"这是因为幼儿总是先认识"糖葫芦""饼干""冰激凌"这些生活中的具体概念，再逐步理解概括性相对较强的抽象概念——"零食"。

第二阶段，随着幼儿语言能力的提高，掌握的词汇量增大，幼儿可以借助一些熟悉的抽象概念来理解新的具体概念。例如，老师向幼儿介绍鲨鱼时，告诉幼儿鲨鱼是生活在海洋里庞大凶猛的鱼。幼儿可以借助他们对"鱼"的基本属性的认识，如生活在水中、会游泳、有鱼鳍和鱼尾等来理解"鲨鱼"的概念。

此外，幼儿的数概念也获得了发展。幼儿数概念的发展经历了从口头数数阶段到给物数数阶段，再到按数取物阶段，最后达到数概念的掌握阶段。幼儿不仅能理解数的实际意义、数的顺序，而且还能理解数的组成。但总的来说，幼儿期的思维以具体形象思维为主，他们对数概念的理解很容易受到对事物直接感知的干扰。例如，幼儿在对数的守恒概念理解时（如图 6-2），问他们："它们一样多吗？"无法摆脱直觉对思维的干扰的幼儿会认为它们是不一样多的。

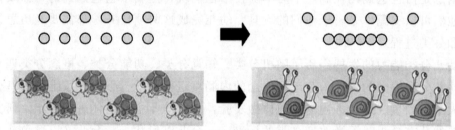

图 6-2　数量守恒

为此，幼儿教师常常会利用一些变化的图示来帮助幼儿从多个角度感知事物，帮助幼儿通过分析和综合，发现事物的本质属性。

2. 幼儿判断能力的发展

判断是肯定或否定某事物具有某种属性的一种思维形式。任何判断都是人们对事物的一种认识，都是对事物之间关系的反映。幼儿的判断能力是在概念掌握的基础上发展起来的，判断实质就是肯定与否定概念之间的联系。幼儿判断能力的发展，主要表现在以下两个方面。

第一，从判断形式看，开始时幼儿是以直接判断为主，再逐步向间接判断发展的。比如，3 岁幼儿会指着一个来找刘老师的小学生告诉同伴说："这是刘老师的小哥哥。"可见他是根据自己对小男孩特征的感知来做出判断，而能根据人际关系来做间接判断的幼儿会说："这是刘老师的儿子。"

第二，从判断的客观性看，开始时幼儿主要根据对事物直觉观察到的表面联系来做主观判断，然后逐步向学会综合事物的多种属性、抓住事物的内在联系来做出客观的判断。例如，问幼儿："为什么人没有四条腿？"年龄小的幼儿会回答"因为人不是小狗""人长四条腿不知道怎么走路""人有四条腿看起来会很怪"；而年龄大的幼儿会回答"因为我爸爸妈妈都只是长着两条腿""站起来走的动物都是用两条腿走的""人原来有四条腿，后来有两只变成了手"。总的来说，受知识经验和能力发展的限制，幼儿还是无法综合考虑事物多种属性并根据事物的内在联系作出合理的判断，因此他们的判断很容易被自己或者他人推翻，变动性很强。但随着各方面的发展，他们做判断的依据会越来越全面，判断也会越来越接近客观，判断的确定性逐步增强，不易被推翻。

3. 幼儿推理能力的发展

推理是根据已知判断推出新判断的一种思维形式。每一个推理都由前提和结论两部分组成，已知的判断是推理的前提，新的判断是推理的结论。

通常人们认为幼儿早期进行的判断都是一些直觉判断，推理能力的发展较晚。皮亚杰认为儿童的类比能力直到青春期才能发展起来。但有研究表明，一岁左右的幼儿也能进行类比推理(Chen，Sanchez & Campbell，1997)。在一个两岁多幼儿的类比推理实验研究中，研究者给幼儿提供一个玩具，玩具上有很多不同颜色的门，同时配有不同颜色的钥匙。钥匙与门的颜色是匹配的，只有同色的钥匙才能打开同色的门。当幼儿学会用红钥匙开红颜色的门，黄钥匙开黄颜色的门后，研究者特意额外增加了一把白色的钥匙。研究者发现幼儿拿到白色的钥匙后，就已经懂得直接寻找白色的门。说明幼儿已经有了初步的类比推理能力。查子秀等人(1984)的实验研究也验证了幼儿最早发展的推理能力是类比推理。他们用几何图形、实物图片、数概括三种形式要幼儿通过选择进行类比推理(如水果/苹果，文具/?)。

整个幼儿期，幼儿推理能力的发展受到判断能力发展的限制，发展水平都不高。幼儿思维的具体形象性特点决定了幼儿在做出判断推理时，常常根据自己的生活经验，把直接观察到的事物的外在或表面属性作为推理的依据，因此幼儿对事物的判断、推理往往是不合逻辑的。例如，让小班幼儿比较三个气球的大小，然后询问幼儿为什么认为这个气球比另外两个气球大，幼儿回答："因为它是红的，红的最漂亮。"

为了促进幼儿判断和推理能力的发展，教师要加强幼儿对概念的理解，在此基础上组织幼儿讨论推理过程，再利用举例法帮助他们分析已作出的判断是否接近现实，从而培养幼儿初步反思自己思考问题过程的习惯，提高幼儿的思维水平。

三、促进幼儿思维发展的策略

(一)创造条件满足幼儿观察的学习需求，丰富幼儿的感性经验

1. 引导幼儿观察生活，运用语言总结生活经验

幼儿生活经验的贫乏在很大程度上限制了幼儿思维的发展。依据幼儿思维具体形象性的特点，他们对事物的理解必须借助对具体事物的感知。因此，成人要创设条件让幼儿多观察，丰富幼儿的感性经验，同时还要用语言指导幼儿积累观察的经验。比如，在指导幼儿观察时要介绍观察物的名称，尽量让幼儿感知这个词所代表的事物或事物的属性。在秋天户外散步时，会看到有树叶从树上飘落下来，就可以

随机介绍"飘落"一词，让幼儿通过观察树叶在空中的状态感受到"飘"的"轻轻"的特点以及树叶着地的结果"落"。同时也可以让孩子们用动作(身体)表现树叶"飘落"，进一步强化孩子对这个词汇的理解。

2. 利用有趣的图文故事，加强语言与表象的联系

年龄低的幼儿总喜欢重复听一个故事或笑话。这是由于他们对抽象的语言符号的理解能力不强，第一次听笑话并不能在头脑中产生相应的笑话情境表象，因此第一次听时他们并不觉得好笑。为此，他们让家长或老师重复讲他们听过的笑话，随着听的次数增多，他们在头脑中的笑话情境越来越丰富，他们越听越觉得有趣，甚至说笑话的人还没有讲到好笑的部分，他们已经在头脑中利用表象完成了笑话情境的表征，然后开怀大笑，真正享受听故事的乐趣。因此，小班幼儿教师给幼儿讲故事必须与家长紧密配合，创造条件让幼儿有机会多听、重复听故事，借助阅读活动的开展，促进幼儿具体形象思维的发展，做好向抽象逻辑思维过渡的准备。

(二)保持宽松民主的学习氛围，培养幼儿勤于思考、独立思考的好习惯

1. 拓展幼儿的视野，创造幼儿提问的条件

整个世界对幼儿来说，还存在许许多多他们尚未了解的事物，幼儿对这个陌生的世界充满了好奇心。教师和家长要创造条件让幼儿有机会从观察周围生活开始，逐步认识到更广阔的世界，保持幼儿对周围世界的新鲜感、好奇感。要善于抓住幼儿的好奇心，引导幼儿从生活中发现奇异点，提出问题。教师和家长要以宽容的态度对待幼儿的不停提问，耐心倾听幼儿提出的问题，无论是否能解答都要重视幼儿的提问，让幼儿感受到这个问题是值得思考的，切忌因为幼儿所提出的问题过于简单而流露出轻视的表情，这会打击幼儿探索的积极性。

2. 分析幼儿各种提问的教育意义，提高幼儿提出问题和解决问题的能力

幼儿因为对周围生活中的事物充满好奇而提出许多问题，其中有些问题是很粗浅的，通过观察就可以解决。教师和家长要认真思考幼儿的提问对幼儿教育的意义。教师和家长应对幼儿提出的问题进行归类，如果是幼儿生活中常见的粗浅问题，要鼓励幼儿通过仔细观察自己探索问题的答案，避免幼儿养成随口就问但不爱思考的习惯；如果是一些幼儿共性的问题，教师可在集体活动中组织分享交流，让幼儿在倾听别的小朋友探索结果的过程中弥补自己因观察视角差异所带来的认识上的片面性；还有一些问题与幼儿生活紧密联系但凭借幼儿能力无法独立完成探索过程的，成人可以根据幼儿感兴趣的程度和问题的教育性，梳理并简化复杂的问题，创设出既能满足幼儿兴趣，又有利于幼儿自主探索的问题情境，鼓励幼儿深入探索，满足幼儿的求知欲和成就感；而极少部分的问题是与幼儿生活关系不大或者无关的，成人可以对幼儿提问题的行为表示肯定，并表明这个问题等孩子长大一些再与他一起探索。

(三)鼓励幼儿发散思维，引导幼儿在比较中选择最佳答案

在丰富幼儿生活经验的基础上，教师或家长可以以某一个问题为思维基点，创设问题情境，组织开放性讨论，讨论过程中鼓励幼儿大胆地提出假想，启发幼儿调动原有的知识经验，从不同的角度探索问题的答案，得出多种解决问题的思路。当幼儿积极参与讨论时，教师和家长一定要耐心倾听幼儿提出的看法，在聆听幼儿讨论的过程中，教师和家长还要适时地与幼儿分享自己的观点。这样可以借助成人的视角启发幼儿发现新的探索方向，避免幼儿因濒临"黔驴技穷"而失去了参与活动的兴趣，能有效保持幼儿继续探索、参与讨论活动的积极性。同时教师和家长要善于发现幼儿不寻常的提问或解决问题的答案，抓住激发幼儿好奇心和探索精神的有效时机，培养幼儿思维的独立性和新颖性。

第二课　幼儿言语的发展

儿童在幼儿前期已经发展了初步的言语交往能力。在幼儿园的集体生活中，儿童的交往对象的数量增多、交往的内容不断扩大。随着儿童感知、注意、记忆、思维等认知能力的发展，他们的言语能力也迅速地发展起来。幼儿期是掌握本民族口头言语的最佳时期，口头言语的发展也为儿童学习书面言语打下了良好的基础。

一、言语的概述

(一)什么是语言和言语

1. 语言的概念

语言是人类在社会实践中逐渐形成和发展起来的交际工具，是一种社会上约定俗成的符号系统。语言是一种特殊的社会现象，每一种语言都有自己特定的语音、语义、词汇和语法。"不同人学习和使用一种语言，大家就有了共同的语言。"人要参加某个社会交往活动，首先要学会理解和使用该社会交往圈所需的特定语言，才能顺利地与交往对象进行思想交流。因此人们每到一个新的地方，首先就要学会该地方的通用语言，这是融入该地区生活的必要途径。幼儿作为新人，自然也要学会他们的母语，才能融入当地的生活。

2. 言语的概念

言语是人们在交际活动中运用语言的过程。人们日常进行的交谈、讲演、作报告等都是言语。言语是一种个体心理现象。人在交际活动中，个体不仅有自己的言语发生，还要感知和理解其他交往对象的言语。因此人际交往成为促进个体言语发展的重要途径。

3. 语言与言语的联系

言语与语言是密切联系的，离开语言，人就无法表达自己的思想和意见，也无法进行交际活动；语言也离不开言语，没有言语，个人无法有效运用语言进行交流，同时也失去其运用语言的意义。

(二)幼儿言语活动的分类

1. 外部言语

幼儿在言语的发展过程中，由于受其思维发展局限性的影响，心理活动必须要借助具体的、可感知的物体才能进行思维。因此幼儿最初言语的发展需要借助有声语言或书面语言来维持心理活动过程。根据幼儿言语活动借助的对象的不同，幼儿的外部言语又分为口头言语和书面言语两类。

(1)口头言语。口头言语是指一个人凭借自己的发音器官所发出的某种语言声音，用以表达自己的思想和情感的言语。它通常以对话和独白的形式来进行，如两人或两人以上的聊天、老师的讲座、小朋友讲故事等。口头言语可分为独白言语和对话言语两种形式。幼儿主要运用的是口头言语。

(2)书面言语。书面言语是一个人通过某种语言文字来表达自己的思想或情感的言语。书面言语也是独白性言语，但其传播一般不受时空的限制。因此书面言语不直接面对交流对象，缺少了具体的语言情境的支持，表达者无法借助表情、声调、手势等来传播更多的信息，它必须通过语法、逻辑、修辞对原有的独白言语进行提炼和加工，以使阅读者能更全面、具体地理解书面言语表达者的意思。

2. 内部言语

内部言语是个人不出声思考时的言语活动，是不发挥交际功能的言语，只能作为个人思维的工具。内部言语就其"工具性"而言，同外部言语一样，也藏纳、运载着思维的具体内容。例如，大学生暑假要出游，在选择地点时会运用内部言语思考：是选择风景秀丽的黄山，还是选择国际化大都市上海？选择黄山的好处是有同学结伴而去，费用相对节省，旅途有照应；选择上海的好处是可以在毕业前通过比较、了解自己喜爱的城市，为今后就业选择提供参照。整个思维过程借助了内部言语，周围人无从了解思考者内心正在进行的"鱼和熊掌不可兼得"的激烈斗争。

相对外部言语，内部言语更简略、概括性更强，并且具有自觉综合和自我调节功能，因此幼儿内部言语的发展相对较晚。内部言语在幼儿前期开始产生，在儿童外部言语发展到一定阶段的基础上才逐步派生出来。在幼儿内部言语的发展过程中，首先要经历独白言语的发展，借助出声的自言自语思考，再逐步过渡到内部言语。这是由于幼儿的思维仍以具体形象思维为主，言语活动中要把个人的感性经验转化为相对抽象的语言，言语内部组织自觉性薄弱，需要借助出声的自言自语来演练并检验其言语活动的效果。

3. 过渡言语

在幼儿内部言语发展的过程中，常常出现一种介乎外部言语和内部言语之间的过渡言语形式，即出声的自言自语。主要有游戏言语和问题言语两种形式。其中，游戏言语是指在游戏和活动中出现的言语，如幼儿在搭积木时边搭边说："这个放在下面……这个放在上面做屋顶。"问题言语是指在活动进行中碰到困难或问题时产生的言语。3～5岁儿童游戏言语占多数，5～7岁儿童则问题言语增多。

二、幼儿言语的发生与发展

对儿童言语发生发展的机制的解释是一个颇具争论的课题。到目前为止，已先后出现了多种理论假说，这些理论之间存在非常激烈的争论，争论的焦点集中在两个方面：语言是先天具有的还是后天习得的？是被动学习的还是主动创造的？例如，支持先天论的美国心理语言学家乔姆斯基认为婴儿具有先天的语言获得装置（LAD）；而支持后天论的奥尔波特（Gordon W. Allport）等人认为婴儿主要是通过对各种社会言语模式的观察学习而获得言语能力的；支持被动学习观点的斯金纳认为婴儿语言的学习要靠强化获得，成人对婴儿语言学习过程中正确的表现给予肯定能帮助婴儿获得言语能力的发展；支持主动学习观点的皮亚杰却认为婴儿是一个有自己意图和目的、积极主动的语言加工者，他们通过主动交流获得言语能力的发展。

（一）幼儿言语的发生

1. 婴儿前言语期的准备

婴儿语音发生需要有两方面的准备：发音器官的成熟和分辨不同语音的敏感性。在出生最初的几个星期内，新生儿已经会通过哭叫、打喷嚏和咳嗽等展示着自己的发音天分了。到 2 个月左右，婴儿开始学习"叽咕叽咕"地发音，并且出现持久的咯咯的笑声，开始有用声音来与周围的人进行互动性交流的强烈愿望，成人只要与婴儿保持眼睛的对视，以声音回应婴儿"叽咕叽咕"的发音，婴儿能一直保持与成人进行交流的兴趣。婴儿 4 个月以后，发音系统的形状和结构基本成熟，婴儿能发出更多不同的音节，进入牙牙学语的阶段。幼儿开始能发出类似爸爸、妈妈的重复音——ba—ba—ba、ma—ma—ma，但是最初这些发音是无意义的。到婴儿 10 个月左右时，婴儿的牙牙学语逐渐具有了意义。

婴儿并非完全生活在自己的世界里，作为一个只有适应环境才能生存的生命体，他们始终保持着对周围环境刺激的敏感性。有研究表明，出生不到 10 天的新生儿就能区别语音和其他声音，并作出不同的反应。他们会表现出对母亲声音的特别偏爱，尤其对语速缓慢、语调高度夸张的话语形式感兴趣。母亲与婴儿交流时，常常会刻意放慢语速，利用重复的、较为夸张的高声调与婴儿说话。4 个月的婴儿能够辨别并模仿成人的语言，并能辨别清浊辅音，获得语言范畴性知觉能力。5～8、9 个月的婴儿，已能辨别言语的节奏和语调特征，并开始根据其周围的语音环境改造、修正自己的语音体系。

2. 前言语的交流

婴儿在开口说话之前，已经习得一些交流的技能，他们能够用一些特定的手势、表情或喉咙中发出的声音来进行信息交流，实现其与人互动的目的。大量研究表明，婴儿的前言语交流同样具备了言语的三大基本特征：目的性、约定性和指代性。

婴儿主要通过模仿和仪式化这两个途径来学习、掌握语言系统中的约定性指代关系。出生头半年里，婴儿就通过操作条件反射逐渐实现其交流行为的仪式化过

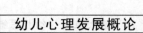

程，九个月的婴儿能真正通过模仿来学习掌握各种约定性。婴儿 2～4 个月时，就已经开始理解言语活动中的某些交往信息，能和成人进行"互相模仿"式的发音游戏。婴儿 11 个月左右时，就能用手指向自己需要的物体或自己目的地的方向表达自己的请求。1 岁左右的婴儿能理解自己熟悉的环境中用于指代某些具体事物或动作的部分词。

(二)幼儿言语的发展

1. 口头言语的发展

随着听觉器官、发音器官的成熟以及生活经验的丰富，1 岁左右时，一些幼儿前期的孩子开始说话了，但此时他们还只会用一些单字、词来表达自己的意思。例如，1 岁多的孩子会冲着他的妈妈喊道："糖糖——妈妈"来表达"妈妈，我想要吃糖果"。随着儿童年龄的增长和独立性的发展，他们可以在离开成人的条件下独自活动。在独立参与社会交往的过程中，儿童必须通过特定的交流语言才能实现与他人的沟通，这种参与交往的强烈需求促使幼儿口头言语的快速发展。3 岁以后，幼儿的语言发展迅速，词汇量日益增长，对词义的理解日渐深刻，逐渐脱离情境连贯地叙述见闻，表达思想。3～4 岁的幼儿能独立讲述自己的生活经历，但是由于逻辑思维水平有限，讲述常常主题不明确，条理不清晰，只能简单罗列一些事实。4～5 岁幼儿能够主动、大胆地讲述故事或各种事情。5～6 岁幼儿口头言语表达的顺序性和逻辑性有了明显的增强，而且能够自然、生动地进行描述。幼儿口头言语的发展具体包括语音、词汇、语法等几方面。

(1)语音的发展。幼儿语音的发展得益于他们意识的发展。2 岁以前的儿童对语音还没有清晰的意识，往往不能辨别自己和别人发音上的错误。当他们进入幼儿期后，幼儿开始逐渐对别人的发音很感兴趣，喜欢纠正、评价别人的发音，同时他们也开始注意自己的发音。幼儿语音的发展呈现出三个方面的特征：一是幼儿语音的自我调节能力发展，表现为幼儿发音的正确率与年龄的增长成正比；二是幼儿 3～4 岁时进入语音发展的飞跃期，4 岁以上的幼儿一般能够掌握本民族的语音；三是幼儿对声母、韵母的掌握程度不同，3～6 岁幼儿掌握韵母的发音比掌握声母的发音容易，错误较少，幼儿容易发错的音，大多数是辅音。如把"g"音发成"d"音，把"zh""ch""sh"发成"z""c""s"或"j""q""x"，把"ing""ueng"读成"in""uen"。幼儿翘舌音、齿音的发展详见表 6-1。

表 6-1　3～6 岁幼儿翘舌音、齿音的发音正确率(%)

正确率 ＼ 声母　　年龄(岁)	zh	ch	sh	r	z	c	s
3	34	37	34	34	47	47	54
4	93	93	93	100	100	100	100
5	93	93	93	87	93	93	93
6	100	100	100	100	100	100	100

(资料来源：http://www.pep.com.cn/xgjy/xlyj/xlshuku/shuku15/yexlx/201103/t2011030 1_1024889.htm)

(2)词汇的发展。幼儿词汇的发展有先后顺序，而且对情境的依赖性较强。幼儿词汇的发展主要表现为四个方面：对词义理解的加深，词汇数量不断增加，词汇内容不断丰富，词类的范围不断扩大。

第一，对词义的理解不断加深。幼儿对词义的理解需要经历由笼统（泛化）到精确（分化），并在精确化的基础上理解词概括性质的过程。例如，幼儿对"鱼"的理解，开始认为水里游的都是"鱼"，然后经过精确分化鱼与蝌蚪、鱼与鲸鱼，逐步理解"鱼"的概括性质：有背鳍、腮、脊椎、尾鳍等。幼儿对词义理解的深度受其认知发展水平的影响。通常幼儿最先掌握的是基础类别的词，然后才逐渐掌握上级类别和下级类别的词。如幼儿先掌握"杯子"，然后才理解下位词语"茶杯、酒杯"和上位词语"餐具"。

第二，词汇数量不断增加。幼儿期是一生中词汇数量增加最快的时期，3~4岁幼儿词汇量的年增长率最高。决定幼儿获得新词及其意义的顺序有两个因素：一是意义的复杂程度，意义越复杂的词幼儿掌握得越晚；二是幼儿所依靠的非语言策略，这种策略是幼儿根据事物类别的概念结构形成的，如田学红等人（2001）研究发现，4岁幼儿已经能掌握简单的方位词，其难易顺序是里外、上下、之间、左右。

第三，词汇内容不断丰富和深化。幼儿常用的名词包括人物称呼、生活用品、交通工具、自然常识等。幼儿使用的形容词包括对物体特征的描述，动作描述，表情、情感的描述，个性品质的描述，事件、情境的描述等。朱曼殊关于儿童形容词发展的研究表明，儿童2岁时掌握的大多为描述物理特征的形容词，3岁时能使用描述人的外貌特征、情感和个性品质的形容词，4岁以后是儿童形容词快速发展的时期，开始使用描述事件情境的形容词。

第四，词汇范围不断扩大。幼儿对不同词类的掌握顺序是：一般先掌握实词，再掌握虚词。幼儿最先掌握实词中的名词，其次是动词，再次是形容词，最后是数量词；幼儿也能逐渐掌握一些虚词，如连词、介词、助词、语气词等，但幼儿掌握得较晚，数量也较少，没有明显增加。幼儿对反映事物及其属性的名词、动词、形容词较容易掌握，对副词和虚词较难掌握。

(3)语法的发展。句子的发展主要是句法的发展，即掌握某种语言特有的一套句法规则。幼儿句法的学习包括句子理解和句子产生。在幼儿语言发展过程中，句子的理解先于句子产生。在幼儿能正确说出某个句子之前，基本已能理解这个句子的意义，在表达时会把表达意愿的关键词摆在前面，如"球，要，爸爸"。国内外的研究均表明：幼儿3岁左右开始使用词序策略，最普遍的是把"名词—动词—名词"的句子词序理解为"动作者—动作—动作对象。"例如，"老师，他坐我的板凳！""老师，东浩推丽丽！"

儿童句子的发展顺序是单词句—双词句—多词句—复合句。2.5岁左右的幼儿开始能说出位数极少的简单复句，5岁时发展较快。幼儿句子的发展总体上表现为使用的复句结构松散，仅由几个单句并列组成，缺少连词。例如，"我爸爸带我去动物园，我看见大熊猫，爸爸给我买可乐喝。"

针对幼儿口头言语发展的特点，教师要从语音、词汇和语法三方面促进幼儿口头言语的发展。在语音发展方面，教师要加强对幼儿发音的正确示范、及时纠正幼儿语音中的错误；在词汇发展方面，开展丰富的语言教育活动，增加幼儿词汇量并丰富词汇内容；在语法发展方面，结合幼儿句子发展的规律，分析幼儿表达句子的语法特点，对其表达的句子进行适当的补充和纠正，帮助幼儿掌握更高一级的语法规则。

（4）言语表达的发展

言语表达是指儿童向别人传递信息、表达思想的言语能力。儿童言语表达能力的发展表现为：句子结构趋向复杂，复合句的比例增加，句子的长度不断增加；口语表达的顺序性、完整性和逻辑性有所发展，连贯性独白言语逐渐发展。儿童最初口语表达能力是由情境性很强的对话言语向连贯性独白言语发展的，1～1.5岁的儿童有很强烈的交往愿望，他们很关注周围成人交往中对语言的运用，在倾听和对语境的观察中他们对成人言语的理解能力不断发展，但不能独立确定谈话主题并组织谈话内容参与交往。2.5岁以前的儿童言语表达技能水平很低，还不能进行扩展表述，只能进行比较简单的重复问话形式的答话式对话。3岁幼儿能进行内容新颖、较复杂的对话，表达已有了一定的动机和定向，但定向还不稳固，常受其他联想的干扰。例如，语言教学活动中，教师正在引导幼儿讨论故事《动物绝对不应该穿衣服》中哪些动物穿上了衣服，胡瑞翔小朋友站起来说："老师，我们那李奶奶的小狗穿的是红色衣服，还扎小辫呢！"他的回答引起了其他几个小朋友的联想，都纷纷说起自己家的或邻居家里的狗，言语表达的内容偏离了原有的方向。

幼儿言语表达能力的发展具体表现在两个方面：一是幼儿能够根据不同的谈话对象来确定和改变语气以达到会话的目的；二是幼儿对故事和事件的复述能力逐渐提高，5岁的幼儿已能独立连贯、条理清楚地复述一个故事。在一项关于幼儿言语表达能力发展的实验研究（张璟光、林菁，1989）中，实验者要求大班幼儿对不同对象——教师、同龄幼儿、小班幼儿介绍一种新玩具的名称和玩法，发现幼儿对教师介绍时说话语气有礼貌且谨慎，讲述的句子数较少，而对同龄尤其是小班幼儿介绍时，讲述的句子数较多，且幼儿说话比较大胆、活泼，对小班幼儿甚至会以"长者"自居，使用催促和责备语气进行交流。

参与交往是幼儿言语表达能力获得发展的重要途径，幼儿教师与家长要创设适宜的环境并组织幼儿参与交往活动，鼓励幼儿在交往中大胆、自然地表达自己的观点，同时培养幼儿良好的倾听习惯。

2. 书面言语的发展

口头言语表达能力的快速发展，为幼儿书面言语的学习奠定了基础。同时在实际生活中，幼儿在听故事、观察周围环境的过程中对文字的发现，使幼儿自身也产生了认字、读书、写字的需要。但由于书面言语发展不仅要求学习者要把认清字形、读准字音、明了字义三种操作同时加以联系，在表达时还要考虑言语手段对阅读者的适宜性和表达的精准度等问题。此外，正确、熟练握笔书写还需要依赖视觉记忆、手眼协调活动能力以及手指小肌肉活动的发展。因此，幼儿书面言语的掌握要比口头言语的掌握困难，需要教师专门组织开展幼儿书面言语的学习活动。幼儿书面言语的发展包括：识字能力的发展和早期阅读能力的发展。

(1)识字能力的发展。从心理机制看，幼儿识字过程是将当前要识别的汉字的字形、字音以及具体情境中字义的理解三者信号联系起来，联结成一种稳定的信号系统储存于记忆中。由于幼儿对物理体(即实物)的模式识别与对符号(汉字等)的模式识别的形式很相似，幼儿学习辨认某物体(实物"水")与辨认某个符号(汉字"水")，其心理过程基本是一样的，而不同之处在于文字符号之间的差别更细微，需要进行更精细的辨别。因此，幼儿记忆汉字的方法过于笼统、极易受到干扰而出现混淆，对字形也只能有一个粗略的印象，如囫囵吞枣一样朦胧不清，通常把这种初级的识字阶段称为"混沌阶段"。因此，总体来说，幼儿识字水平还很低，记得一个字带有很大的偶然性，识字效率还不高。

幼儿只要能听懂成人对他说的话语，掌握了一般生活词汇的发音和意思，就具有了开始学习书面语的基本条件。有学者曾经对两个班54名幼儿进行了连续三年的幼儿识字教学实验，通过幼儿园组织的识字活动，幼儿识字量可达到五百多个。但识字量并不是幼儿识字教学的唯一目的，幼儿教师应通过识字教学活动激发幼儿的识字兴趣并培养幼儿早期阅读的兴趣。

(2)早期阅读能力的发展。早期阅读是指幼儿凭借图像、符号、色彩、文字和已有的口语表达能力，有时也借助成人的朗读、讲解来理解读物的活动。早期阅读是幼儿认识世界、获得全面发展的重要途径。识字是阅读的前提之一。5～6岁的幼儿不仅口头语言获得快速发展，而且识字数量也在增长，受幼儿教师和家长组织的阅读活动的影响，他们对读物中蕴含的丰富内容产生了浓厚的兴趣，独立性的发展促使他们尝试着独立阅读。但由于幼儿视觉尚缺少按顺序依次感知汉字的能力，阅读时必须一个字一个字地仔细分辨方能读出，常常通过手指指认来帮助视觉定位，即用手指一个字一个字地指着读。这样"念字"速度很慢，会影响阅读的整体感和美感。因此幼儿阅读的读物通常是以图为主的，幼儿阅读中通过观察色彩丰富和构图巧妙的插图，可获得阅读内容的整体感和美感。6岁左右的幼儿书写能力开始发展，在学习活动中他们有时还能根据交流内容的需要，借助简单的文字或图夹文的方式来辅助其言语活动。

幼儿教师和家长要根据幼儿的年龄特点，为幼儿识字和早期阅读能力的发展创设适宜的环境，遵循幼儿思维发展的规律，通过图画书和图夹文儿童读物来激发幼儿对阅读的兴趣，并注意培养幼儿良好的阅读习惯。

三、促进幼儿言语发展的策略

(一)进行发音指导和发音器官训练，提高幼儿语音准确度

首先，能说一口流利标准的普通话是对每一位教师的要求，教师口语表达是幼儿的良好示范。教师在日常教学活动和交往活动中要以准确的发音给幼儿良好的示范，同时为了提高幼儿对发音的听辨能力，要求幼儿教师的语速不能过快。

其次，为了提高幼儿对发音器官——嘴唇和舌头肌肉的控制能力，为准确发音做好准备，教师可以在语言方面的教学活动中以游戏的方式组织幼儿进行发音训练。如用嘴唇抿吸管喝水、用吸管吹水泡、吸乒乓球、用力吹乒乓球等，训练幼儿

学会控制嘴唇肌肉以便按发音要求控制唇形。又如，在"小舌头爱跳舞"的活动中，引导幼儿活动舌部肌肉，使幼儿舌部肌肉的活动更加灵活，以便能找到正确的发音位置，顺利正确发音。

最后，3岁幼儿通常把"g"和"d""n"和"l"混淆，对平舌音"z""c""s"和翘舌音"zh""ch""sh"也不容易区分。教师不仅要以自己正确的发音为幼儿做出示范并注意纠正幼儿的错误发音。只要幼儿有一点儿细微的进步，教师都要给予适当的鼓励和表扬。对一些发音准确性差的幼儿，教师要耐心纠正，同时要为幼儿语言发展创设宽松的心理环境，避免因操之过急而增加幼儿发音的心理负担。当他们发准了某个音或开口说时，教师就应就给予奖励、增强幼儿的自信心，并借此要求他们说更多话。此外，教师还可以引导其诵读儿歌、唐诗、顺口溜、绕口令等，为幼儿创设更多说的机会。

(二)创设丰富、民主的语言环境，促进幼儿词汇和语法的掌握

首先，创设富有新异性的生活和学习情境，拓展幼儿的视野，丰富幼儿的词汇内容。上幼儿园后，幼儿大都被集体活动所吸引，交往面不断增大。在交往中幼儿主要通过口头语言来传递信息，他们每天上幼儿园，都会把自己生活中听到的、看到的新鲜事在交谈中传递给其他小朋友或者老师，回家后也会把幼儿园里发生的有趣的事情告诉家长。因此拓展幼儿的视野，让他们每天都能接触到新的事物，自然会吸引幼儿去探索新事物叫什么、长什么样儿、做什么的、怎么用，幼儿每天都可以在这种喜闻乐见的积累中增加词汇量、丰富词汇内容。

其次，创设民主的人际互动氛围，吸引幼儿参与交往，促进幼儿语法的快速掌握。幼儿语法的掌握主要有两种途径：一种是在生活中形成的语感；另一种是成人的正确示范。幼儿在日常生活交往中，对母语的发音和语法的感知变得越来越灵敏，形成了自己的语感。因此，民主、宽松的人际互动氛围有利于吸引每一位幼儿参与交往，倾听他人尤其是成人口语表达中对语法的正确运用，可以提高幼儿的语感。同时，也有利于幼儿在交谈中练习使用新的语法，方便幼儿教师和家长能及时发现幼儿口头言语中的语法错误并及时纠正。

(三)训练幼儿良好的倾听习惯，利用情境培养幼儿的口语表达能力

1. 培养幼儿良好的倾听习惯

言语表达能力的发展内容之一是言语领会，而言语领会的先决条件是善于倾听。倾听是个体对外界语言信息的接收和领会过程，要促进幼儿言语表达能力的发展，就要培养幼儿良好的倾听习惯。而幼儿的自控能力相对较弱，注意力保持在一个对象上的时间较短，因此开始时教师要抓住幼儿注意力最集中的时间来培养幼儿倾听的能力。研究表明，幼儿注意力最容易集中、大脑最灵活的时间是在上午的10点和下午的3点左右。教师充分利用这个时间开展听故事、听音乐等倾听活动，让幼儿在他们喜爱的故事和音乐中逐步学会倾听。此外，幼儿教师在日常生活活动和教学活动中，引导幼儿理解并运用交谈的规则——当一方在说话时，另一方不能说话，尽量不做其他事情，仔细听清楚对方表达的内容。同时，在幼儿复述故事环节，教师可针对不同年龄幼儿提出具体的倾听要求，提高幼儿倾听的能力。幼儿园的游戏活动也是培养幼儿倾听的重要途径，教师可以通过组织幼儿进行倾听游戏，如"传话""猜猜他是谁""有趣的故事接龙"等，让幼儿在游戏中感受倾听的重要意义，培养幼儿良好的倾听习惯。

2. 抓住不同的生活情境，提高幼儿言语表达的能力

幼儿言语表达能力的学习主要有两方面：一方面是学习根据谈话场合、谈话对象调整自己的语调、语气和音量；另一方面，学习连贯、有条理地复述自己的见闻或者一个故事。为了提高幼儿的言语表达能力，首先，教师要抓住生活中的不同情境，指导幼儿观察谈话场所的大小、参与谈话的人物、谈话对象的年龄等，学习根据不同的情况控制自己的言语表达，做一个有礼貌、举止大方的孩子。其次，教师要充分利用语言教学活动，提供丰富、有趣的语言素材，鼓励幼儿大胆表达，利用幼儿喜爱模仿学习的特点，使幼儿的言语表达更加丰富。幼儿言语表达的模仿学习主要源于学习活动和日常生活中倾听教师和家长的表达，还包括倾听儿童视频、音频作品中角色的对话。例如，许多低龄幼儿都喜欢看《海绵宝宝》，说话时也模仿自己喜爱的角色的语气。教师还可以在语言活动中指导幼儿运用一些连词来梳理表达内容，提高幼儿复述故事、讲故事的能力。此外，幼儿园通过专题讲座、家教指导、经验交流等活动，使家庭教育与幼儿园教育同步，指导家长在家庭中以多种形式开展幼儿听与说的活动。

 **资料卡**

新年我们这样过（大班亲子活动）

第一环节：家长与孩子一起翻阅往年过新年的相片或录影（利用照片唤起幼儿记忆表象，激发幼儿的兴趣，为以形象思维为主的幼儿的思维活动提供丰富材料。）

第二环节：家长与幼儿一起讨论以往过新年中的趣事或印象最深刻的事，然后畅想今年过年的活动计划。讨论过程中家长应该留给孩子足够的思考准备时间，让孩子能独立组织语言来更加准确地表达（幼儿把记忆中储存的形象的图式用具体的语词来替代，并按照其所掌握的语法规则组织后表达出来）。有时孩子会因缺乏表达内容而失去表达兴趣，家长要利用照片或录影中的画面引导幼儿回忆当时情景，继续讨论（缺少了表象的支持，幼儿的具体形象思维活动会中断）。

第三环节：讨论结束后一起自制一本以过新年为主题的图书，在制作图书过程中家长鼓励幼儿尝试为那些有趣的或让人印象深刻的图片命名（幼儿对口头言语进行进一步提炼，抽象思维水平提高）。

（四）做好早期阅读的准备，培养幼儿阅读能力和阅读习惯

早期阅读活动的开展，不仅要发展幼儿的阅读能力，更要重视启蒙阅读意识，培养幼儿早期的阅读习惯。有研究表明，3～8岁是人的阅读能力发展的关键期，儿童一旦养成了良好的阅读习惯，就能在阅读过程中与读物对话，学习独立思考，

成为自主的阅读者。幼儿教师对幼儿进行早期阅读的培养,可以从以下两个方面入手。

1. 提高幼儿的识字兴趣和识字能力水平

汉字是一套由特定笔画组成的方块图形系统,有大致的规律可循。但对于初学汉字的幼儿来说,却难以把握。首先,幼儿教师要充分利用幼儿识字的特点——在识记文字时,习惯利用自己熟悉的事物作为依托,择取生活经验来引起联想、帮助记忆。例如,记住"旺"字是因为他们在广告和生活中经常接触"旺旺"食品;而记住"家"字则是由于这个字上面有一个房顶。很显然,这种记忆方法过于笼统、极易受到干扰而出现混淆,对字形也只能有一个粗略的印象,所以幼儿可以快速认识大量文字,但是精确度很低。其次,注重帮助幼儿在生活中积累文字。幼儿教师要引导并鼓励幼儿学习生活周围出现的文字,发现不认识的字及时向周围的成人请教。在幼儿园内,教师利用墙饰和活动区的创设,组织幼儿收集他们认识的字,让他们把新认识的"字宝宝"请到幼儿园来,让其他小朋友也来认识它们。还可以请家长帮忙,利用图文并茂的方式,保留文字所处的具体语境,如某饮料包装盒上、超市货架标签上、牙科医院门牌灯等,方便幼儿引起联想、提高记忆的效率。一般来说,教师不对幼儿认字的精确度提出具体要求,但是如果出现了形似字,教师可唤起幼儿的记忆,激发他们的好奇心,找出形似字的相同与不同,提高幼儿认字的精确度。

2. 培养幼儿早期阅读的兴趣和习惯

环境具有潜移默化、润物细无声的特点。首先,教师和家长要共同协作,为培养幼儿早期阅读兴趣和习惯创设良好的环境。在幼儿园,幼儿教师可以设立专门的图书角,根据幼儿的年龄特点,结合幼儿园开展的教育活动,投放适宜的幼儿读物,经常组织幼儿分享他们阅读的收获并根据幼儿阅读情况及时更新图书角的图书。在家庭中,家长在给幼儿讲故事时,可以让幼儿坐在自己腿上或者坐在同侧,使幼儿也能够看到图书,家长边讲边引导幼儿观察插图,培养幼儿对阅读的兴趣和正确翻阅图书的习惯。当幼儿具有初步的自主阅读能力时,家长要积极参与幼儿阅读的分享活动,认真聆听幼儿讲述阅读故事。其次,幼儿教师通过坚持开展形式多样的早期阅读活动,如儿歌、表演游戏、看图说话、创编故事、自制图书、设置图书角等,培养幼儿参与和分享阅读的兴趣与能力,在活动过程中及时提醒和督促幼儿纠正不正确的阅读方式,确保幼儿养成良好的阅读习惯。

 资料卡

买水果(小班游戏)

活动目标:学习正确发出 zh、ch、sh 的音,正确说出"柿子""石榴""荔枝""山楂""刺猬""松鼠""山羊""长颈鹿"等词。

活动内容:教师扮演水果售货员,组织幼儿欣赏水果商店的水果,让他们自

由讨论自己认识的水果(教师仔细倾听幼儿的发音，初步了解幼儿发音的正确率)。"售货员"开始向"顾客"一一介绍自己出售的水果品种，介绍时教师每说一种水果的名称，都要稍作停顿，留给幼儿模仿学习的时间(教师正确示范发音，发现幼儿错误率较高的发音，教师要重复示范，一直到大部分幼儿都能正确发音)。然后，组织分组游戏：部分幼儿扮演售货员、部分幼儿扮演小动物，玩买水果的游戏。要求买水果的"小动物"要准确说出自己要买的水果，卖水果的"售货员"要根据买水果的幼儿头饰上的动物礼貌地打招呼，如"山羊大哥，您要买什么水果?"用音乐背景和教师语言，为幼儿创设一个森林召开水果品尝大会的氛围，分别让幼儿选择戴上自己喜爱的头饰，到水果商店购买水果。游戏结束时，教师组织幼儿边品尝水果边讨论吃水果的好处。

单元小结

　　思维是人脑对客观事物间接、概括的反映，它具有概括性和间接性的特点，是人类认知的高级形式。在整个幼儿期，幼儿的思维以具体形象思维为主，但幼儿初期的思维具有一定的直接行动性，到幼儿晚期出现抽象思维的萌芽。幼儿思维的发展主要表现在对概念的掌握和判断推理能力的发展上。为了促进幼儿思维的发展，要引导幼儿通过观察丰富感性经验，提高幼儿的表征能力。同时培养幼儿勤于独立思考、主动探索多种解决问题方案的习惯，引导幼儿学会在分析、比较中寻找问题解决的最佳方案。

　　言语是人们在交际活动中运用语言的过程，言语与语言是密不可分的。幼儿的言语主要有外部言语、过渡言语和内部言语三种。幼儿言语的发展主要表现在语音、词汇和句子等的发展上。促进幼儿言语的发展，教师要创设丰富、真实的语言环境，鼓励幼儿尝试使用语言，给予幼儿正确的语言示范，提高幼儿的倾听和表达能力，帮助幼儿进行阅读准备，培养幼儿初步的阅读能力。

思考与练习

　　1. 你是怎样理解思维和言语概念的?

　　2. 简述幼儿思维和发展的特点。

　　3. 教师从哪些方面促进幼儿思维和言语的发展?

　　4. 设计一个培养幼儿思维的教育活动。

　　5. 幼儿期是言语发展的重要阶段，幼儿不仅口头言语获得了发展，书面言语也逐步发展起来。请你以幼儿的书面言语发展为研究对象，观察并记录幼儿书面言语获得的途径，分析幼儿获得书面言语的常用方法，并给出恰当的教育建议。

案例分析

阅读以下材料，分析教学活动中幼儿思维发展水平及表现。

某小班老师组织"吹泡泡"活动。

第一环节：教师分别拿出不同形状的吹泡泡工具，有正方形、长方形、三角形、心形和圆形的，然后分别让幼儿猜测用这些工具吹出来的泡泡是什么形状的。教师问："用正方形的工具宝宝能吹出什么形状的泡泡呢?"大部分小班幼儿都是依据教师拿出的吹泡泡工具的形状来回答："正方形、三角形、长方形、圆形……"

第二环节：分小组开展吹泡泡游戏活动，每一组都有正方形、长方形、三角形、心形和圆形的吹泡泡工具。幼儿在教师的引导下分别尝试用各种工具玩吹泡泡的游戏，观察吹出来的泡泡是什么形状的。

第三环节：幼儿离开操作台，教师集中幼儿讨论观察的收获。教师问："小朋友们，刚才你们用各种形状的工具宝宝吹出来的泡泡是什么形状的?"小朋友集体回答"圆形"。教师又分别按正方形、长方形、三角形、心形和圆形组织幼儿讨论观察结果。一些幼儿不能正确回忆，教师建议该幼儿再拿工具吹一次，自己说一说吹出的泡泡形状，并帮助幼儿利用图表记录观察结果。

第四环节：开展区域活动。教师把气泡枪、吸管、用纸卷成的直筒等放置在区域中供幼儿玩耍。

问题解析：

1. 第一环节：教师利用第一环节的设计帮助幼儿知道要探索的问题。3岁左右的幼儿思维发展水平处在直觉动作思维向具体形象思维发展的阶段，由于缺乏相关的生活经验，幼儿没有相关的记忆表象，还无法获得解决问题的答案，而根据直觉随机作答。

2. 第二环节：教师第二环节的设计是提供能满足幼儿利用动作思维探索解决问题答案所需要的操作材料。幼儿在实际操作活动中，分别使用不同形状的工具吹泡泡，用吹泡泡的动作来获得问题的答案。

3. 第三环节：实际操作活动终止，一些幼儿能将操作过程保存在记忆中，形成记忆表象。在教师讨论时，幼儿可搜索记忆表象获得问题答案，表明幼儿思维的发展开始进入具体形象思维水平。而在讨论中不能正确回答的幼儿，表明他们还受到直觉行动思维水平的限制，实际操作活动停止，思维也停止。教师引导幼儿借助一些帮助记忆的方法，提供给幼儿再次操作机会，促进幼儿的思维向具体形象思维水平发展。

4. 第四环节：幼儿继续利用反复实际操作积累更多的感性经验，巩固对操作过程与结果的记忆，为幼儿具体形象思维的发展奠定基础。

⇒幼儿教师资格考试模拟练习

一、单项选择题

1. 幼儿掌握最多的词汇是(　　)。

A. 直观概括　　　　B. 功能概括　　　　C. 语词概括　　　　D. 动作概括

2. 在儿童言语发展的过程中，形成最晚的是(　　)。

A. 名词　　　　　　B. 动词　　　　　　C. 形容词　　　　　D. 连词

3. 幼儿认为星星、太阳、小树甚至小桌子都是有生命的，这反映了幼儿思维具有(　　)。

A. 自我中心性　　　　　　　　　　　B. 反映的间接性

C. 反映的概括性　　　　　　　　　　D. 想象的丰富性

4. 妈妈告诉孩子："不要吃零食，吃多了就吃不下饭了。"孩子回答："我不吃零食，我要吃糖葫芦。"这说明幼儿最先掌握的是(　　)。

A. 生活概念　　　　B. 抽象概念　　　　C. 具体概念　　　　D. 相对概念

5. 关于幼儿言语的发展，正确的表述是(　　)。

A. 理解语言发生发展在先，语言表达发生发展在后

B. 理解语言和语言表达同时同步产生

C. 语言表达发生发展在先，理解语言发生发展在后

D. 理解语言是在语言表达的基础上产生和发展起来的

二、案例分析题

小庆东3岁半了，十分活泼可爱，大家都认为他是个聪明的孩子。可是爸爸妈妈发现他有一个很大的缺点，就是他在做任何事情之前从不爱多思考。比如，玩插塑时，让他想好了再去插，而他却拿起插塑就开始随便地插，插出什么样，就说插的是什么。在绘画或要解决别的问题时也是这样。爸爸妈妈想尽办法要纠正他的错误，要求他想好了再做，可小庆东常常做不到。爸爸妈妈也时常为此而烦恼，担心这种习惯影响他今后的学习。

试问小庆东父母的态度和做法对吗？请从幼儿思维发展的角度分析小庆东的行为，并为其父母提出科学的教育建议。

第七单元
幼儿创造力的发展

学习目标

1. 理解智力和创造力的概念、智力与创造力的关系以及创造力的行为特征；
2. 掌握幼儿创造力发展的特征和影响因素；
3. 探讨并运用培养幼儿创造力的策略。

单元导言

　　谈及幼儿的创造力，一些家长和老师可能不以为然，有的甚至会说："幼儿年龄太小，懵懂幼稚，只会淘气或调皮，谈不上创造。"他们的观点是否正确？应如何看待幼儿的创造力？通过本单元学习，你将发现幼儿身上充满创造性的语言和行为，并懂得如何在教育实践中有效促进幼儿创造力的发展。

第一课　创造力概述

　　创造力就是我们通常所说的智力吗？幼儿的智力与创造力发展之间有何关联？这不仅是幼教工作者们共同关心的一个理论问题，也是在培养幼儿的创造力与智力时，首先要探索的一个实际问题。

一、智力和创造力的概念

(一)智力的概念

关于智力，人们并不陌生，但究竟什么是智力，却是一个心理学界充满争议的模糊概念。心理学家们，特别是那些对创立和发展智力测验作出贡献的心理学家们，总是试图确立自己的智力观点。虽然众说纷纭，但也不无共同之处。归纳起来，不外乎是从智力的功能和特性两方面加以阐述。

1. 智力是适应环境的能力，是学习的能力

美国心理学家桑代克(R. L. Thorndike)认为，智力表现为学习的速度和效率，智力同时也是一种适当的反应能力。斯腾(L. W. Stern)将一般智力解释为有机体对于新环境完善适应的能力。比奈(A. Binet)、推孟(L. M. Terman)等人也认为智力是适应环境的能力。20世纪50年代，韦克斯勒(D. Wechsler)比较全面地将智力定义为："一个人有目的地行动、合理地思维和有效地处理环境的总和的整体能量。"

2. 智力是抽象思维和推理能力，是问题解决和决策能力

比奈把智力理解成"正确的判断、透彻的理解和适当的推理能力"。推孟认为，一个人的智力与他的抽象思维能力成正比。斯皮尔曼(S. Spearman)曾假设过智力有三种品质，即对经验的理解、分析关系、推断相关的事物的心理能力。斯托达德(G. D. Stoddard)认为："智力是从事艰难、复杂、抽象、敏捷和创造性活动以及集中精力、保持情绪稳定的能力。"我国学者吴天敏在《关于智力的本质》一文中把智力的特性归结为四个范畴：针对性、广阔性、深入性和灵活性。

以上论点虽有共同之处，但由于研究者在关于智力本质的一些基本问题上存在分歧，因此关于智力的定义至今无法达成共识。我们较为认同的观点是："智力是人类心理活动中各要素的综合体；是在与环境的相互作用中，人所具有的适应环境、解决问题等的综合心理能力。"

资料卡

情感智力的提倡

"情感智力"是理解他人情感和控制自己情感的能力。这一概念是由萨洛夫和梅耶(Salorey & Mayer，1989，1990)提出的。"情感智力"包括六个方面的内容，即能够准确地把握自己感情的自我认知能力；理解、推测别人感情的移情能力；能够控制感情冲动的自我控制能力；注重事物好的一面，保持乐观态度的能力；与周围的人不发生矛盾和冲突，能与别人搞好人际关系；不管干什么，有持续到底的持久力。情感智力论的提出，一扫传统智力观制定出来的智力至上的局面，开辟了一个全新的、广阔的智力领域。

(资料来源：周念丽，《学前儿童发展心理学》，2006)

构建多元的"智力观"

美国哈佛大学加德纳教授(Martin Gardner)《智力的结构》(1983)一书出版以后的 20 多年时间里,多元智力理论受到了各国教育界的广泛关注,也得到了越来越多的认可和推崇。以皮亚杰为代表的传统认知发展理论认为:智力是以思维为核心的几种能力的组合。加德纳教授则认为:智力不再是某一种能力或围绕某一种能力的几种能力的整合,而是"独立自主,和平共处"的八种智力,即言语—语言智力、音乐—节奏智力、逻辑—数理智力、视觉—空间智力、身体——动觉智力、自知自省智力、人际交往智力和自然观察智力。这是一种全新的智力观,让我们曾经单一、平面的智力观多元化、立体化。由此可见,对幼儿智力开发的理解仅仅限于开发幼儿的观察、记忆、思维等几种能力是十分片面的,幼儿教师应创设多彩的环境,利用丰富的教育资源,从多维度启迪和开发幼儿的多种智能。

(资料来源:张永红,《多元智力理论与幼儿教师专业发展》,2005)

(二)创造力的概念

目前,有关创造力的定义有很多。较为一致的看法是将创造力定义为"根据一定目的,运用一切已知信息,产生出某种新颖、独特、有社会或个人价值的产品的能力"(董奇,1993)。这里的产品指以某种形式存在的思维成果,它既可以是一种新概念、新设想、新理论,也可以是一项新技术、新工艺、新产品;新颖主要指的是前所未有、破陈出新,是一种纵向比较;独特主要指别出心裁、与众不同,是一种横向比较。如牛顿的万有引力定律、达·芬奇的肖像画《蒙娜丽莎》、曹雪芹的《红楼梦》以及各种奥运场馆的设计等都是创造力的表现形式和产品。

关于儿童创造力的研究和定义也是多种多样、色彩纷呈的,梅斯基(Mey-sky)和纽曼(Newman)将儿童创造力定义为:创造力是一种能力,它能使一个人以一种别人听取和欣赏他们讲话的方式来表达自己的意见;创造力是一种素质,它能使人发现别人以前未能理解的定义。

当幼儿能创造出一种表达自己思维的方式或是发现新问题时,就说明幼儿有创造力。

 资料卡

没有"面条"怎么办

组织中班进行角色游戏"甜甜美食餐厅"时,教师观察发现"厨师"事先准备的主食是"米饭",于是假扮成一名"顾客",分别向两位"服务员"提出想吃"面条"的要求,假扮"服务员"甲的强强走到厨房看看没有面条,转身离开了,假扮"服务员"乙的津津则灵机一动,找来白色纸片,撕成小条状放入碗中,并将刚制作出来的"面条"端给"顾客"。这样,津津小朋友通过新的思维方式(将纸片撕成小条状当"面条")解决问题的过程就是幼儿创造的过程。

二、创造力与智力的关系

创造力与智力的关系是十分复杂的，纵观前人的研究，大致可归纳为三种主要论点：一是认为创造力与智力没有相关或相关度很低；二是认为创造力与智力高度相关，高创造力者智力必高、低创造力者智力必低，高智力者创造力必高、低智力者创造力必低；三是认为两者关系不能确定，创造力高者智力未必高，智力高者创造力未必高，抑或是认为创造力与智力的相关高低因测验的性质而变化。

在创造力与智力的关系问题上，我国心理学家朱智贤认为，智力是人的一种偏于认知方面的心理特性或个性特点，而创造力是智力的高级表现。这里面包含两层意思：其一，肯定了创造力是一种高度发展的智力，而不是本质上与智力不同的东西；其二，指明了创造性水平的高低是衡量一个人智力发达与否的根本标准。

目前较为一致的看法是：高创造力者必有中上的智力，但高智力却不能保证就有高创造力，低智力者创造力必低。可见，智力是创造力必要的而非充分的条件。两者是辩证统一的，在一定意义上，儿童创造力水平的高低可以作为检验儿童智力开发程度的基本标准。

三、创造力的行为表现特征

美国心理学家吉尔福特(J. P. Guilford)认为，创造力的行为表现有以下三个特征。

(一)变通性

具有创造力的人在解决问题或学习时，能够随机应变，触类旁通，具有较高的应变能力和适应性；对问题的思考有比较大的弹性，思考的线路不是局限在一个方向，而是向多个方向发散扩展，灵活变化。

例如，要求幼儿说出积木的用途时，某一幼儿回答说："积木可以搭房子、建立交桥。"另一幼儿回答说："积木可以用来建房子、做娃娃家的桌子、压东西……"前者的回答没有离开游戏中积木建构的功能，而后者从不同的角度考虑问题，变通性较强。

(二)流畅性

具有创造力的人思维非常敏捷、灵活、迅速；行为快速；对事情的反应比一般人敏锐；能够在较短的时间内表达出较多的观念。

例如，问幼儿："红色的物体有哪些?"某一幼儿能很快回答："红色的物体有太阳、苹果、红旗、衣服、汽车、水彩笔、鞋子。"另一幼儿可能思考片刻仅回答："太阳和苹果。"可见前者的回答更具有流畅性。

(三)独特性

具有创造性的人在行为上表现得超乎常规，擅长做一些别人从未做过或想过的事情，观念新颖独特，能产生新奇、罕见、首创的观念和成就。

例如，在游戏活动中，创造性强的幼儿会从通常的小物品(一张纸片、一根棉签、一个空瓶子等)中发现许多不寻常的用途，别出心裁地玩出新的花样。

资料卡

幼儿创造力的评定

问题：铅笔有什么用？

幼儿甲：1. 画图画　2. 写字　3. 写信　4. 写数字　5. 做笔记　6. 签名

流畅性：6分（一共答了6道题）

变通性：1分（因为这6项都是用于书写）

独特性：0分（因为这6项全班幼儿40％以上都提出）

幼儿乙：1. 画图画　2. 写字　3. 奖品　4. 点数　5. 礼物　6. 武器

流畅性：6分（一共答了6道题）

变通性：5分（因为1、2、3、4、5、6属于不同种类的用途）

独特性：1分（因为只有第6项是全班幼儿5％以下的人提出）

幼儿丙：1. 画图画　2. 写字　3. 奖品　4. 表达感情　5. 做尺子　6. 武器

流畅性：6分（一共答了6道题）

变通性：5分（因为1、2、3、4、5、6项属于不同种类的用途）

独特性：3分（因为4、5、6项全班幼儿5％以下的人提出）

第二课　幼儿创造力的发展

与成人相比，幼儿的创造力是较为简单和初级的，但对其整个心理的发展具有重要作用。幼儿创造力发展的特征和影响因素，是本节探讨的内容。

一、幼儿创造力发展的特征

(一)好奇心是幼儿创造力发展的起点

1. 幼儿好奇心的结构和特点

好奇心是"使个体对新异或未知事物做出反应的心理动力或者内部动机；是个体主动探究新异或未知事物的行为倾向性；是具有反应性、主动性和持续性等心理特征的多维结构"。好奇心作为一种重要的心理品质，驱动个体主动接近、积极思考与探究当前刺激物；当个体的好奇心被诱发、唤醒和增强时，个体必然产生一种特有的期待与渴望，推动个体认知过程有效进行。

胡克祖、杨丽珠(2006)对3～6岁幼儿好奇心进行开放性问卷调查，探索并验证3～6岁幼儿好奇心的结构。认为幼儿好奇心是一个多维结构，是由至少六个特征比较明显的一阶因子构成，即好奇、探究持久性、敏感、喜欢摆弄、关注未知、好奇体验；同时，存在反应敏感性、探索主动性、探究持久性、好奇体验四个高阶因子结构，这四个因子是描述个体好奇心强弱的重要标志，也是幼儿好奇心差异的主要表现(图 7-1)。

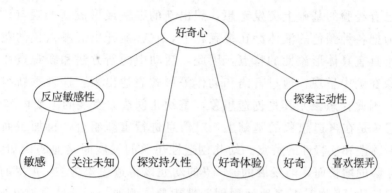

图 7-1 幼儿好奇心三阶结构模型

[资料来源：胡克祖、杨丽珠、张日昇，《幼儿好奇心结构教师评价模型验证性因子分析》，载《心理科学》，2006(2)：358～361]

在此基础上，杨丽珠等进一步研究幼儿好奇心的表现，认为幼儿的好奇心有以下特点：

(1)大班幼儿的探究持久性强于小班和中班幼儿，中班与小班幼儿的差异并不明显。幼儿探究事物的持久性与其注意稳定性的发展密切相关，幼儿注意稳定性随年龄增长而提高。

(2)幼儿对新事物的反应敏感性和探究主动性随年龄增大呈现"V"形发展趋势。这可能与幼儿认知结构、语言和动作的发展特点有关。

(3)幼儿好奇体验呈现随年龄增大而降低的发展趋势。

(4)男孩在探究主动性和好奇体验水平上显著高于女孩，女孩在探究持久性方面要强于男孩。

2. 好奇心是幼儿创造的起点

新生儿刚来到世界，便有了探究反射。这种探究反射被认为是一种最初的好奇心表现。探究反射也称为定向反射，就是对新异刺激的定向和关注。当有声音和光亮出现时，新生儿马上会去寻求声、光的来源。通过探究反射，婴儿不断地接触新事物，他们的好奇心、求知欲等也逐渐发展起来。在一定意义上可以说探究反射体现了婴儿的求新欲望和探索意识，是儿童创造力的最早来源。

随着幼儿年龄的增长，探究反射从本能的、无意、被动的向习得的、有意的、主动的方向变化，其中最主要的就是向好奇心、求知欲等转变。到了幼儿期，好奇心使得幼儿在行为和言语上有诸多表现，在行为上，由于好奇心的驱使，幼儿表现出一种破坏性行为。例如，有的幼儿把种植园里刚长出来的向日葵芽给拔出来了，想看看小芽芽的根是什么样的。在言语上，他们也会因好奇而提出各种古怪的问题，如"出太阳了，阿姨为什么还要打伞呢?"当幼儿带着好奇心感知和探究周围的

世界时，便开启了其漫长的创造之路。

(二)创造想象和创造性思维是幼儿创造力的主要成分

幼儿的创造力与成人不同，不强调创造新的产品，而注重创造的过程，往往表现为在已有经验的基础上突发奇想，想出新的办法或形成新的观点。例如，有的幼儿认为把各种颜色的液体涂在报春花上，它就能开出五颜六色的花来。由于幼儿的思维具有具体形象性的特点，因此，活动中的新方法和新观点往往以重新组合的表象在脑中呈现，通过言语和动作等形式表达出来。这种重新组合的表象就是想象。因此，想象尤其是创造想象，是幼儿创造力发展的主要内容。

创造想象是在再造想象的基础上，对信息进行重新组合、再加工而成的新形象，具有新颖性和独特性的特点。幼儿创造性想象的发展同其他的认知活动一样，也是随着年龄的增长而逐渐发展的。3岁的幼儿以再造想象为主，4岁的幼儿则向创造性想象转化，5岁时更多地运用创造性想象。例如，玩娃娃家游戏时，3岁幼儿所用的玩具材料是较为逼真的，游戏情节也是现实生活的模仿或迁移，4岁幼儿可以用枕头代替娃娃，用棉签代替筷子，游戏的情节也可根据当时的情景有所创新，如有的幼儿带着娃娃逛商店，有的抱着娃娃去邻居家串门，5岁幼儿则能创造性地运用各种材料(积木、图书等)代替娃娃，并事先设计好丰富的游戏情节，如有的幼儿先给娃娃做饭、喂饭，再带娃娃去游乐场玩各种有趣的游戏，在回来的路上发现娃娃生病了，回家后给他量体温、喂药，睡觉前给他讲自编的故事。无论是游戏材料的运用还是游戏情节的展开，幼儿的创造性想象逐渐萌芽和发展起来。

此外，创造性思维也是创造力的主要部分。创造性思维包括发散思维和聚合思维，其中，发散思维是核心。发散思维是指沿着不同方向、不同的角度思考问题，从多方面寻找解决方案的思维方式。例如，问幼儿："你知不知道什么能够燃烧？也就是说什么能够点着？"幼儿回答："木头、火柴、树叶……哦，对了，房子能够点着，有时候人也可以被点着(可能是看电视过多所致)，还有太阳也可以着火，大山也可以着火。"

资料卡

花儿为什么会开

有一天，幼儿园的老师问一群孩子："花儿为什么会开？"

幼儿A："花儿睡醒了，它想看看太阳。"

幼儿B："花儿一伸懒腰，就把花骨朵给顶开了。"

幼儿C："花儿想跟小朋友比一比，看看哪一个穿的衣服更漂亮。"

幼儿D："花儿想看一看，有没有小朋友把它摘走。"

幼儿E："花儿也有耳朵，它想出来听一听，小朋友们在唱什么歌。"

年轻的幼儿园老师被深深地感动了。老师原先准备的答案十分简单，简单得有几分枯燥——"花儿为什么会开？""因为天气变暖和了！"

（资料来源：摇篮网，读书，2009-12-29）

（三）探究活动是幼儿创造力发展的重要手段

探究活动是幼儿主动参与、主动探索、主动思考、主动实践的活动。探究活动是满足幼儿好奇心和求知欲的场所，也是发展幼儿创造力的重要手段。幼儿通过多种多样的形式探究着周围的事物和环境，表现出惊人的创造才能。例如，在组织"磁铁游戏"活动时，教师提供了磁铁、铁钉、布、图钉等多种游戏材料，让幼儿进行操作、思考和实验，幼儿不仅有了许多新的发现，还有了新的思维成果。有的幼儿不仅发现磁铁只能吸铁制品，还发现磁铁有"传染力"，因为吸住的铁钉下面还能挂一串铁钉，而撤掉了磁铁，就挂不住了；有的幼儿发现"磁铁能吸住布"，但要用铁制品和磁铁夹着；还有的幼儿发现两块磁铁放在一起，有一面可以吸在一起，可是反过来就不能吸在一起了。之后，幼儿利用磁铁自制了十几种玩具。在此活动中，幼儿能独立地、有创造性地获取新的知识、新的活动方法，这些创造性经验结构正是在探究活动中形成的。

（四）积极情绪是幼儿创造力发展的动力

幼儿的创造性始终与积极情绪相伴随。幼儿根据兴趣自发地进行各种活动，对活动中每一个小小的首次发现，都会感到兴奋，即使这些发现在成人看来是微不足道的。对自己构成的每一幅新图画和创编的每一个新故事，都会充满成就感和自豪感。当幼儿愉快放松地进行活动时，能实现有意识与无意识的统一，能释放巨大的创造潜能。可以说，积极的情绪是形成幼儿强烈的创造需要的基础，也是推动幼儿创造活动进程的动力。

（五）幼儿的创造力是比较初级和不断发展变化的

创造力是建立在相应的心理水平和知识经验的基础上的。心理学的研究发现，幼儿思维发展正处在直观动作和具体的形象思维阶段，抽象的逻辑思维刚刚萌芽，知识经验欠缺。这就决定了幼儿只能进行直观的、具体的、形象的、缺乏逻辑性的创造。小学生、中学生的抽象逻辑思维已达到一定的水平，且辩证思维已初步形成，知识经验渐趋丰富，因而已能作出一些有社会实用价值的发明，撰写有创造性的科技论文和文学作品等。但总体而言，与成人特别是与发明家、科学家相比，幼儿的创造力仍然处在较低水平。

随着儿童年龄的增长，其心理发展渐趋成熟，知识经验日益丰富，创造性也将发生相应的变化。这种变化具体地表现在三个层面：一是儿童创造性活动的类型和范围有了扩展；二是儿童创造性活动的目的性和指向性不断增强；三是儿童创造性活动的结果和产品由主要具有个体价值向同时并且更多地具有社会价值的方向发展。

二、影响幼儿创造力发展的因素

影响幼儿创造力发展的主要因素包括外在因素和内在因素两个方面。

(一)外在因素

影响幼儿创造力发展的外在因素很多，主要包括家庭环境、托幼机构的教育环境和社会文化背景等。这里，将重点探讨家长和教师的教育观念、教养方式以及教育行为对幼儿创造力发展的影响。

1. 教育观念

幼儿创造力的发展受家长和幼儿园教师的教育思想、教育态度的影响很大。传统的教育观念认为，只要听教师和家长的话，让干什么就干什么，叫怎样做就怎样做的孩子，就是好孩子。因此，那些听话、乖巧、思想不活跃，在各种活动中处于被动地位的，不给老师和家长添麻烦的幼儿，常受到教师的喜爱和表扬，也常常作为其他幼儿学习的榜样。教师和家长也许想不到，他们这种传统的教育思想、教育态度束缚了幼儿创造的积极性，甚至抹杀了幼儿创造的天性。

具有创造力的幼儿求知欲旺盛，活泼好动，喜爱从不同的角度去探索事物，有时会显露出独特的思想或表现出人们想不到的行为，甚至会做出一些破坏性的事情，给家长和教师带来麻烦。例如，他们把玩具拆开再装上(有时还装不上)；把木板斜放，让不同的物体从木板上滑下来，弄得满地是玩具和物品。实际上他们是在探索物体的结构和功能，这是创造力形成的前奏。可是有些家长和教师却把孩子这种带有探索性有意义的活动看做是无聊、淘气、捣蛋等加以限制和禁止。

相反，如果成人对孩子的好奇心以及探索行为不横加阻挠，不嘲笑、禁止、更不指责，而是为他们创造更多机会去自由参加各种活动，耐心地解答他们提出的各种问题，那么幼儿将表现出更大的主动性和创造性。

2. 教养方式

家长的教养方式主要分为民主型、专制型和溺爱型三类。许多研究表明，以宽容、民主之心对待自己的孩子，给予他们信任和尊重，这种民主型的教养方式有利于幼儿创造力的发展。而有些家长对孩子要求过于严格，惯于发号施令，孩子没有商量的余地，而只能按他们规定好的条条框框去做，这种专制型的教养方式剥夺了孩子的自由性、独立性、主动性，接受这种教养方式的儿童，很难使自己异想天开的思维成果得到父母的认可，其探索行为也常常在父母的训斥中消失得无影无踪。溺爱型的教养方式则表现为成人给幼儿过度的照顾和过多的保护，当孩子碰到一丁点儿的困难和挫折，家长就包办代替。接受这种教养方式的孩子，即使充满了好奇和想象，但由于缺乏实践的机会，不仅生活自理能力差，而且发现问题和解决问题的能力也较弱，其创造性的火花也很难闪现。因此，专制型和溺爱型的教养方式会对幼儿创造力的发展产生不利影响。

与幼儿的创造力发展有较高的正相关关系的教养方式应当是：其一，对规定和限制做出解释，允许孩子参与决策；其二，运用恰当的手段，恰当地表达对孩子的期望；其三，为孩子提供丰富、有益的活动材料；其四，能抽出一定时间与孩子沟通，主动参与到孩子学习等方面的游戏中(董奇，1993)。

3. 教育行为

有研究表明，具有较高创造力儿童的父母在教育行为上有以下特征：一是极力支持和鼓励孩子的兴趣发展；二是鼓励孩子积极探索家庭内外的事物；三是为孩子制订严密的教育计划并严格执行；四是因势利导，激发孩子的求知欲，培养多种兴趣。格兹尔斯（Getzels，1962）等曾对高智商儿童和高创造力儿童的父母的教育行为进行了比较，发现父母不同的教育行为会给儿童的创造力带来不同的发展倾向（表7-1）。

表7-1　高智商儿童和高创造力儿童父母的教育行为

内　容	高智商儿童父母的行为	高创造力儿童父母的行为
创造行为	更多的批评	更多的激励
阅读兴趣	重数量、偏学术	数量不拘、范围不限
价值观	重视整洁，礼貌，好学上进	重视兴趣，坦率

（资料来源：周念丽，《学前儿童发展心理学》，2006）

从儿童具有创造性倾向的行为特征中获得启示，促进幼儿创造性倾向行为的教师有以下行为特征。

一是鼓励幼儿利用普通材料进行创造性思维。尽可能让幼儿在家里或幼儿园的游戏活动中，自发地利用普通的材料，甚至是废弃物制作玩具，利用这些进行发明。

二是通过游戏，激发幼儿的创造性想象。游戏中，尽可能地让幼儿产生新奇的想法，运用不寻常的、使人感到惊奇的方法解决问题。

三是借助绘画、音乐、舞蹈，激发幼儿的创造欲望。幼儿的思维表达主要是通过非逻辑的视觉艺术，如绘画、装饰或身体运动语言，如随音乐摆动身体。利用这些特点，让幼儿在绘画、音乐、舞蹈中形成主观世界，加深对事物概念和阅读材料的理解，从而为创造力发展打下基础。

四是让幼儿掌握各种语言表达方式，有助于创造性素质的提高。在让幼儿讲故事等语言表达活动中，尽可能让幼儿掌握类比、隐喻等表达方式，或者运用他自己发明的词汇表达想法和情感，从而使幼儿养成创造性思考的习惯。

（二）内在因素

富有创造性的儿童在心理发展的很多方面都较一般儿童有显著差异。托兰斯（Torrance，1969）和鲁思（Russ，1996）等曾专门研究了很多4～5岁幼儿的创造能力，他们认为富有创造性的幼儿具有如下特点。

1. 喜欢用创造性的方式学习

他们是游戏、操作、实验的积极参与者，在活动中他们喜欢提问、猜测，试图做出新的发现。他们爱动脑筋，在环境中努力发现矛盾，积极寻求新的答案。他们喜欢的口头禅是："让我想想看。"而不愿意别人告诉他现成的答案。

2. 有惊人的坚持性

许多心理学家认为，幼儿对某项活动的注意集中时间约为 15 分钟，因此幼儿容易分心，不能长时间坚持某一项活动。但据观察，创造性强的儿童当他们深深地迷恋于某项活动时，他们能集中注意半小时或 1 小时以上。

3. 在游戏活动中表现出不寻常的计划性和组织能力

幼儿的思维特点往往表现为，不能很好地计划自己的行动以达到自己提出的目标，对行动可能的后果往往事先估计不足。但富有创造性的儿童却有较强的计划性。如在搭积木的活动中对搭什么和怎样搭事先已作了考虑，积木模型搭成后往往不满意而再三地重搭。他们往往又是游戏活动的组织者或"领袖"人物，分配别人的角色，使游戏活动能顺利进行。

4. 富有钻研精神

创造性强的儿童对熟悉的事物不会感到厌烦，相反，他们会发现事物的新的方面，得出独特的观点，考虑得更加周详。如对于一个新的玩具，创造性强的儿童不是玩一下子就玩腻了，而是通过自己的操作甚至拆卸安装，不断发现新的功能特性，想出许多玩的新"花招"。

5. 富于想象

通过创造性想象，他们能解决许多实践问题。他们积极参加创造性的游戏活动，喜欢扮演游戏中的各种不同角色，搭积木，玩建造游戏，喜欢标新立异。他们还经常自编故事或对别人讲的故事添枝加叶，他们还喜欢美术、手工、雕塑等艺术活动。

董奇(1993)在综合国内外大量研究的基础上，将创造型儿童的一般人格特征概括为以下八个方面：①具有浓厚的求知兴趣，旺盛的求知欲是创造型儿童的典型特征；②情感丰富、富有幽默感；③勇敢、甘愿冒险，创造型儿童敢于标新立异，敢于逾越常规；④坚持不懈、百折不挠；⑤独立性强，创造型儿童善于独立行事，不盲从，对独立与自治有强烈的需要；⑥自信、勤奋、进取心强；⑦自我意识发展迅速，创造型儿童的自我评价、自我体验、自我控制的发展水平往往高于同龄儿童；⑧一丝不苟，富有创造力的儿童不满足于完全确切的知识，他们喜欢刨根问底，不问个水落石出不会罢休。

第三课　促进幼儿创造力发展的策略

提高幼儿创造力是当前幼儿园课程改革的重要目标之一，也是每一位教师所面临的重要课题。幼儿创造力的培养不仅关系到其以后的心理成长，也关系到国家的进步和发展。

一、培养幼儿的好奇心

《幼儿园教育指导纲要(试行)》将培养幼儿好奇心作为科学教育的首要目标，提出"引导幼儿对身边常见事物和现象的特点、变化规律产生兴趣和探究的欲望""为幼儿的探究活动创造宽松的环境，让每个幼儿都有机会参与尝试，支持、鼓励他们大胆提出问题，发表不同意见……"因此，教师不能因幼儿活泼、爱动、好问的天性而斥责他们"不守规矩""多手多嘴"，对他们做出种种禁止和限制，而应保护他们的好奇心，并热情地鼓励、启发和引导，激发其认知的兴趣和求知的动力。

(一)提供充满新奇的外部环境，诱发和增强幼儿的好奇心

教师可以为幼儿提供新异的环境刺激，并经常不断地变换环境，增添一些有益的、多样性的刺激因素。如带领幼儿去野游，变换活动区中的材料，重新设计教室中的布置，上课时多采用新颖的教具等。这样做会强烈地吸引幼儿的注意力，激发幼儿的好奇心体验，这种体验越强烈，幼儿主动探究材料的欲望就越强烈，探究活动也越持久。当然，在实施时一定要考虑刺激的强度问题，因为好奇心存在个体差异。如果外部环境刺激因素过于新异，不但不能引发好奇，反而会令一些幼儿感到焦虑不安，甚至产生逃避行为。

(二)允许幼儿犯错误

幼儿常常因为好奇心的驱使摆弄物品，或依据个人的思维逻辑解决问题，从而常常出现"犯错误"的现象。例如，有的幼儿将新买的电动玩具拆开，其目的只是想看看到底是什么神奇的东西让它会动的；有的幼儿将金鱼缸里倒满开水导致金鱼被烫死，其本意只是以为金鱼生病感冒了，给金鱼喂开水希望它们尽早康复。对幼儿的"错误"，我们应该采取开明和容忍的态度，并引导他从错误中学习，给他们进一步探索的自由。

(三)善待幼儿的提问

一方面，教师应重视幼儿的提问。幼儿的提问内容非常广泛，涉及周围生活的方方面面，而且往往会追根究底地问个没完。教师一定要耐心地解答他们的疑问并引导他们寻找问题的答案。如果幼儿经常无法从成人那里得到令自己信服满意的答案，甚至因为自己过多的问题而遭到漠视和粗暴的斥责，就会失去提问的兴趣，探究主动性也就会受到扼制。所以，在教育过程中，教师重视幼儿的提问并予以回答，本身就是对幼儿提问行为的一种鼓励，这不仅有利于培养幼儿的好奇心和求知欲，而且也有助于幼儿建立自信。

另一方面，要引导幼儿提问。除要对幼儿提问行为进行鼓励以外，教师还应积极为幼儿创设一种轻松的提问氛围并树立起好问的行为榜样，以提高他们提问的积极性。在教学活动中，教师要根据幼儿提问的特点经常举一些典型的问题模式，诸如，"天空为什么是蓝色的？""为什么那条狗只有三条腿？""蜡笔是怎么做成的？"……久而久之，幼儿也就学会如何提问，并养成积极提问的习惯。

(四)通过适宜的教育载体有效促进幼儿好奇心的发展

杨丽珠研究发现，观察探究、游戏探究、学习探究作为适宜载体能够有效促进不同年龄幼儿好奇心的发展。教师应根据幼儿好奇心发展的年龄差异，设计不同类

型的教育活动：小班幼儿应多组织观察探究活动；中班幼儿应多组织游戏探究活动；大班幼儿应多组织学习探究活动。

二、提供丰富多样的操作材料

操作材料是指能帮助幼儿在各种活动中，通过动手操作和探究，观察事物现象，认知事物特质，并促进智力和创造力发展的物质材料。操作材料是幼儿进行探究活动的物质条件，幼儿在使用操作材料的过程中积极想象并不断创造。这种不断构思、不断设想并为实现既定目的而选择材料、动手操作的过程正是幼儿创造的过程。

首先，教师应提供丰富多样的操作材料，使幼儿在操作过程中自主选择，自发地与操作材料交互作用并获得探索与创造的经验。例如，在早操活动中，利用废旧材料，为幼儿提供钻、爬、跳的器械，让幼儿探索器械的多种玩法。活动区里为幼儿提供不同类型、不同结构、不同功能的，能满足幼儿发现、探索和创造需要的多种操作材料，使幼儿能够在活动中自由地对材料进行组合、加工和创新。在小制作活动区中，教师与幼儿一起收集了大小不同、颜色不同的蛋壳以及其他相关材料，幼儿可以自主地选择活动材料。他们用皱纹纸把蛋壳做成小女孩，或扮成小动物，或做成小花瓶。当众多的操作材料供于幼儿选择时，幼儿的创意会相当新颖而且充满了童趣。

 资料卡

幼儿活动区材料的投放

积木区：建筑材料；可用于拆拼的材料；可用来装满和倒空的材料；可作为替代物的材料。

娃娃区：可用于操作、分类、装进和倒出的厨房用具；用于角色游戏的材料；用于真正烹调活动的器具材料（在成人的指导下使用）。

美工区：不同规格、质地和颜色的纸；可用于搅拌和绘画的材料；能用于把物体固定在一起或分开的材料，能用于制作三维表征物体的材料；能用于制作二维表征物体的材料。

音乐和舞蹈区：供舞蹈用的场地；做上标记的乐器；简易的留声机或录音机一台；唱片或磁带；乐器。

木工区：一个结实的工作台面；工具盒木料的存放容器；工具；木材、硬板纸、泡沫塑料等。

玩沙玩水区：一个合适的沙（水）箱；一块能擦洗的地面；能用于装、舀、挖、灌和倒的材料；与沙类似的材料（豆类、泡沫塑料块等）。

动植物区：温驯的动物；易种植的植物；合适的笼子和食物。

户外活动区：能用于攀爬和身体平衡的设施；秋千；滑梯；能用于钻爬的设施；能用于蹦跳的设备；能用于踢、扔和投掷的器具；玩沙玩水的设施和材料；建造的材料。

（资料来源：玛丽·霍曼著，《幼儿认知发展课程》，1995）

其次，教师应帮助幼儿熟识并掌握操作材料的技能技巧，学习自由摆弄拼砌，并进行探究和创造。幼儿掌握了一定的操作技能技巧后，在摸摸看看、敲敲打打、拆拆弄弄、粘粘贴贴、拼拼装装中即进入各种创造性的操作活动。例如，幼儿用装冰箱的废纸箱制作"房子"和"地道"，能拼、能折、能钻、能爬；在建造"美丽的长沙"时，幼儿用积塑与其他废旧材料进行拼搭，这些材料的运用是变换无穷的，它们可以有多种用法与玩法。幼儿不但搭建出了美丽的烈士陵园等建筑，还创造性地搭建出了未来的各种立交桥和高楼大厦。有的幼儿还将长方形的纸折成窗户粘贴在建筑物上；有的幼儿利用不同材料建构出花坛、喷泉等景物，组建在楼房之间。于是，一幅美丽的城市景观便呈现出来。这样，教师通过提供丰富的操作材料，让幼儿在独立自主的操作过程中，经历探求、发现和创造的过程，促进了幼儿的认知、情感和创造力的发展。

三、训练幼儿的发散性思维

一形多物的扩散。请幼儿尽可能多地说出同一形状的物品，如圆形的东西有哪些，三角形的物体有哪些等。

一物多用的扩散。请幼儿敞开思路，说出同一物品尽可能多的用途，如纸有什么用，棍子有什么用等。

一因多果的扩散。带幼儿玩"如果……将来会发生什么"的游戏。例如，如果世界上没有了水，将会发生什么情况；如果我们都会飞起来，将会发生什么情况；如果我们的房子可以移动，将会发生什么等。

一物多变的扩散。让幼儿把东西变换一下，他们会更喜欢去思考。如什么东西小点更可爱，什么东西长上翅膀更有意思，什么东西多一点能帮助更多的人。

一题多法的扩散。设计一些具有多种解决方法的生活趣题，让幼儿思考。如请幼儿在一分钟之内想出10种以上使开水变冷的方法；设想如果球掉到洞里，有多少种办法将它取出等。

四、在文学艺术和游戏活动中培养幼儿的创造想象

(一)文学活动与创造想象

文学活动中的语言交流和语言表述活动是培养幼儿创造想象的重要形式和途径。例如，幼儿聆听一个故事，需要调动想象，在脑海里再现故事所展示的图景；在编构故事时，幼儿更需要张开想象的翅膀，按照提供的故事线索用语言来建构故事和诗歌的图景；在学习诗歌时，可以引导幼儿根据诗歌结构，充分展开想象进行仿编。如在《快乐的小屋》的教学过程中，幼儿熟悉了里面的装修工(萤火虫、小蜘蛛、小麻雀)和小客人(蛐蛐、纺织娘、小蚂蚁)，就有小朋友提出建议：儿歌里面少了清洁工或者是其他的工作人员，老师就引导大家展开了合理的想象，新的诗歌内容就诞生了：小蜻蜓为小花屋当起了邮递员，小公鸡为小花屋当起了保安员，大象为小花屋当起了清洁工……经大家的一致要求，教师把新的内容也加了进来，因为孩子们认为这样更完整、更好听。而且在活动过程中，幼儿对诗歌的创编兴趣要

远远大于对诗歌的学习，可以看出，幼儿喜欢想象，喜欢与众不同，喜欢创新，因为他们可以从中体会成功的乐趣。

(二)音乐活动与创造想象

教师可以通过多种方式，引导幼儿在感受和体验音乐作品的基础上，通过想象，创造性地表现作品。教师可以创设音乐角并为之配备相应的表演工具，如各种打击乐器、录音机、磁带、自制表演服装、麦克风等，以满足幼儿欣赏、表现、创造音乐的欲望。在《小熊请客》音乐教学活动中，教师可借助小熊请小动物做客的情节，引导幼儿倾听不同的声音，表现不同的形象。幼儿非常有创意地用不同的头饰和不同的服饰装扮自己，用不同声音、动作、乐器等表现活泼可爱的小狗、小鸡、小猫，不但丰富了故事情节，而且充实了音乐形象，尤其在表现角色的动态上，更加惟妙惟肖，充分地体现了幼儿的创造力。

(三)美术活动与创造想象

许多研究表明，幼儿的美术活动，特别是绘画美术活动，对发展创造想象具有十分重要的意义。在此，向教师提出以下建议：

一是要鼓励幼儿自由地创作，尽量不要让幼儿模仿作画。自由画可以让幼儿想画什么就画什么；主题画要求幼儿围绕主题进行想象；故事画要求幼儿根据听过的故事情节去构思画面。对于与众不同的作品，教师应当给予肯定和鼓励。

二是让幼儿知道教师十分珍视他们的创作。教师可以以赞赏的态度评论作品的颜色、形状和设计构思等，但不要迫使幼儿描述他正在画什么，因为年龄小的幼儿开始往往不明确自己要画什么。

三是幼儿在自由作画时，教师不要在旁边暗示或建议，不要让幼儿养成依赖大人的习惯，要让幼儿明白教师赞赏的是独立创作，而非按成人的意图创作。

四是不要仅把班上最好的作品拿出来展示，对少数幼儿过分表扬，会挫伤大多数幼儿的积极性，使他们对自己的创作失去信心。

(四)游戏与创造想象

游戏是幼儿的主要活动。其中，角色游戏、结构游戏和表演游戏中创造想象的成分更大。例如，在角色游戏中，幼儿通过游戏角色的扮演、游戏材料的替代、游戏情节的展开培养创造想象力；在表演游戏中，幼儿可以重组过去的表象，对故事的情节、内容、角色，以及语言与动作进行增减或修改；在结构游戏中，幼儿可以通过手工操作，将一些离散、无意义的结构材料构造为某个有意义的"建筑物"。这些游戏活动，为幼儿想象和创造提供了巨大的可能性。

 资料卡

游戏活动——"我们一起去旅行"

游戏中，教师要为幼儿创设问题情境，让幼儿找到解决问题的好办法。

教师让幼儿每人背一个书包，里面有食物、水、口袋、沙包、跳绳、指南针、手

机等，创设以下问题情境，鼓励幼儿找到各种各样解决问题的办法。

情境一：我们出发旅行，来到了一条大河边，河上没有桥，我们无法过去，那怎么办？想出办法的小朋友可先过河等我们，小朋友们可以相互帮助。

办法实录：把河边的树砍倒当桥走过去；套着游泳圈游过河去；坐着皮划艇划过去；找木头造小船划过去；走到河的尽头绕过去；找一个热气球乘热气球飘过去；潜水过去；等到冬天冻冰了，再从冰上走过去；大家用土填上从上面走过去；找一头水牛或河马，骑着它过去……

情境二：大家齐心协力过了河，来到了森林公园，可是公园门口蹲着一只大狗，我们无法进去，又没有别的大门，现在你有什么好办法？

办法实录：从包里拿出食物扔给大狗，把它引开，再进去；扮成大老虎吓唬狗，把它吓跑，然后进去；用跷跷板，两边分别站一个小朋友，其中一边的小朋友一蹦就把另一边的小朋友弹进公园了；找大梯子爬进去；找许多砖垫起来爬进去；挖一个地洞钻过去；看看有没有后门，从后门进去；请看狗的人把狗牵走；找一支麻醉针，用弓箭给它打一针，让它晕过去，再跑进去；一个人驮一个人爬进去；等着狗晚上睡着了，再从它身边悄悄走过去……

情境三：我们来到了森林公园，在公园里边玩边唱，一不小心把沙包扔到了树枝上，咱们怎么把沙包弄下来？

办法实录：爬到树上把沙包够下来；咱们一个个叠起来，最上面的人把沙包弄下来；找一个长树枝，把沙包钩下来；用包里的跳绳抢，把沙包抢下来；大家一起摇晃树；找大石头，摞起来，爬上去拿下来；用球或书包把它打下来……

情境四：在森林公园里迷路了，这可怎么办呢？快请大家想个办法。

办法实录：等星星出来了，看北斗星就知道了；找人问路；爬到树顶上看一看门在哪儿；打电话给公园管理人请他们告诉咱们往哪儿走；打电话给110，请他们帮忙；用指南针测一测，就知道往哪儿走了；沿着刚才走过的路走过去，再想办法；请几个人去探路，并在路上做好记号，看看哪条路是对的；让蹲在大门口的大狗带咱们出去……

情境五：穿过森林公园来到超级市场，我们有幸成为幸运顾客，每人可以拿一次礼物，能拿多少就送多少，你有什么方法能拿得更多？

办法实录：把东西放在书包里带回来；手里提着筐把东西放在筐里；两个人提一个大口袋把东西放在口袋里；推着购物车把东西放在车里推回来；背着大书包，手里推着购物车，口袋里还可以装东西……

（资料来源：张永红，《学前儿童发展心理学》，2011）

 **单元小结**

智力和创造力是两个不同的概念，智力是适应环境的能力，是学习的能力；智

力是抽象思维和推理能力，是问题解决和决策能力。创造力是根据一定目的，运用一切已知信息，产生出某种新颖、独特、有社会或个人价值的产品的能力。它们是既有联系也有区别的概念。创造力的行为特征主要表现为变通性、流畅性、独特性三个方面。

幼儿创造力发展的主要特征有：好奇心是幼儿创造力发展的起点；创造想象和创造思维是幼儿创造力发展的主要内容；探究活动是幼儿创造力发展的重要手段；积极情绪是幼儿创造力发展的动力；幼儿的创造力是比较初级和不断发展变化的。家长和教师的教育观念、教育方式、教育行为以及幼儿自身的心理因素影响幼儿创造力的发展。

教师应从培养幼儿好奇心，通过丰富的操作材料训练幼儿的发散性思维，在文学艺术和游戏活动中培养幼儿的创造想象等方面促进幼儿创造力的发展。

思考与练习

1. 如何理解智力和创造力的概念？它们之间有什么关系？

2. 创造力表现为什么样的行为特征？

3. 幼儿创造力发展的特征表现在哪些方面？

4. 影响幼儿创造力发展的因素有哪些？它们是如何影响的？

5. 在教育教学活动中如何培养幼儿的创造力？

6. 请幼儿围绕"积木有什么用""假如我是孙悟空"等话题展开想象，分析幼儿创造力的特点。

7. 调查幼儿园和家庭环境，分析其环境的创设对幼儿创造力发展的影响。

8. 观察幼儿的探究活动，分析幼儿创造力的表现特点。

案例分析

阅读以下材料，分析教学活动中幼儿创造力的表现，以及教师是如何促进或阻碍幼儿创造力发展的？

"千人糕"（大班语言活动）

第一环节，教师通过国王吃"千人糕"后苏醒过来的故事引出主题，并让幼儿想象和描述"千人糕"是什么样子的，于是有的幼儿回答说"像火车那么长"，有的说"像楼房那么高"，还有的说"像天那么大"，他们边说边用动作比画。这时，老师摇摇头说："你们说的都不对，老师这里也有'千人糕'，你们想看看是什么样子的吗？"

第二环节，教师出示用大纸箱装着的"千人糕"。当教师一层一层地揭开由大到小的3个纸箱后，只见一块不大的蛋糕放在盘子上，小朋友好奇地问："为什么这么小小的一块蛋糕叫做'千人糕'？"于是老师提供一系列农民伯伯种果树、种庄稼，牧民伯伯养牛、挤牛奶，工人叔叔加工蛋糕的图片，让幼儿自己找答案。幼儿经过观察和思考后发现：蛋糕是很多很多人共同劳动的成果，所以叫做"千人糕"。

第三环节，教师请幼儿说说在我们生活中，还有哪些东西也是由很多很多人一起做出来的。当幼儿谈到衣服、鞋子、汽车、房子、玩具等也是很多人一起做的时候，老师引导幼儿要懂得爱惜它们。最后，教师与幼儿一起吃蛋糕，并提醒幼儿不要浪费。

问题解析：

1. 在第一环节中，教师通过故事引出"千人糕"的主题，并请幼儿想象"千人糕"的形象，引导和鼓励幼儿的创造性想象和发散性思维。但当幼儿说出像"火车"等物体时，教师则摇头否定，这样做也许会扼杀幼儿的创造性。

2. 在第二环节中，教师像变魔术似的从大纸箱里拿出一块不大的蛋糕，这个设计能极大地引发幼儿的好奇心。幼儿渴望知道答案，于是就会努力去探究，从图片和生活经验中找答案。这种探索和找到答案的过程，就是幼儿用新的方式解决问题的过程，是创造力的体现。

3. 在第三环节，教师鼓励幼儿说说生活中哪些东西也是很多人的劳动成果，这也是教师培养幼儿创造性思维的体现。在此基础上，通过爱惜物品的教育，教师将创造力培养和情感教育有机结合，可以促进幼儿全面健康发展。

4. 在整个活动中，教师鼓励幼儿观察、探究、思考和表达，幼儿处在良好的心理氛围中，教师的教育态度和教育行为有利于幼儿创造力的发展。如果在第一环节中，教师对幼儿不同的想象内容报以肯定的态度或赞赏的语气，该活动的组织就更成功了。

⇒幼儿教师资格考试模拟练习

一、单项选择题

1. 当问幼儿"积木可以做什么"时，幼儿能从多个维度来回答其用途，表明该幼儿创造力有较强的（　　）。

A. 变通性　　　　　B. 流畅性　　　　　C. 独特性　　　　　D. 差异性

2. 幼儿的好奇心最早表现为（　　）。

A. 视觉　　　　　B. 探究反射　　　　　C. 无意注意　　　　　D. 手的探索

3. 提出"情感智力"这一概念的心理学家是（　　）。

A. 比奈和西蒙　　　　　　　　B. 萨洛夫和梅耶

C. 加德纳　　　　　　　　　　D. 桑代克

4. 对于常常恶作剧的幼儿，教师应该（　　）。

A. 批评教育　　　　　　　　　B. 认为是创造力的表现，大力表扬

C. 请家长教育好自己的孩子　　D. 发现其闪光处，并及时引导

5. 关于幼儿创造力的培养，错误的是（　　）。

A. 教师应善待幼儿的好奇心，激发其求知欲

B. 当幼儿在活动中有不同的答案和想法，教师应及时鼓励和引导

C. 故事教学中，教师应该一遍又一遍地讲故事，再请幼儿复述

D. 提供不同操作材料，让幼儿探究和发现

二、案例分析题

在一次美术活动中，一名幼儿把苹果画成了方形，理由是不想让苹果滚到地上。当美术老师看见他所画的画时，他没有批评孩子，而是鼓励他说："你真会动脑筋、想办法，希望你能早日发明、培育出方形苹果！"

请结合幼儿创造力的相关知识分析：教师的做法正确吗？为什么？

第八单元

幼儿情绪和情感的发展

学习目标

1. 明确情绪、情感的概念、分类及其在幼儿心理发展中的作用；
2. 掌握幼儿情绪、情感发展的特点；
3. 学会运用促进幼儿情绪、情感健康发展的策略。

单元导言

人们常说：孩子的脸像六月的天，说变就变！刚刚伤心的眼泪还挂在脸上，转眼就又和小伙伴们有说有笑了。幼儿的情绪为什么如此善变？他们的情绪和情感有哪些表现？通过本单元的学习，你将了解幼儿情绪、情感的特点，并懂得如何在教育实践和日常生活中培养幼儿健康的情绪和情感。

第一课　情绪和情感概述

情绪和情感是一个极其复杂的心理现象，有着独特的心理过程。情绪最能表达人的内心状态，是人心理状态的晴雨表。情绪和情感既是人的心理活动中动力机制的重要组成部分，也是个性形成的重要方面。

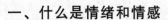

一、什么是情绪和情感

(一)情绪、情感的概念

人类在认识外界事物时，会产生喜与悲、乐与苦、爱与恨等主观体验。这种伴随着认识活动而产生的喜、怒、哀、乐等心理现象属于人的情绪和情感过程。

关于情绪、情感的概念，从 19 世纪以来，心理学家就对此争论不一。目前比较一致的观点是：情绪和情感是人对客观事物的态度体验及相应的行为反应。这种看法说明，情绪是以个体的愿望和需要为中介的一种心理活动。当客观事物或情景符合主体的需要和愿望时，就会引起积极、肯定的情绪和情感。如生活中遇到志同道合的朋友会感到欣慰；看到助人为乐的行为会产生敬意。反之，就会产生消极、否定的情绪和情感。如失去亲人会感到悲痛，无端受到批评会郁闷和不满等。积极情绪具有拓展我们的注意、认知和行为的功能，使心态积极而放松，更容易发现事件的积极意义，而这一切又会给个体带来积极的情绪反应。而处于消极的情绪状态时，个体的思维会变得越来越狭窄，心态会变得警惕而紧张，这一切则会给个体带来更加消极的情绪体验。

(二)情绪和情感的区别和联系

1. 情绪和情感的区别

情绪和情感是与人特定的主观愿望和需要相联系的，历史上曾统称为感情。在当代心理学中，人们分别采用个体情绪和情感来更确切地表达感情的不同方面。情绪主要指感情过程，即个体需要与情境相互作用的过程，也就是脑的神经机制活动的过程。如高兴时手舞足蹈，愤怒时暴跳如雷等。情绪具有较大的情境性、激动性和暂时性，往往随着情境的改变和需要的满足而减弱或消失。情绪代表了感情的种系发展的原始方面。从这个意义上讲，情绪概念既可以用于人类，也可以用于动物。情感则常用来描述那些具有稳定的、深刻的社会意义的感情，如对祖国的热爱、对敌人的憎恨、对美的欣赏等。作为一种体验和感受，情感具有较大的稳定性、深刻性和持久性，是人类特有的。两者的区别如表 8-1 所示。

表 8-1　情绪和情感的区别

	情　绪	情　感
需要角度	情绪是和有机体的生物需要相联系。	情感是和高级社会性需要相联系的。
发生角度	情绪是原始的，发生较早，为人类和动物所共有。	情感发生较晚，是人类特有的，是个体发展到一定阶段才产生的。
稳定性	情绪不稳定，具有较大的情境性、激动性和暂时性。	情感具有较大的稳定性、深刻性和持久性。
表现形式	情绪一般发生得迅速、强烈而短暂，有强烈的生理变化，有明显的冲动性和外部特征。	情感比较内隐，多以内在体验的形式存在。

2. 情绪和情感联系

情绪、情感虽然有各自的特点，但又是相互依存，不可分离的。一方面，情绪是情感的基础，情感离不开情绪，稳定的情感是在情绪的基础上形成的，而且它又通过情绪的形式表达出来。另一方面，情绪也离不开情感，情绪是情感的具体表现，情感的深度决定情绪表现的强度，情感的性质决定了在一定情境下情绪表现的形式，在情绪发生的过程中，往往总蕴含着情感因素。

(三)情绪和情感的功能

1. 适应功能

有机体在生存和发展的过程中，有多种适应方式，情绪是人类最早赖以生存的手段之一。人们正是通过各种情绪、情感来了解自身或他人的处境与状况，适应社会的需要，求得更好的生存和发展的。

2. 动机功能

情绪、情感是动机的源泉之一，是动机系统的一个基本成分。适度的情绪兴奋，可以使人的身心处于活动的最佳状态，进而推动人们有效地完成工作任务。研究表明，适度的紧张和焦虑能促使人积极地思考和解决问题。

3. 组织功能

情绪对其他心理活动具有组织的作用。这种作用表现为积极情绪的协调作用和消极情绪的破坏、瓦解作用。研究表明：中等强度的愉快情绪，有利于提高认知活动的效果。而消极的情绪如恐惧、痛苦等会对操作效果产生负面影响。消极情绪的激活水平越高，操作效果越差。情绪的组织功能还表现在人的行为上，当人们处在积极、乐观的情绪状态时，易注意事物美好的一方面，其行为也比较开放，愿意接纳外界的事物。而当人们处在消极的情绪状态时，容易失望、悲观，放弃自己的愿望，有时甚至产生攻击性行为。

4. 信号功能

情绪和情感在人际间具有传递信息、沟通思想的功能。这种功能是通过情绪的外部表现，即表情来实现的。从信息交流的发生上看，表情的交流比言语交流要早得多，如在前言语阶段，婴儿与成人相互交流的唯一手段就是情绪，情绪的适应功能也正是通过信号交流作用来实现的。

二、情绪和情感的种类

(一)情绪的种类

一个人在特定的生活环境中，于一段时间内所产生的情绪、情感体验叫情绪状态。根据情绪状态的强度和持续时间可分为心境、激情和应激。

1. 心境

心境是一种微弱、持久、带有渲染性的情绪状态。心境具有弥散性，它不是关于某一特定事物的特定体验，而是以同样的态度体验对待一切事物。所谓"情哀则景哀，情乐则景乐"，说的就是心境。

其特点表现为：

(1)持续时间有很大差别。短则几小时，长则可能几周甚至几个月或更长的时间。

(2)人格特征、气质和性格会影响心境持续的时间。性格开朗的人往往事过境迁，而性格内向的人则容易耿耿于怀。

(3)心境产生的原因是多方面的。生活中的顺境和逆境、个人的健康情况等，都可能成为引起某种心境的原因。积极的心境可以提高人的活动效率，有益于健康；而消极悲观的心境，则会降低认知活动效率，使人丧失信心和希望，有损于健康。

2. 激情

激情是一种强烈的、迅猛爆发但却短暂的情绪状态。这种情绪状态通常是由对个人有重大意义的事件引起的。如重大成功之后的狂喜、亲人突然死亡引起的极度悲哀等，都是激情状态。

其特点表现为：

(1)和心境相比，激情维持的时间一般较短暂。冲动一过，激情也就弱化或消失了。

(2)激情状态往往伴随着生理变化和明显的外部行为表现。如盛怒时的面红耳赤、狂喜时的手舞足蹈等都是激情的外部表现。

(3)过度的兴奋与悲痛都容易引起激情。激情状态下容易行为失控，甚至做出鲁莽的行为或动作。如"范进中举"时的意识混乱、手舞足蹈就是激情的表现。

3. 应激

应激是一种由出乎意料的紧急情况所引起的十分强烈的情绪状态。当人在紧张危险的情境下而又需要迅速采取重大决策时，就可能导致应激状态的产生。例如，正常行驶的汽车意外地遇到故障时，司机紧急刹车，就是一种应激的表现。

在应激状态下，人可能有两种表现：一是目瞪口呆，手足无措；二是急中生智，及时摆脱险境。应激有积极的作用，也有消极的作用。一般的应激状态能使有机体具有特殊防御排险能力，能使人及时摆脱困境。但是人如果长期处于应激状态，会有害于身体健康，严重的还会危及生命。

(二)情感的分类

情感是与人的社会性需要相联系的主观体验，是人类特有的心理现象之一。人类高级的社会性情感主要有道德感、理智感和美感。

1. 道德感

道德感是人类特有的一种高级社会性情感，是人们根据一定的社会道德规范评价自己和他人的行为时所产生的一种内心体验。道德属于社会历史范畴，不同时代、不同民族、不同阶级有着不同的道德评价标准。当人们的行为符合社会道德规范时，就产生肯定性的情感体验，如爱慕、敬佩、赞赏等；否则便产生否定性的情感体验，如羞愧、憎恨、厌恶等。

2. 理智感

理智感是在智力活动过程中，认识和评价事物时所产生的情绪体验。如对事物的好奇心和新异感，对真理的追求和对谬误的憎恨等都属于理智感。

理智感与人的认识活动中成就的获得和需要的满足，对真理的追求及思维任务的解决相联系。人的认识活动越深刻，求知欲望越强烈，追求真理的情趣越浓厚，人的理智感就越深厚。理智感受社会道德观念和人的世界观的影响，它反映了每个人鲜明的观点和立场。

3. 美感

美感是根据一定的审美标准评价事物时所产生的情感体验。它是由具有一定审美观点的人对外界事物的美进行评价时所产生的一种肯定、满意、愉悦、爱慕的情感。人的审美标准既反映事物的客观属性，又受个人的思想观点和价值观念的影响。优美的自然风光、高尚的道德行为会给人带来美感；而不同文化背景下，不同民族、不同阶级的人对事物美的评价也各不相同。

三、情绪、情感在幼儿心理发展中的作用

(一)情绪、情感是幼儿适应生存的重要心理工具

儿童从出生开始，就要在适应中生存。他们通过情绪信息向成人传递着各种需要。如用哭声反映身体的不适，呼唤成人对他的关注；用微笑反映舒适、愉快，吸引母亲对他的疼爱。幼儿所表现出的这些情绪、情感最能激起母亲给孩子以无微不至的关怀和积极的情感回应，从而使孩子的身心得到健康的发展。

(二)情绪、情感是幼儿心理活动的激发者

研究表明，情绪、情感对幼儿的心理活动具有明显的动机作用。幼儿心理活动的情绪色彩非常浓厚。情绪直接指导着幼儿的行为。幼儿在愉快的情绪下，做什么事都积极、听话，反之，则不爱动、不爱学，也不听话。"幼儿是情绪的俘虏"是情绪对幼儿心理活动的动机作用的最好说明。因此，若想使教育活动取得良好的效果，应让幼儿保持积极的情绪状态。

(三)情绪、情感推动、组织幼儿的认知加工

情绪、情感对幼儿的认知活动也起着或推动、促进或抑制、延缓的作用。不论是感知、记忆，还是注意、思维，都受到幼儿情绪的极大影响，受其制约、调节。

许多心理学家的实验研究都证明了情绪对认知的组织作用。诸多研究结果表明，不同情绪状态对幼儿智力操作的影响具有显著的差别。积极的正面情绪，使幼儿与外界事物(包括任务、物体和人)处于和谐的境地，使幼儿容易接近、接受外界事物和人，并倾向于被这些事物所吸引。因此，一般、中等积极愉快状态和兴趣状态，能为幼儿进行认知操作提供最佳的情绪背景，使其操作最快、最有效、显示出最优的操作效果，而消极的负面情绪则会阻碍、干扰思维加工，造成幼儿智力操作速度慢、效果差。

(四)情绪、情感是幼儿人际交往的有力手段

表情作为情绪的外部表现，是幼儿与成人交往的重要工具之一。新生儿几乎完全借助于他的面部表情、动作、姿态及不同的声音表情等与成人沟通，使成人了解他的各种需要，给他情感上的抚慰。直到幼儿期，表情仍然是一种重要的交流工具，它和语言一起共同实现着幼儿与成人、幼儿与同伴间的社会性交往。许多研究表明，情绪是幼儿维持正常社会关系的必要手段。

(五)情绪、情感促进幼儿意识产生、个性形成

著名心理学家伊扎德(Izard，C. E)和孟昭兰等都提出，情绪作为一种主观体验，为意识提供最初的来源和成分。

婴儿最初的情绪体验就是最初的意识。自我意识所包含的自我认识、自我评价及自我调节等方面的发展，都与婴儿关于"自我"的情绪体验及其性质紧密联系。婴儿对自身积极的情绪体验，如由操作成功得到的自豪感，由他人喜爱得到的被爱感，能促使其形成积极的自我形象和对自我的肯定性评价；反之，则会促使其对自身产生否定性的评价。

幼儿时期是个性形成的奠基时期。首先，在生命的头两三年中，在与不同人、不同事物的较长时期的接触中，由于成人的不同态度和方式，使幼儿逐渐形成了对不同人、不同事物的不同的情绪态度。如能关心、满足孩子的合理需要的成人，会使孩子与其共处时总产生良好的情绪反应；而那些对孩子过多斥责或忽视孩子合理需求的成人，则会给孩子带来消极的情绪体验。其次，幼儿由于经常受到特定环境刺激的影响，反复体验同一种情绪状态，这种状态会逐渐稳固下来，成为稳定的情绪特征，而情绪特征正是个性结构的重要组成部分。当情绪与认知相互作用而形成一定倾向时，就形成了基本的个性结构。诸多研究证明，父母、亲人的长期爱抚、关注有助于幼儿形成活泼、开朗、自信的性格情绪特征，而长期缺乏父母、亲人的关怀和爱抚的幼儿则会形成孤僻、抑郁、胆怯、不信任人等性格情绪特征。

第二课 幼儿情绪、情感的发展

一、幼儿情绪的发展特点

(一)情绪的社会化

幼儿最初的情绪是与生理需要相联系的。随着婴幼儿年龄的增长，情绪逐渐与社会性需要相联系，这个联系的过程就是情绪的社会化过程，也就是情感的发展过程。幼儿情绪社会化表现在以下几个方面。

1. 情绪中社会性交往的成分不断增加

幼儿的情绪活动中，涉及社会性交往的内容，随着年龄的增长而增加。有研究

发现，学前儿童交往中的微笑可以分为三类：第一类，幼儿自己玩得高兴时的微笑；第二类，幼儿对教师的微笑；第三类，幼儿对小朋友的微笑。这三类中，第一类不是社会性情感的表现，后两类则是社会性的。该研究所得 1.5 岁和 3 岁儿童三类微笑的次数比较见表 8-2。

表 8-2　1.5 岁和 3 岁幼儿三类微笑的比较

年　龄	自己笑		对教师笑		对小朋友笑		总　数	
	次数	%	次数	%	次数	%	次数	%
1.5 岁	67	55.3	47	38.84	7	5.79	121	100
3 岁	117	15.62	334	44.59	298	39.79	749	100

从表中可以看到，从 1.5 岁到 3 岁，幼儿非社会性交往微笑的比例下降，社会性微笑的比例则不断增长。从幼儿的微笑看，1.5 岁左右的幼儿对自己的微笑所占比例比较大，对小朋友微笑的比例很小，而 3 岁幼儿对自己微笑比例很小，对教师、同伴的微笑比例很大，这表明 3 岁幼儿非社会性的微笑逐渐减少，社会性交往的微笑则大为增加。

2. 引起情绪反应的社会性动因不断增加

所谓情绪动因是指引起幼儿情绪反应的原因。婴儿的情绪反应，主要是和他的基本生活需要是否得到满足相联系的。在 3 岁前儿童情绪反应动因中，生理需要是否满足是其主要动因，如温暖的环境、吃饱、睡足、身体舒适等，这些都是引起愉快情绪的动因。

1～3 岁儿童，除了与满足生理需要有关的情绪反应外，还出现了与社会性需要有关的情绪反应。例如，这个年龄段的幼儿有独立行走的需要，如果父母让其在一定范围内自由行走，儿童会感到愉快；但如果父母硬要抱着走，不能满足幼儿的愿望，幼儿则会哭闹。

3～4 岁幼儿仍然喜欢身体接触，如刚入园的幼儿很愿意老师牵他的手，甚至喜欢搂抱老师，让老师亲一亲、摸一摸。这些表明 3～4 岁幼儿的情绪动因处于从主要满足生理需要向主要满足社会性需要转化的过渡阶段。5～6 岁幼儿情绪反应的社会性动因更加明显。例如，小朋友不和他玩，成人对他不理睬、不注意等都会让他觉得伤心，感到不愉快，表现出不良的情绪状态。

有研究表明，儿童产生愤怒的原因有：生理习惯问题，如不愿吃东西、睡眠、洗脸和上厕所等；与权威矛盾的问题，如被惩罚，受到不公正待遇，不许参加某种活动等；与人的关系问题，如不被注意，不被认可，不愿和人分享等。研究结果发现，2 岁以下儿童生理习惯问题最多，3～4 岁幼儿与权威矛盾的问题占 45％，4 岁以上幼儿则与人的关系问题最多。

由此可见，幼儿的情绪情感与社会性交往、社会性需要的满足密切联系，幼儿的情绪、情感正日益摆脱同生理需要的联系而逐渐社会化，其社会性交往、人际关

系对幼儿情绪影响很大，是左右其情绪情感产生的最主要动因。

3. 情绪表达的社会化

表情是情绪的外部表现。表情的表达方式包括面部表情、肢体语言和言语表情。幼儿在成长过程中，逐渐掌握了周围人们的表情手段，表情日益社会化。

幼儿表情社会化的发展主要包括两个方面：一是理解（辨别）面部表情的能力；二是运用社会化表情手段的能力。1 岁的婴儿已经能够笼统地辨别成人的表情。比如，先对他做笑脸，他就会笑；如果立即对他拉长脸，做出严厉的表情，他就会哭起来。幼儿从两岁开始，已经能够用表情手段去影响别人，并学会在不同场合用不同方式表达同一种表情。

(二)情绪的丰富和深刻化

情绪的丰富化包括两层含义：一是情绪过程越来越分化。随着幼儿年龄的增长，活动范围不断扩大，幼儿有了许多新的需要，继而也就出现了多种新的情绪体验。如幼儿中期逐渐出现的友谊感，幼儿晚期进一步表现出的集体荣誉感等。二是情绪指向事物不断增加。原来并不能引起幼儿情绪体验的事物，随着年龄增长，能不断引起幼儿的各种情绪体验。如周围成人对幼儿的态度，周围的动物、植物甚至自然现象等，都可以引起幼儿自豪、同情、惊奇等情绪体验。

所谓情绪的深刻化，是指它所指向的事物性质的变化，从指向事物的表面到指向事物更内在的特点。如幼小幼儿对父母产生依恋，主要是基于父母满足他的基本生理需要，而年长幼儿对父母的依恋，则已包含有对父母劳动的尊重和爱戴等内容；又如，幼儿对行动有不同的体验，对自己的行动成就可能表现出骄傲，而对别人行动的成就可能表现出羡慕。

(三)情绪的自我调节化

1. 情绪的冲动性逐渐减少

幼儿常常处于激动的情绪状态。在日常生活中，幼儿往往由于某种刺激的出现而非常兴奋，情绪冲动强烈。当幼儿处于高度激动的情绪状态时，他们完全不能控制自己，大哭大闹或大喊大叫，短时间内不能平静下来。在这种情况下，成人要求他们"不要哭""不要闹"也无济于事。他们甚至听不见成人说话。

幼儿的情绪冲动性还常常表现在他们用过激的行动表现自己的情绪。随着幼儿脑的发育以及言语的发展，幼儿情绪的冲动性逐渐减少。幼儿对自己情绪的控制起初是被动的，即在成人的要求下，因服从成人的指示而控制自己的情绪。

到了幼儿晚期，个体对情绪的自我调节能力才逐渐发展。例如，打针时感到痛，但是认识到要学习解放军叔叔的勇敢精神，能够含着泪露出笑容。又如，认识到母亲因为工作需要外出，能够控制自己不愿与母亲分离的情绪。这个年龄的孩子能够调节自己的情绪表现，做到不愉快时不哭，或者在伤心时不哭出声音来。

2. 情绪的稳定性逐渐提高

婴幼儿的情绪不稳定、易变化。我们知道，情绪是有两极对立性的，如喜与怒、哀与乐等。幼儿的两种对立情绪，常常在很短时间内互相转换。比如，当孩子由于得不到心爱的玩具而哭泣时，如果成人给他一块糖，他就立刻会笑起来。这种破涕为笑的情况，在幼儿的儿童身上是常见的。婴幼儿的情绪不稳定与以下两个因素有关。

（1）情境性。婴幼儿的情绪常常被外界情境所支配，某种情绪往往因为某种情境的出现而产生，又随着情境的变化而消失。例如，对看得见而又拿不到手的玩具，婴儿会产生不愉快的情绪，但是，当玩具从眼前消失时，不愉快的情绪也跟着很快消失。

（2）易感性。所谓易感性是指幼儿情绪非常容易受周围人的情绪影响。新入园的一个孩子哭泣着要找妈妈，会引得班里其他孩子们都哭起来。听故事时，一个孩子笑，其他孩子也跟着哈哈大笑起来。

随着年龄的增长，情绪的稳定性逐渐提高。到幼儿晚期情绪比较稳定，情境性和易感性逐渐减少，这个时期幼儿的情绪较少受一般人感染，但仍然容易受亲近的人，如家长和教师的感染。因此，父母和教师在幼儿面前必须注意控制自己的不良情绪。

3. 情绪控制与掩饰的成分增加

婴儿期和幼儿初期的儿童，不能意识到自己情绪的外部表现。他们的情绪完全表露于外，丝毫不加以控制和掩饰。随着幼儿言语和心理活动有意性的发展，幼儿逐渐能够调节自己的情绪及其外部表现。

幼儿情绪外显的特点有利于成人及时了解孩子的情绪，给予正确的引导和帮助。但是，控制调节自己的情绪表现以至情绪本身，是社会交往的需要，主要依赖于正确的培养。同时，由于幼儿晚期情绪已经开始出现内隐性，这就要求成人细心观察和了解幼儿内心的情绪体验。

4. 情绪的冲动性、易变性降低

幼儿早期由于大脑皮层对皮层下中枢的控制能力发展不足，因此情绪冲动易变。到了幼儿晚期，幼儿对情绪的控制能力逐渐发展。起初这种情绪仍需在成人的要求和语言指示下才能得到控制。后经教育和要求，幼儿逐步具有了对情绪的自控能力，其冲动性、易变性降低。

二、幼儿情感的发展特点

高级情感是指人对具有一定文化价值或社会意义的事物所产生的复合情感，主要表现为道德感、理智感、审美感等。幼儿期开始出现简单的高级情感。

（一）幼儿道德感的发展

1岁时，婴儿就表现出一种对人简单的同情感。看到别的孩子哭或笑，也会跟着哭或笑，这就是所谓的"情感共鸣"，它是高级情感活动产生和发展的基础。

2～3岁的幼儿已产生了简单的道德感。此时幼儿的道德感主要指向个别行为，往往是由成人的评价引起的。成人表扬他就高兴，批评他则不高兴。

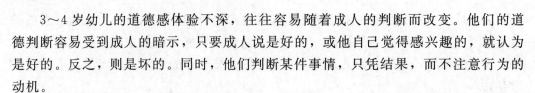

3～4岁幼儿的道德感体验不深，往往容易随着成人的判断而改变。他们的道德判断容易受到成人的暗示，只要成人说是好的，或他自己觉得感兴趣的，就认为是好的。反之，则是坏的。同时，他们判断某件事情，只凭结果，而不注意行为的动机。

4～5岁的幼儿已经掌握了生活中的一些道德标准，他们不但关心自己的行为是否符合道德标准，而且开始关心别人的行为是否符合道德标准，由此产生相应的情感。如中班幼儿常常"告状"，这就是由道德感激发起来的一种行为。

5～6岁幼儿道德感的发展开始趋向复杂和稳定。他们对好与坏、好人与坏人有着截然不同的情绪反应。同时，他们开始注重某个行为的动机、意图，而不单从结果来进行判断。

(二)幼儿理智感的发展

幼儿理智感的发展，在很大程度上取决于环境的影响和成人的培养。一般来说，5岁左右幼儿的理智感已明显地发展起来，突出表现在幼儿很喜欢提问题，并由于提问和得到满意的回答而感到愉快；6岁幼儿喜爱参与各种智力游戏，或者动脑筋、解决问题的活动，如下棋、猜谜语、拼搭大型建筑物等，这些活动既能满足他们的求知欲和好奇心，又有助于促进理智感的发展。

幼儿的理智感有一种特殊的表现形式，即好奇好问。幼儿特别喜欢问成人"这是什么?"有的心理学把幼儿期称作疑问期。幼儿认识事物的强烈兴趣，不仅使他们获得更多的知识，也进一步推动了理智感的发展。

幼儿理智感的另一种表现形式是与动作相联系的"破坏"行为。新买的玩具，可能一眨眼工夫，就被幼儿拆得七零八落了。作为家长和教师，要珍惜幼儿的探究热情，并创造机会解放幼儿的双手。

培养幼儿理智感应注意：鼓励幼儿多提问、多思考、多探究，并创造机会让幼儿探索和创造；幼儿在游戏和学业上取得成功后要及时给予表扬，尽量避免让幼儿体验过多和过强的失败情绪；任务与要求要切合幼儿的实际；善于发现幼儿认识活动中的优势领域和兴趣。成功和兴趣是推动幼儿理智感发展的重要保证。

(三)幼儿美感的发展

幼儿对美的体验有一个社会化的过程。研究表明，新生儿已经倾向于注视端正的人脸，而不喜欢五官凌乱颠倒的人脸。婴儿喜欢有图案的纸板多于纯灰色的纸板，婴儿还喜好鲜艳悦目的物品以及整齐清洁的环境。幼儿初期的个体主要是对颜色鲜明的东西、新的衣服鞋袜等产生美感。他们自发地喜欢相貌漂亮的小朋友，而不喜欢形状丑恶的任何事物。在环境和教育的影响下，幼儿逐渐形成审美的标准。比如，幼儿对衣服邋遢的样子感到厌恶，而对于衣物、玩具摆放整齐的样子产生快感。同时，他们也能够从音乐、舞蹈等艺术活动和美术作品、活动中体验到美，而且对美的评价标准也日渐提高。

三、幼儿健康情绪、情感的培养

(一)提供良好的物质环境和精神环境

1. 创设温馨、舒适的生活环境

宽敞的活动空间、优美的环境布置、整洁的活动场地和充满生机的自然环境，对幼儿情绪、情感的发展是非常重要的。研究表明，幼儿如果长期生活在狭小的环境中，就会经常出现情绪暴躁不安的现象。可见生活的整体环境对幼儿情绪、情感的影响是不容忽视的。良好的生活环境，无压抑感、充满激励的氛围，可以使幼儿感到安全和愉快。为此，成人应尽可能地为幼儿创造良好的生活环境，合理安排好幼儿的一日生活，使幼儿在生活中处处感受到轻松和愉快，以促进其情绪、情感的健康发展。

2. 营造宽松、和谐的交往氛围

物质环境对幼儿情绪的影响固然很大，但精神环境更不容忽视。幼儿与周围人的关系是影响幼儿情绪、情感的重要因素。良好的师幼关系和同伴关系有助于幼儿形成积极的情绪、情感体验，使幼儿喜欢上幼儿园；反之，幼儿则会反感上幼儿园，在幼儿园里也会感到孤独、寂寞，心情抑郁。因此，教师要为幼儿创设一种欢乐、融洽、友爱、互助的氛围，例如，教师要经常有目的地组织幼儿自由交谈、玩"过家家"等交往游戏活动，使幼儿感到在幼儿园生活的愉快；对于那些胆小懦弱的幼儿，要鼓励他们敢于表现自我，主动与人交往；教师尤其要注意那些受排斥和被忽视的幼儿，使他们能够和小伙伴友好相处，从与同伴的交往中得到快乐。对那些缺乏温暖的离异家庭的孩子，教师要给予更多的爱，使他们在幼儿园里获得更多的快乐，健康地成长。在幼儿园的某个角落布置一个温馨、舒适的"心情角"或"悄悄话小屋"，让孩子有一个和同伴单独相处的小空间，在这里他们可以发泄自己的不良情绪，也可以和好朋友说说心里话。此外，成人还要注意教育幼儿在交往中互相关心、互相爱护、互相帮助，要学会与人分享快乐和同情别人的不幸；体验集体的温暖和真挚的友情，培养幼儿积极健康的情绪、情感。

3. 创造良好的学习环境

幼儿良好情绪的建立也依赖于幼儿园中丰富多样的学习环境。因为单调的刺激容易使人产生厌烦等消极情绪，而丰富多样的环境变化则能激发人的探索兴趣。丰富的生活内容会让幼儿产生兴趣，激发探索欲望，收获快乐和满足。因此，教师和家长要尽量为孩子创设丰富多彩的活动内容，如创设手工操作区、娃娃乐园、科学实验室等，也要多带孩子进行各种户外活动，让孩子有更多亲近自然、感知世界的机会。教师和家长还可以选择适合幼儿年龄特点的幼儿文学作品，使孩子在欣赏这些文学作品的同时培养其高级的社会情感。如在阅读《萝卜回来了》时，教师和家长可以通过讲述小动物们在困境中关爱自己的伙伴的故事，培养和提高幼儿的道德感。因此，教师和家长要努力为幼儿创造良好的学习环境，组织开展丰富多彩的有利于幼儿健康情绪、情感养成的活动。

(二)树立科学的教养理念，提供良好的情绪、情感示范

婴幼儿的情绪易受感染、模仿性强，因此成人的情绪、情感示范非常重要。家长和教师在日常生活中所显现出的积极热情、乐于助人、关爱幼儿等良好的情绪、情感，对幼儿良好情绪、情感的发展会起到潜移默化的作用。反之，则会造成不良的后果。教师和家长要以身作则为幼儿树立良好的情绪、情感榜样。同时成人对幼儿的教育、管理应有科学的教养态度。例如，教师、家长要随时以亲切的微笑、和蔼的面孔出现在孩子的面前，跟他们亲切地交谈给他们以适度的抚摸、搂抱等，让他们获得愉快、积极的情绪、情感体验；公平合理地对待幼儿，满足其提出的合理要求，坚持正面教育，不恐吓、不威胁幼儿，也不能溺爱或过分严厉地对待幼儿；关注幼儿的爱心教育，培养孩子的爱心和同情心等。

(三)开展游戏或主题活动，促进幼儿健康情绪、情感的发展

游戏是幼儿最喜爱的活动。在游戏中幼儿可以自由地宣泄自己的情绪，不受现实条件的限制，充分地展开想象的翅膀，从事自己向往的各种活动，从而获得心理的满足，产生积极愉快的情绪。如绘画、玩泥、玩水、玩沙、唱歌、跳舞等都可以使幼儿充分表达自己不同的情绪，使幼儿感到轻松愉快。幼儿由于年龄小，还不能完全理解自己内心发生的事情，不可避免地会发生某种程度的焦虑或不满，而游戏正好可以使幼儿从这些不愉快的情绪中得以释放和解脱，有利于积极情绪的发展。如游戏中，中班的一个女孩自己想当"理发师"，而别人不愿意带她一起玩，她就一个人偷偷地哭泣。教师发现后，先是稳定她的情绪，让她说出不高兴的原因，然后帮她分析自己的情绪、让她知道遇到事情生气、哭是没有用的，并引导她想出克服不良情绪、解决问题的方法。最后，她与别人商量先当"顾客"，然后再轮流当"理发师"，这使得她顺利地参与到了同伴的游戏中，情绪也逐渐变得愉快积极起来。

此外，开展有关情绪的主题活动也有助于促进幼儿健康情绪、情感的发展。教师可以通过开展如"我们都是好朋友""会变的情绪""赶走小烦恼"等主题活动，来增强幼儿的自信心和独立性，培养幼儿积极健康的情感。

(四)教给幼儿恰当的情绪表达方法，帮助幼儿及时疏通和转移不良情绪

每个孩子在生活中都有可能因为受到挫折而表现出不良的情绪反应。作为家长和教师一定要充分理解和正确对待孩子的发泄行为，为孩子创设发泄情绪的环境和情境，培养孩子多样化的发泄方法并学会自我疏导，不要让幼小的心灵长期处于压抑状态。

1. 合理宣泄法

每个孩子在生活中都会有消极情绪，作为家长和教师，我们的任务不是要求幼儿一味压抑，而是要帮他们学习选择用对自己和他人无伤害的方式去疏导和宣泄这种情绪。成人可以通过多种方式为幼儿提供机会诉说自己心中的感受，引导幼儿表达自己的情绪、情感。例如，在幼儿因争执产生愤怒、悲伤等情绪反应时，教师支持鼓励他们充分表达各自的感受，耐心倾听他们对于冲突的解释，将有利于幼儿及

时疏泄消极情绪，以平和的心态面对矛盾，积极寻求解决问题的办法。

2. 自我意会控制法

自我控制能培养幼儿的忍耐力，缓解不良情绪带来的过度行为。教师可教会幼儿在发怒时默数"1、2、3、4……"或默念"我不发火，我能管住自己"等，这样可以帮助幼儿暂时缓解紧张，避免做冲动的事情。

3. 学会哭诉

哭是幼儿表达和发泄情绪的最好方式。当幼儿开始哭或发脾气时，很重要的一点是教师要留在他的身边，倾听孩子的诉求，温和地抚摸或搂住他，讲几句关心的话，如"再告诉我一些""老师爱你""发生这样的事真令人难过"，但不要多。假如在此时说得太多，可能会在这种交流中凌驾于幼儿之上，要耐心倾听孩子的声音，听听孩子的想法，而不是"企图"纠正它，那么孩子会深深地感受到老师的关心。

4. 注意力转移法

幼儿的注意力相对较弱，注意某一事物的时间相对较短。因此，当幼儿对某一事件具有不良情绪反应的时候，教师可以将幼儿的注意力转移到高兴的事情上，如看电视、做游戏、玩玩具，也可以想一些笑话、幽默或以前快乐的事，使幼儿的情绪重新变得愉快。

5. 负强化法

当孩子情绪失控时，成人的训斥打骂，不仅无益于问题的解决，还有可能造成幼儿的逆反心理。成人可以用"负强化"的方法，即以不予理睬的方法来对待孩子的情绪失控。例如，孩子吵着要买玩具，甚至在地上打滚，家长可采取不劝说、不解释、不争吵的方法，让幼儿感到父母并不在意他的这些行为。当孩子闹够了，从地上爬起来时，父母要表现出高兴和关心，可以对孩子说："我们知道你不开心，但你现在不闹了，真是一个好孩子。"然后父母可以跟他讲道理，分析他刚才行为的不对之处。

(五)引导家长缓解幼儿的过度焦虑情绪

针对幼儿的过度焦虑，教师和家长要引起注意。要分清幼儿焦虑的种类从而对症下药。

1. 缓解入园焦虑

对于与父母或抚养者分离引起的分离焦虑，以入园焦虑居多。家长要在幼儿入园前为孩子做好一定的交往准备。如在入园前要有计划地扩大幼儿的交往范围和活动空间，帮幼儿找玩伴，多和其他孩子接触，引导幼儿主动和他人交往。家长之间也要多接触以帮助幼儿建立良好的人际关系和社会关系，初步建立交往的信任感和安全感。

2. 针对不同的气质类型采用不同方式缓解幼儿的焦虑情绪

有些幼儿由于自身的气质，会对外界的细微变化较敏感，容易产生焦虑情绪。这些幼儿的父母，常常也有程度不同的焦虑现象。因此家长要注意言传身教，不要

幼儿心理发展概论

当着幼儿的面焦虑不安，以免让孩子染上焦虑。同时应对不同气质类型的幼儿区别对待：①哭闹不稳定型：这类幼儿焦虑情绪尤为严重，简单的亲近方式和玩具都无法消除他们的不安全感。家长应给予他们更多的关心和亲近，多顺应多满足，让他们感受到父母的关爱。②安静内敛型：这类幼儿性格多内向、害羞，表现出一种极不安全感，这类幼儿往往借助玩具来安慰自己，难以亲近陌生人。因此，可运用循序渐进的方法让幼儿逐步摆脱焦虑感。

3. 缓解幼儿的期待性焦虑

期待性焦虑多见于家长对孩子的期望过高，超过了孩子的实际能力，使孩子无法达到家长的期望和要求，孩子担心受到父母的责备，而产生焦虑不安情绪。如很多家长会横向比较，总是夸奖别人的孩子，对自己的孩子赋予更多的任务和期望，让孩子学琴考级等。在这种情况下，家长要实事求是，从孩子的兴趣出发，多给孩子鼓励而不是过高的期待和要求。

此外，还可以运用音乐法和游戏法来缓解幼儿的焦虑情绪。另外，对于焦虑的孩子，不适合做安静的活动，因为在安静的环境中，他们很容易勾起伤心的情绪，因此教师需要多组织一些令他们开心愉快、情绪兴奋的活动，从而转移他们的注意力。"玩"是幼儿的特性，为吸引幼儿的注意力，可增添户外活动环境的自然情趣和魅力，让孩子在大自然中尽情嬉戏，缓解自身的焦虑情绪。

 单元小结

情绪和情感是人对客观事物的态度体验及相应的行为反应。它们对人的行为有推动或抑制作用。情感是和人的社会性需要相联系的主观体验，是人类所特有的心理现象之一。人类高级的社会性情感主要有：道德感、理智感和美感。

幼儿最初的情绪与生理需要相联系，随着幼儿年龄的增长，情绪逐渐与社会性需要相联系。幼儿情绪的发展具有社会化、丰富和深刻化、自我调节化的特点。幼儿的高级情感已有了初步的发展：小班幼儿道德感主要指向个别行为；中班幼儿不但关心自己的行为是否符合道德标准，而且开始关心他人的行为，并由此产生相应的情感；大班幼儿的道德感进一步发展和复杂化。幼儿期的理智感和美感也都已开始发展。

情绪与身心健康有着密切的联系，成人应通过创设合理的生活制度、丰富的生活内容、和谐的家庭生活，为幼儿营造愉悦的情绪氛围；同时，成人应为幼儿树立良好的情绪榜样，正确地对待幼儿的情绪行为，帮助幼儿及时地疏通和转移不良情绪。

思考与练习

1. 什么是情绪、情感？谈谈情绪、情感在幼儿心理发展中的作用？

174

2. 请举例说明幼儿情绪、情感的发展特点。

3. 幼儿高级情感的发展有什么特点？

4. 作为幼儿教师，应如何帮助孩子排解不良的情绪体验以及应对日常生活中的挫折呢？

5. 观察幼儿在生活或游戏中的情绪、情感表现，谈谈幼儿情绪、情感的发展有何特点。

案例分析

阅读以下材料，结合本章知识分析事件中幼儿出现的情绪表现是否正常，并提出合理化的教育策略。

幼儿园里，小明和小辉一起开心地玩搭楼房的游戏，他们已经搭好了大楼的第一层，正准备搭第二层时，小辉的爷爷来接小辉了，小明望着小伙伴离去的身影，心里一阵委屈，"轰"的一声推倒了搭好的大楼，一个人不开心地坐着……这样的场景在幼儿园里时有发生，然而不同的幼儿却有不同的反应。有的孩子会像小明一样把已经搭好的楼房推倒，有的孩子会撅起嘴巴生闷气，有的孩子则会邀请其他小朋友合作或独自一人继续搭建楼房。

问题解析：

1. 情绪表现特点分析

案例中小明的表现属于不能合理地调节自己的情绪。幼儿早期由于大脑皮层对皮层下中枢的控制能力发展不足，因此情绪冲动易变，不能控制和调节自己的行为。随着年龄的增长，幼儿逐渐学会一些情绪调节策略来帮助他们更好地调节自己的情绪，情绪调节策略的发展和成熟也标志着幼儿情绪调节能力的发展。

当幼儿碰到与自己愿望相违背的事情时，出现消极的情绪表现是正常的。但是那些以不良方式表达自己情绪的孩子，如案例中提到的把楼房推倒的孩子，不仅无法获得宣泄的快感，而且可能会因这种不良方式导致的后果而更加沮丧：好不容易搭起来的楼房就这么被自己毁了，多不高兴啊！而那些善于调节自己情绪的孩子，如案例中我们说到的邀请其他孩子合作或者自己继续把楼房搭好的孩子，则更容易转化负面情绪，并从新行为中获得快乐。看到最终搭成的房子以及周围重新聚拢来的玩伴，谁还会不高兴呢？

2. 教育策略

(1)转移注意力。幼儿的注意力相对较弱，注意某一事物的时间相对较短，因此，当幼儿对某一事件具有不良情绪反应的时候，教师可以通过转移其注意力的方法调节情绪。如小明一个人闷闷不乐地坐在还没搭好的积木旁，教师可以用愉悦的语调说："小明，你看，小平正在做飞机模型呢，你愿不愿意过去帮他一下啊？"如果小明对做飞机模型感兴趣，就会很容易把注意力转移到新游戏和新伙伴身上，而不再陷于失望的情绪中了。

（2）改变对情绪激起事件的解释方式。对同一事件的不同解释会带给幼儿不同的心理感受，以一种幼儿能够理解并接受的方式来解释可能造成不良情绪的事件，可以抑制不良情绪的发生，以达到调节情绪的目的。比如，上例中教师走过去与小明对话："小明，你怎么了？""小辉不跟我玩了"。"他为什么不跟你玩呢？""因为他爷爷来接他回去了。""哦，那就是说，不是小辉不愿意跟你玩，是因为他爷爷要接他回去，是这样吗？""是的。""如果你妈妈这时来接你，你是不是也只能这样做啊？"教师把可能产生不良情绪的解释转变为幼儿可以理解和接受的解释，并且通过引导幼儿设身处地思考，使小明接受了小辉的回家这个事实。

（3）使用应对源。在幼儿发生不良情绪反应的过程中，教师若能较好地借助应对源（即幼儿感兴趣的人、事和物），同样能调节幼儿的情绪。例如，如果小明非常喜欢画画，教师可以问："小明，你画画那么棒，你愿不愿意把你和小辉搭的'房子'画给老师看呢？"如果小明的好朋友陈晨还在幼儿园，教师也可以说："小明，小辉回家了，不过陈晨还在那边呀，你愿意邀请陈晨一起继续搭'房子'吗？"当然，如果教师此时有空，教师也可以询问小明是否愿意邀请老师和他一起搭"房子"。这样，运用周围的人（陈晨、老师本人）或者周围的事物（画画）作为应对源，同样可以调节幼儿的情绪。

（4）以适当的方式表达情绪。许多幼儿在需求无法得到满足或遇到不高兴的事情时，都试图采用哭闹、发脾气等方式来解决问题，而当问题依然无法解决时，这种负面情绪会愈演愈烈。因此帮助幼儿学会以一种可被人接纳，又能达到较为满意结果的方式来表达情绪，具有重要的意义。小明看到小辉要走，生气地将"楼房"推倒，一个人生闷气，教师可过去问："小明，你怎么了？"小明不肯说话。老师又问："是不是不高兴啊？"小明点点头。"是因为没人和你一起搭积木了？"小明点点头。"那为什么不邀请陈晨跟你一起玩呢？"等到"房子"搭完之后，教师可对小明说："小明真棒，'房子'已经搭好了，如果你一直生闷气、踢凳子，'房子'是不是到现在还没搭好啊？"教师可以通过这种引导，让幼儿明白一味发脾气只会损坏物品甚至伤害别人，而自己的不高兴情绪一点都不会好转，从而使幼儿逐渐学习用比发泄更好的方式来解决问题。

⇒ 幼儿教师资格考试模拟练习

一、单项选择题

1. 不属于幼儿高级情感的是（   ）。

A. 责任感　　　　B. 道德感　　　　C. 理智感　　　　D. 美感

2. （   ）是人的认识和行为的唤起者和组织者。

A. 感觉　　　　B. 知觉　　　　C. 情绪　　　　D. 气质

3. 幼儿基本情绪表现不包括（   ）。

A. 爱　　　　B. 笑　　　　C. 哭　　　　D. 恐惧

4. 下列关于情感与语言的叙述中，（　　　）项不正确。

A. 儿童最初的话语大多带有情感和愿望的色彩

B. 情绪激动对儿童学习任何一类词语都不利

C. 情绪激励法可以促进儿童掌握某些难以掌握的词

D. 有美感的词比有恶感的词更利于儿童记忆

5. 情绪是婴幼儿交往的主要工具，这是因为情绪具有（　　　）。

A. 唤起功能　　　　　B. 信号作用　　　　　C. 调节功能　　　　　D. 分化过程

二、简答题

1. 简述如何培养幼儿良好的情感和情绪。

2. 简述儿童情绪社会化趋势的表现。

三、论述题

论述情绪、情感与幼儿活动的关系。

第九单元

幼儿气质的发展

学习目标

1. 理解气质的概念和类型；
2. 掌握幼儿气质的表现和发展；
3. 初步学会运用干预幼儿气质的方法。

单元导言

有的幼儿生来好动，有的幼儿活泼，有的幼儿安静，有的幼儿急躁，这些个体差异就是与生俱来的气质差异。通过本单元学习，你将了解到气质的概念和类型、幼儿气质的表现以及不同气质类型的干预方法等方面的内容。

第一课　气质的概述

气质是在个体生命早期出现的，是幼儿社会化的一个重要标准，气质能很好地解释幼儿社会行为的个体差异。气质特点与生物遗传和环境因素有关。气质是幼儿个性发展的基础，也是人格的一部分，对幼儿气质的研究能够帮助人们在了解幼儿个体差异的基础上有针对性地进行教育。

一、气质的概念

气质在哲学领域是一个古老的概念，关于气质的概念不同学者从不同方面进行研究，对气质的科学界定也不尽相同。

奥尔波特(G. W. Allport，1937)最早对气质进行了现代心理学意义上的定义。他认为："气质是个体情绪本性的特有现象，它包括对情绪刺激的感受性、反应的一般速度、个体主导心境的品质及心境波动和强度方面的所有特性。而这些现象都依赖于个体内在的体质结构，因而大部分是与生俱来的。"奥尔波特提出的定义概括出了气质与情绪、心境的密切关系以及气质具有的相对稳定性。

托马斯和切斯(Thomas & Chess，1977，1984)认为气质是指个体所具有的一种与生俱来、独特的行为表现方式，也是一种人格特质。它与人格的情绪性、动机性和社会性方面相联系，而同认知、智力、文化和道德方面相对应。进一步说，在人格的情绪性、动机性和社会性方面，气质更多是先天的，较少受后天环境的影响，但也不是一成不变的。托马斯和切斯的研究以婴儿为对象，其所描述的气质特征对婴儿发展的预测方面受到人们的重视，他们对气质的解释具有鲜明的教育意义和临床价值。

斯特里劳(J. Streleu，1985)认为气质是指有机体的，主要是生物决定的，相对稳定的动力特点，它是由反应在外部的特质表现出来的。

庞丽娟(1993)认为气质是受个体生物组织制约，不依活动目的和内容为转移的相对稳定的心理活动的动力特征。她认为气质既具有稳定性又具有可变性，气质是从新生儿起就开始表现出来的一种比较稳定的个性心理特征，但它在后天生活环境和教育影响下，在一定程度上是可以变化的。

以上气质定义的核心共同点是大家都认为气质是幼儿早期表现出来的受生物基础制约的行为差异，并且在发展过程中的不同情境下是相对稳定的，它与大量的社会性交往活动相联系。

现代心理学界普遍认为，气质是人的心理活动表现出来的比较稳定的动力特征。它表现为心理活动的速度(如言语速度、思维速度等)、强度(如情绪体验强弱、意志努力程度等)、稳定性(如注意集中时间长短)和指向性(如内向或外向)等方面的特点和差异组合。

二、气质的种类

基于上述气质的定义，古今中外哲学家和心理学家提出了不同的气质类型的学说。最早对气质加以分类、给予细致的描述，并且其分类被后人接受认可的，是希波克拉底(Hippocrates)对气质的分类，即体液说。

(一)体液说

古希腊医生希波克拉底(约公元前460－前377)对气质的分类方法历史久远，一直影响至今。希波克拉底认为体液即是人体性质的物质基础，他很早就观察到人有不同的气质，认为人体中有四种性质不同的液体即血液、黏液、黄胆汁和黑胆

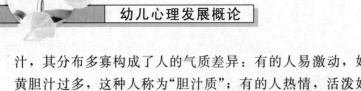

汁，其分布多寡构成了人的气质差异：有的人易激动，好发怒，不可抑制，是由于黄胆汁过多，这种人称为"胆汁质"；有的人热情，活泼好动，是由于血液过多，被称为"多血质"；另有一些人敏感、抑郁，是由于黑胆汁过多，被称为"抑郁质"；还有一些人冷静、沉稳，是由于黏液过多，被称为"黏液质"。虽然，希波克拉底用体液来解释气质的成因，有不科学、牵强附会之嫌，但他把人的气质分为四种基本类型则比较切合实际，心理学上一直沿用至今，对幼儿同样适用。

（二）体型说

体型说由德国精神病学家克雷奇默（E. Kretschmer）提出。他根据对精神病患者的临床观察，认为可以按体型划分人的气质类型。根据体型特点，他把人分成三种类型，即肥满型、瘦长型、筋骨型。肥满型产生躁狂气质，其行动倾向为善交际、表情活泼、热情、平易近人等；瘦长型产生分裂气质，其行动倾向为不善交际、孤僻、神经质、多思虑等；筋骨型产生黏着气质，其行动倾向为迷恋、认真、理解缓慢、行为较冲动等。他认为三种体型与不同精神病的发病率有关。

美国心理学家谢尔登（W. H. Sheldon）认为，形成体型的基本成分——胚叶与人的气质关系密切。他根据人外层、中层和内层胚叶的发育程度将气质分成三种类型。①内胚叶型：丰满、肥胖。特点是图舒服，好美食，好睡觉，会找轻松的事干，好交际，行为随和。②中胚叶型：肌肉发达，结实，体型呈长方形。特点是武断，过分自信，体格健壮，主动积极，咄咄逼人。③外胚叶型：高大细致，体质虚弱。特点是善于自制，对艺术有特殊爱好，并倾向于智力活动，敏感，反应迅速，工作热心负责，睡眠差，易疲劳。

体型说虽然揭示了体型与气质的某些一致性，但并未说明体型与气质间关系的机制，体型对气质是直接影响或是间接的影响，二者之间是连带关系还是因果关系。另外，研究结果主要是从病人而不是从常态人得来的，因此，缺乏一定的科学性。

（三）活动特性说

活动特性说是美国心理学家巴斯（A. H. Bass）的观点。他用反应活动的特性，即活动性、情绪性、社交性和冲动性作为划分气质的指标，由此区分出四种气质类型。活动性气质的人总是抢先迎接新任务，爱活动，不知疲倦，婴儿期表现为手脚总是不停地乱动，幼儿期表现为在教室坐不住，成年时显露出一种强烈的事业心；情绪性气质的人觉醒程度和反应强度大，婴儿期表现为经常哭闹，幼儿期表现为易激动、难于相处，成年时表现为喜怒无常；社交性气质的人渴望与他人建立密切的联系，婴儿期表现为要求母亲与熟人在身旁，孤单时好哭闹，幼儿期表现出易接受教育的影响，成年时与周围人相处很融洽；冲动性气质的人缺乏抑制力，婴儿期表现出等不得母亲喂饭等，幼儿期表现出经常坐立不安，注意力容易分散，成年时表现为讨厌等待，倾向于不假思索地行动。用活动特性来区分气质类型是近年来出现的一种新动向，不过活动特性的生理基础是什么，却没有揭示出来。

(四)高级神经活动学说

巴甫洛夫通过实验研究，发现神经系统具有强度、平衡性和灵活性三个基本特性。它们在条件反射形成或改变时得到表现，由于在个体身上存在各不相同的组合，从而产生了不同的神经活动类型，其中最典型的四种是：①强、平衡而且灵活型。条件反射形成或改变均迅速，且动作灵敏，又叫"活泼型"。②强而不平衡型。兴奋占优势，条件反射形成比消退来得更快，易兴奋、易怒而难以抑制，又叫"不可遏制型"或"兴奋型"。③强、平衡而不灵活型。条件反射容易形成而难以改变，庄重、迟缓而有惰性，又叫"安静型"。④弱型。兴奋与抑制都很弱，感受性高，难以承受强刺激，胆小而显神经质。

这四种神经活动类型，恰恰与古希腊希波克拉底所划分的四种气质类型相对应。它们的神经系统特征及表现详见表9-1。

表 9-1　四种气质类型与其相应的神经类型和心理特点的关系

神经类型	气质类型	心理特点
强、平衡、灵活	多血质	活泼、灵活、好交际
强、平衡、惰性	黏液质	安静、迟缓、有耐性
强、不平衡	胆汁质	反应快、易冲动、难约束
弱	抑郁质	敏感、畏缩、孤僻

后来的研究表明，神经活动的类型并不总是与气质类型相吻合的。神经活动的类型是气质的生理基础，气质是神经活动类型的心理表现。因此，气质特征和神经活动类型之间并不存在一一对应的关系。有时几种不同的气质特征依赖于同一种神经过程的特性；有时一种气质特征同时依赖于神经过程的几种不同特性。现实中纯属于一种气质类型的人并不多，绝大多数人属于混合型气质，也称中间型气质，即介于各种类型之间。

第二课　幼儿气质的发展

气质在幼儿社会性发展过程中具有重要的地位和作用，对了解和预测幼儿个性发展具有重要的指导意义。在幼儿早期，气质特征更多受先天因素的制约，随着与环境接触日益增多，环境在气质的影响因素中所占比重日益增大。为此，可以采用不同的早期教育和气质干预方式，对不同气质类型的婴幼儿给予不同的教育，使其自身的潜能充分地发挥出来。

一、婴幼儿气质的表现

气质，是婴儿出生后最早表现出来的一种较为明显而稳定的个体特征，是在任何社会文化背景中父母最先能观察到的婴儿的个性特点。有的婴儿一出生就爱哭，有的则爱笑；有的好动，有的喜静；有的大方，有的胆小，这些独特的行为就是所谓婴儿气质。气质是人心理活动的动力特征，是婴儿一出生后就会表现出来的较为明显而稳定的个性特征，也是未来个性发展的基础。

(一)托马斯和切斯对婴儿气质的分类

托马斯和切斯提出婴儿气质的九个维度，即活动水平、节律性、主动或退缩、适应性、反应阈限、反应强度、情绪质量、分心程度、注意广度和持久性(见表9-2)，他们追踪研究中的141个婴儿大部分可以归入以下三种气质类型。

1. 容易型(约占40%)

这类婴儿比较随和，不吵闹，脾气平和，情绪较为积极愉快，爱玩，看到生人常微笑，吃到第一次吃的食物时没有什么困难，能适应新事物新环境，他们的吃、喝、睡等生活有规律且可预测。大多数婴儿属于这一类型。这种类型的婴儿更容易受到成人的关怀和爱护。

2. 困难型(约占10%)

这类婴儿一醒来，还未睁开眼睛就哭吵，烦躁易怒，不易安抚。对新事物和新环境适应较慢，在饮食、睡眠等生物机能活动方面没有规律，成人无从掌握他们何时饥饿何时大小便，他们一遇到困难就大哭大闹，大发脾气。这类婴儿人数较少，但由于他们的情绪总是不好，家长很难得到他们的积极反馈，所以需要成人极大的耐心和宽容。

3. 迟缓型(约占15%)

这类幼儿在婴儿期不怎么活跃、活动水平较低，有点抑郁，情绪总是消极的，他们对环境刺激作出温和低调的反应。对新经验适应的速度较慢，他们不喜欢新的情境，表现出退缩或逃避，如在第一次洗澡、第一次吃到新的食物或第一次碰到陌生人等时便表现出不高兴、拒绝或哭闹。但在没有压力的情况下，他们也会对新刺激缓慢地发生兴趣，在新情境中能逐渐地活跃起来。这一类幼儿随着年龄的增长，随成人抚爱和教育情况不同而发生分化。

此外，仍有35%的婴儿不符合上述三种典型的气质类型，他们依据不同气质维度的组合而形成了个人独特的气质特征。在托马斯和切斯之后，凯利(Carey. T)等人将幼儿的气质类型细化为五种：困难型(difficult)、慢热型(slow-to-warm-up)、中间近难养型(intermerate high child)、中间近易养型(intermerate low child)、易养型(easy)。

表 9-2　托马斯和切斯提出的气质的主要维度

名　　称	表　　现
活动水平	在睡眠、饮食、玩耍、穿衣等方面身体活动的数量
节律性	在睡眠、饮食、排便等方面机体的功能性
主动或退缩	对新刺激、食物、地点、人、玩具或玩法的最初反应
适应性	以社会要求的方式调整最初反应的难易性
反应阈限	产生一个反应需要的外部刺激量
反应强度	反应的能量内容，不考虑反应质量
情绪质量	高兴或不高兴行为的数量
分心程度	外部刺激(声音、玩具)干扰正在进行的活动的有效性
注意广度和持久性	在有或没有外部障碍的条件下，某种具体活动的保持时间

(资料来源：艾克森，《心理学——一条整合的途径》，465 页，2005)

(二)布拉泽尔顿对婴儿气质的分类

布拉泽尔顿(Brazelton. T. B, 1969)将婴儿气质分为三种类型：活泼型、安静型和一般型。①活泼型。这类婴儿是名副其实地"连哭带斗"地来到人世的。他们不需要借助外力，等不及任何外界刺激就开始呼吸和哭喊。护士给他们穿衣服时他们大哭大叫，脚挺直或用力踢，用手推开护士。他们睡醒后便立即哭，母亲每次喂奶都是一场战斗。②安静型。这类婴儿从出生时开始就不活跃。生后安静地躺在小床上，睁着大眼睛四处环视。他们很少哭。动作柔和缓慢，甚至打针时也很安静。③一般型。一般型婴儿介于前两者之间，大多数婴儿属于这一类。

(三)五维度气质分类

刘文、杨丽珠(2005)采用理论推导、开放式问卷和个案追踪相结合的方法，对744 名 3～9 岁儿童的气质进行理论建构。结果表明，3～9 岁儿童气质是由情绪性、活动性、反应性、社会抑制和专注性五维度组成的多维整体，但各维度不同，其中活动性维度是最稳定的维度，受环境影响最小，情绪性、反应性、社会抑制和专注性均随年龄增长而变化发展，其转折年龄各有不同。我国幼儿气质总体上随年龄增长而发展变化，3～5 岁是其发展变化的关键年龄，同时存在性别差异，主要表现在与男孩相比，女孩专注性水平高，与女孩相比，男孩的活动性水平高、情绪更不稳定。

我国幼儿气质可以分为五种类型：活跃型、专注型、抑制型、均衡型和敏捷型(见表 9-3)。各个年龄阶段儿童都有这五种气质类型。这五种气质类型各有其明显的社会测量特征(刘文、杨丽珠、邹萍，2004)。

表 9-3 不同气质类型儿童典型行为表现特点

类 型	典 型 特 点
活跃型	精力旺盛，好动，活动量比较大；情绪易激动，不稳定；对外界的刺激包括认知活动的反应一般；对环境和人的适应性、灵活性表现一般；坚持性差，注意力易分散。
专注型	注意力持久，坚持性强，注意力不易分散；喜欢安静的活动，活动量小；情绪稳定，不易激动，耐受性强；对外界刺激的反应包括认知活动反应一般；对环境和人的适应性、灵活性一般。
抑制型	对环境和人的适应性、灵活性较差，退缩，害羞；不喜欢大运动量的活动；情绪稳定，不易激动；对外界刺激反应包括认知活动的反应水平低；坚持性强，注意力不易分散。
均衡型	情绪基本稳定；活动强度、时间适中；对各种刺激反应一般；对环境和人的适应性、灵活性一般；注意力持久的程度中等。
敏捷型	对外界各种刺激的感受性强，敏锐，反应快，接受新事物快；注意力持久，易集中，不易分散；活动强度和时间适中，对环境和人适应快、灵活；情绪表现比较稳定，积极情绪占主导。

二、幼儿气质的发展与早期干预

(一)幼儿气质的发展

幼儿气质的发展表现出稳定性和可塑性两大特点。

1. 稳定性

由于神经系统的类型是人的气质的生理机制，幼儿生来就有某种气质表现，这显然是与神经系统的先天或遗传特征有关，因此，气质是个性中比较稳定的方面，即具有稳定性。例如，有人对 198 名幼儿从出生到小学的气质发展进行了长达 10 年的追踪研究。结果发现，在大多数幼儿身上，早期的气质特征以后一直保持稳定不变。如一个活动水平高的幼儿，在 2 个月时睡眠中爱动，换尿布后常蠕动；到了 5 岁，在进食时常离开桌子，总爱跑。而一个活动水平低的孩子，小时候睡眠时或穿好衣服后都不爱跑，到他 5 岁时穿衣服也需要很长时间，在电动玩具上能安静地坐很久。

2. 可塑性

尽管气质有着不同的分类，但是气质也不是一成不变的。人的发展具有可塑性，幼儿天生带来的活动或行为模式是可以改变的。某些气质特征如害羞、社交能力等会受环境的影响而发生变化，而那些具有极端气质特征的人，如非常害羞或与之相反，特别喜欢交际，对人"见面熟"等则很难改变。这表明生物因素在气质发展中起最重要的作用，但任何生物、遗传因素对发展的影响必须通过环境因素才能表现出来，通过环境的影响也可能在某种程度上改变气质特征的表现。但这种改变不会从一个极端跳到另一个极端。

有时，气质类型并没有变化，事实上，由于幼儿期大脑神经系统尚未结束发育，再加上后天的生活环境和教育的影响而没有充分表露，或改变其表现形式，这在心理学上称为气质的掩蔽。研究者曾发现，一个女孩的行为表现明显属于抑郁型，但神经活动类型检查结果却是"强、平衡、灵活型"。原来，该幼儿由于长期生活在压抑和受到冷遇的家庭及幼儿园中，无法施展天性而渐渐变得兴趣索然、迟钝和精神委靡，以致形成的条件反射系统掩盖了原有的高级神经活动类型，而表现出敏感、畏缩和缺乏生气等行为特点。当然，一旦条件允许和经过适当的激发，这种天真、活泼的气质又会重新展现出来。这表明，气质具有可塑性。

（二）幼儿的气质与教育

1. 幼儿的气质与个性发展

在人的各种个性心理特征中，气质是最早出现的，也是变化最缓慢的。因为气质和幼儿的生理特点关系最直接。气质使人的全部心理活动都染上独特的色彩，不同气质的人其行为特点、言语速度、情绪类型、思维习惯、交往风格、性格特征都有各自明显的特色。这些特色反映在他的所有心理活动中，并直接影响个性的发展。

关于气质与幼儿个性发展的关系，杨丽珠、刘文等人做了大量的研究，研究结果表明：幼儿气质与自我延迟满足能力发展有着密切的关系，特别是活动性、情绪等对幼儿的自我延迟满足达到了显著的影响；幼儿气质对同伴交往类型的形成影响很大。受欢迎型幼儿的气质特点是情绪稳定，不激烈，活动的强度和速度适中，既不过分爱动，也不过分安静，反应快，敏捷，接受新事物快，适应性强，与人交往灵活，坚持性强，注意力不易分散；被拒绝型幼儿其气质特点为情绪不稳定，爱冲动，情绪激烈，活动的强度大，速度较快，特别好动，感知他人方面反应性水平较低，较外向，适应性一般，注意力易分散，坚持性差；被忽视幼儿其气质特点最突出的是社会抑制性强，说明其在与人交往、社会适应方面较差，特别是遇见陌生人和陌生情境时容易出现退缩行为，在活动性和反应性维度上得分也最低，说明其不爱动，活动强度弱，反应较为迟缓，但专注水平仅低于受欢迎型。此外，刘文、杨丽珠（2004）的研究发现，在实验室条件下，爱社交幼儿的利他行为多于害羞组，气质和父母教养方式对利他行为起交互作用。

尽管对个性与气质的关系目前还没有确切的定论，但在个体从孩童发展到青少年、成年人的过程中，气质与人格特质存在着连续性。丹尼丁研究（The Dunedin Study，2001）考察了生命的头 20 年里，个体的行为与人格是否存在连续性，研究从 1972 年开始，一直持续 22 年。研究结果表明：早期被认为低控制型的幼儿较冲动，情绪性明显，对任务没有持久性，在孩童时期，父母和老师都反映他们难以管理。18 岁时，使用多维人格问卷对他们的人格结构进行测试，他们具有高度的冲动性和攻击性，与同伴关系较疏远。21 岁时，他们有更多的就业困难和人际冲突，被认为不值得信赖。被判定为抑制型的幼儿非常害羞，害怕与他人交往。他人评定

显示这些具有抑制型气质的个体不易被团体接纳，社会地位偏低。良好适应型的幼儿具有较好的自控能力，对研究人员很友好，试图去完成富有挑战性的任务，但却不会因为任务太难而过于焦躁不安。在随后的成长过程中，这些行为特征仍能见到。

2. 气质与父母教养方式

幼儿并不是被动地接受环境的影响，他也以个人独特的方式去影响环境，影响父母，有些婴儿爱哭闹，另一些婴儿则十分安静，而这两种不同的气质特征会激起父母对其作出不同的反应。另外，气质的种族差异和性别差异也受到父母教养方式的影响。中国妇女喜欢用一种温柔、沉静的方式抚慰婴儿，对婴儿轻轻地抚摸、摇晃，对婴儿的啼哭作出敏感的反应并想方设法让孩子安静下来，所以中国婴儿比白种人的婴儿更安静、更容易抚慰。父母对不同性别的婴儿期望不同，对男孩希望其勇敢、更强壮、动作更协调，而对女孩即使其身材比较纤小，性情比较软弱，爱哭爱闹等都是可以接受的。这种对性别的固定模式也影响到父母的教养方式，如父母会鼓励儿子的身体活动，促进其运动技能的发展，而鼓励女儿寻求帮助并依赖父母。这种不同的教养方式也就加强了男孩和女孩气质上的差异。

杨丽珠等（1998）研究表明较高的适应性、积极乐观的心境和较高的注意持久性容易引发母亲民主型行为。这类孩子适应新环境、接受新刺激快；积极乐观，活泼可爱，很少吵架；做事能够坚持到底，不虎头蛇尾，即使碰到困难，也有信心做下去；容易和周围各种环境形成和谐关系，和父母相处融洽，更多地得到父母的赞许、表扬、信任、支持，能够获得父母民主型教养方式，养成积极主动、自尊、自信、自制、独立创新的良好个性品质。影响父母教养方式的消极气质因素有：高活动性，低适应性，高趋向性，低反应强度，消极心境和中性注意力分散程度。高活动性幼儿特别好动，显得很淘气，妈妈批评他，能够老实一会儿，过后又大闹起来，使母亲感到很麻烦；低适应性幼儿适应环境的速度慢，父母因管教无效而丧失信心，无可奈何，这些容易引发父母采取放任型教养方式。高趋向性幼儿胆大鲁莽，常常制造恶作剧或危险事件，常使父母感到不安，对于这类棘手的幼儿，父母常常给予训斥，强制孩子服从；低反应强度幼儿对什么都不感兴趣，往往是父母强制孩子做事；消极心境的幼儿爱生气，爱吵架，碰到不顺心的事就大发脾气，父母说教不起作用，便打骂孩子，打骂也不起作用，只好迁就，孩子要什么给什么，听之任之，这容易导致父母采取专制型、溺爱型和放任型的教养方式。中性注意力分散度的幼儿，注意力不太集中，很难专注于某一件事，常遭到父母的强制；然而，当父母用新异刺激引导幼儿注意某件事时，这类幼儿的注意又不能很快地转移，常使父母感到无计可施，这就容易引发父母采取专制型和放任型的、不一致的教养方式。

由于幼儿自身的气质对父母教养方式有直接影响，因此教师应引导家长正视这个问题，在日常生活中避免幼儿气质对父母教养方式的消极影响，自觉调节自身的情绪及教养态度，促进幼儿气质的良好发展。

3. 气质与幼儿园教育

在幼儿园教育中，什么样的教学和管理方式对各种气质类型幼儿的学习更为有利？托马斯和切斯提出了"气质拟合度"这个词来描述幼儿的气质适应环境的期望和要求的程度。根据气质拟合度的概念，幼儿在园表现如何，部分地取决于学习环境对这个幼儿的期望和要求与这名幼儿的气质相适应得如何(Keogh，1994)。当幼儿的气质与教师的期望和要求相适应时，幼儿就能取得好成绩，并且会得到教师较好的评价(Keogh，1986；Lener，1983；Leneretal，1985)。

个体差异在幼儿最初与环境的适应中起着重要作用，特别是处于气质两极的幼儿。研究这些过程是如何调节从而适应教育环境是非常有意义的。对于一般幼儿来说，惩罚可能导致抑制、躲避；失败可能导致畏缩和消沉。积极的情感和目标取向与好奇心和旺盛的精力有关，但是气质并不决定幼儿的所有幼儿园、学校经历。幼儿在幼儿园、学校的成功和失败也受他们早期家庭教育环境的影响。

(三)幼儿气质的干预

气质是一个与遗传有关的先天性的、稳定的个性特征，但气质在一定程度上也受环境因素的影响。幼儿气质影响到幼儿的心理活动，与幼儿行为问题等密切相关，尤其困难型幼儿更易出现行为问题，因此，早期干预对婴幼儿发展的影响重大。幼儿气质干预的目的是通过早期干预使幼儿气质发生良性改变，塑造健全人格，减少行为问题的发生。

1. 幼儿气质早期干预的有效性

研究结果表明，早期干预对幼儿气质的培养是有效的。冯慧敏、岳亿玲等(2009)对不同气质特点幼儿的早期干预方式进行研究，结果表明经过早期干预后，气质维度出现差异，干预组更多地表现出积极的情绪本质，更好的节律性和集中注意能力。虽然有研究表明婴幼儿的气质对以后的行为缺乏预测性，但从连续发展的过程来看，积极乐观的情绪、好的生活节律和注意力集中的培养都会对今后的行为产生良性的影响，能更好地预防行为偏离的发生。郑毅、崔永华(2006)对幼儿气质早期干预进行的研究结果表明，干预组气质水平显著优于对照组。两两比较发现，胎教组除规律性，反应域与对照组有差异外，其余项目无显著性差异，早教组和幼教组易养倾向明显优于对照组。

已有研究表明早期干预可以改变幼儿的多个气质维度。有研究者对200名婴儿不同的气质特点进行早期教育和气质干预研究，把婴儿分成控制组和对照组各100名，1年后两组在适应性、情绪本质、坚持性等3个气质维度上差别显著，干预组婴儿表现出更好的适应性、积极的情绪本质和高坚持性。对不同气质特点的婴幼儿使用不同的气质干预方式并结合早期教育可以更好地促进婴幼儿气质良好地发展。这些积极的气质特点将使婴儿容易和监护人相互沟通及建立良好的情感关系，易于接受新知识和早教训练，积极乐观，善于控制情绪，易与小朋友交往，做事坚持不懈，有助于提高学习成绩和成就水平，并可影响孩子一生的人际关系。李维君、邹

时朴进行了早期干预对婴幼儿气质的研究，结果表明，接受早期干预的婴幼儿的气质，除反应阈外，其他8种特征均有显著性差异，突出表现为活动水平、节律性、趋避性、适应性、反应强度、情绪控制、坚持性、注意力方面更趋向适中，说明气质在一定程度上受环境因素的影响。

2. 幼儿气质干预的研究方法

对婴幼儿气质干预的研究大多采用纵向研究与横向研究相结合的方法，如郑毅、崔永华对胎儿期、早期（1岁）、幼教期（3岁）幼儿进行早期系统干预，并与对照组6岁时幼儿气质进行对比评估，考察早期干预对幼儿发展的影响。还有一些研究主要使用横向研究的方法，如研究某一年龄阶段幼儿气质的发展与早期干预的效果。然而，现有研究的起始干预年龄有很大差异，有从某一年龄点如研究新生儿、1岁、3岁、6岁时婴幼儿气质的干预研究，也有从某一年龄阶段如从出生42天到3个月、3～15个月、1～36个月进行的干预研究。对于气质早期干预的起始年龄方面的论述目前还没有报道，这也是有待进一步研究的问题。

3. 不同气质特点的幼儿早期干预方式

对不同气质特点的幼儿应采取不同的早期干预方式，每个幼儿都有各自的气质特征，每个气质类型和维度都有积极面和消极面，教育者要了解和认识幼儿的气质特点，通过精心管理和良好教育引导幼儿朝着积极进取的方向发展，修正不良的气质特点，促使幼儿身心健康发育，减少行为问题的发生。

对气质的早期干预方案，主要重视亲子互动、感知觉、运动、语言和音乐的培养及幼儿自我表现力及独立动手操作能力等的培养。在教养过程中，要根据不同的气质特点，制定不同的方案。要注重循序渐进，寓教于游戏之中，通过营造良好的环境、亲子互动，才能促使幼儿情绪向稳定、积极的方向发展，达到预期的目的。

困难型幼儿的气质早期干预：这类幼儿的行为问题比容易型婴儿多，并可能导致其适应不良。对困难型的幼儿，教养者态度要一致，强调安排安静的环境，避免强光、噪声和种种不良刺激的干扰。教养者应平静地对待幼儿，要求处理问题时保持心平气和，并通过有节奏的主动和被动运动、音乐、游戏及养成有规则的行为来疏泄幼儿过盛的精力，使幼儿气质中消极因素减少，积极因素增加。如果预期孩子可能对新的环境产生消极反应时，应允许幼儿开始时进行回避，当幼儿无理取闹时应给予冷处理，等其安静后再妥善处理问题。对困难型气质的幼儿，从小坚持早教干预方案，可改善困难型气质幼儿的气质特征，从而减少幼儿行为问题的发生。

迟缓型幼儿气质早期干预：教师和家长要多与这类幼儿交谈，让幼儿预先知道即将发生的事，也可以先让他进入一个观察性参与的角色，以逐渐适应，避免让其一下子进入一个陌生环境。

总之，气质无好坏之分，但我们研究幼儿的气质特点，就是要使教育者自觉地正确地对待幼儿的气质特点，还要使教育者针对幼儿的气质特点进行培养和教育，以使幼儿身心健康发展。

单元小结

气质是人的心理活动表现出来的比较稳定的动力特征。气质是幼儿社会化的一个重要标准，气质能很好地解释幼儿社会行为的个体差异。体液说、体型说、活动特性说以及高级神经活动学说等将气质分为不同的类型。

托马斯和切斯将婴幼儿的气质分为容易型、困难型和迟缓型三种类型；布拉泽尔顿将婴幼儿的气质分为一般型、活泼型和安静型三种类型；刘文、杨丽珠将幼儿的气质分为活跃型、专注型、抑制型、均衡型和敏捷型五种类型。幼儿气质的发展表现出稳定性和可塑性两大特点。

幼儿的气质影响其个性的发展，父母的教养方式和幼儿园教育影响幼儿气质的发展，早期干预可以改变幼儿的多个气质维度，也可以改善父母的教养方式。对不同气质类型的婴幼儿给予不同的教育，使其自身的潜能充分地发挥出来。

总之，气质无好坏之分，教育者应自觉地正确地对待幼儿的气质特点，针对幼儿的气质特点进行培养和干预，以使幼儿身心健康发展。

思考与练习

1. 你是怎样理解气质的概念和种类的？

2. 婴幼儿气质分为哪些类型？其心理表现特征有哪些？

3. 幼儿气质发展有哪些特点？父母的教养方式和幼儿园教育如何影响幼儿气质的发展？

4. 联系生活实际谈谈如何对困难型和迟缓型婴幼儿气质进行干预。

5. 结合自身的成长经历举例说明气质与父母教养方式的关系。

6. 根据托马斯和切斯关于婴儿气质类型和行为表现的观点，选择一位婴儿作为观察对象，判断和分析该婴儿属于哪种气质类型。

案例分析

阅读以下材料，分析该幼儿属于哪种气质类型，并提出相应的教育建议。

18个月大的亮亮生龙活虎，似乎一刻也停不下来。爸爸跟在他后面，一声不吭地看着他穿梭于活动室，像一位忠实的仆人。亮亮似乎对什么都感兴趣，但又似乎对什么都只有十秒钟的热度，他先看到了放在活动室中间的小猪活动车，三步并两步冲过去骑到上面。刚骑了一会儿，他看到"娃娃家"的小朋友在喝茶，便一脸兴奋地回头看了看面无表情的爸爸，没有得到任何反馈，他就从猪背上跳下来进了"娃娃家"，拿起茶杯摆弄了一番，喝了几口茶。一转身看见隔壁活动角一个小女孩在用漏斗机装大米，他便拉起爸爸的手，用另一只手指着那个小女孩，爸爸就把他带到了漏斗机前面。没装几下大米，亮亮发现图书角的小朋友在看书，又转身向图

书角走去。半途中看到迎面走来的小朋友在踢小球玩，他就停下来也踢起球来……这种蜻蜓点水式的活动一直持续着，直到教师喊他出去做亲子操。整个过程中爸爸的言行很少，只在可能要发生危险的时候挺身而出。

问题解析：

1. 亮亮的气质类型分析

亮亮可能属于多血质气质（又称为活泼型幼儿），亮亮的注意力往往不容易集中，他一会儿骑上小猪活动车，一会儿又和小朋友喝茶，一会儿装米，一会儿又去看图书……他似乎做每件事情都有始无终，缺乏耐性；亮亮有朝气、热情、爱交际；亮亮反应速度快、思维较敏捷，他总是迅速地转换行动目标，动作敏捷；亮亮的情绪、情感容易产生，也容易变化和消失，情感体验不深刻，但总体来说亮亮具有很高的可塑性和外倾性。

2. 教育建议

(1)孩子的发展需要成人适宜的引导。虽说婴儿是自身发展的主人，但3岁前的年龄特征和亮亮本身的特点决定了他需要成人的适宜引导。孩子与生俱来的好奇心驱使他们对很多事物着迷，什么都想看看、听听、摸摸。对不同的客体，婴儿有自己的探索方式，这正是他们自主性学习的源泉，但他们毕竟还没有能力为自己的发展创设一个合适的环境，正如案例中的亮亮，始终找不到自己最想探索的客体，只是来回穿梭于活动室。这时就凸显出成人直接介入的必要性，成人可以根据孩子的学习风格、个性特点、情感状况选定介入策略、介入方式和介入程度。在本案例中，亮亮情绪十分高涨，认知之窗已向所有客体敞开，这种积极的情感与认知准备是学习发生的必备前提，但一切就绪之后真正的学习并没有发生，亮亮在选择客体上出现了困难，过多的客体刺激产生的干扰抑制了他的深入探索。他自己似乎也意识到了这一点，于是回头看爸爸，想获得一点建议，但爸爸并没有在这个必要的时刻从隐性支持状态中走出，敏锐地感知孩子当前的需要，并与孩子直接交流，导致亮亮的活动始终停留在感知层面，不能深入探索。

(2)早教中心提供的支持。这种气质的孩子一般比较容易受环境刺激的干扰，抗干扰能力差。亮亮父亲没有意识到自己可以影响孩子的选择，或者认为孩子的游戏与自己无关，自己的任务只是保护孩子身体不受伤害。因此早教中心首先要做的就是让家长认识到自己是孩子发展的引导者和支持者，让他们借鉴其他家长的指导案例或观看教师的指导示范，同时教给相关的策略。在孩子无从选择，不知如何深入探索时，家长可以通过语言、表情或者行为予以支持，例如，借助不同水平的提问或情感和语言上的回应，和孩子一起缩小选择范围，帮助孩子深入探究；同时从物理环境安排方面适应孩子，可以相应减少刺激量，也可以建议成人陪伴孩子一起探索同一个客体。

⇒幼儿教师资格考试模拟练习

一、单项选择题

1. "活泼好动"是幼儿(　　)的表现。

A. 能力　　　　　B. 兴趣　　　　　C. 气质　　　　　D. 性格

2. 对气质类型的评价是(　　)。

A. 都是好的　　　B. 都是坏的　　　C. 有好有坏　　　D. 无好坏之分

3. 胆汁质的高级神经活动类型的基本特征是(　　)。

A. 强、平衡、灵活　　　　　　　B. 强、平衡、不灵活

C. 强、不平衡　　　　　　　　　D. 弱

4. 气质的主要生理基础是(　　)。

A. 血型　　　　　　　　　　　　B. 激素

C. 高级神经活动类型　　　　　　D. 体型

二、案例分析题

请根据气质的分类以及气质相应的理论分析壮壮的气质类型并提出相应的教育建议。

壮壮上课时坐不住，经常会坐出位子或在椅子上乱动，要不就是碰碰坐在他旁边的小朋友，睡午觉前还会在床上又是跳又是丢枕头。而且还爱逞能，对老师的提问常常没听清楚就急着回答，常常答非所问。做事没耐心，常常是作业做到一半就跑去玩了，古诗、儿歌、绕口令都只会读一半。同时，他很勇于表现自己，积极回答问题，集体荣誉感很强。但是有时他又很不讲理很霸道，有他喜欢的玩具，他会毫不犹豫地和你抢，抢不到就咬人、打人。事后又很后悔，主动向小朋友道歉。

第十单元
幼儿的自我意识与性别化

学习目标

1. 理解自我意识和性别化的有关概念；
2. 掌握幼儿自我意识和性别化的发展特点；
3. 掌握促进幼儿自我意识发展的策略；
4. 了解影响幼儿性别化的因素。

单元导言

　　如果你试着问幼儿："你是谁?"幼儿一定会争先恐后地回答："我是男孩""我是最高的""我是大眼睛的女孩""我喜欢小汽车""我是奶奶的乖宝宝""我的画画得最好""我最喜欢唱歌了""我是跳绳最好的"……幼儿的这些回答涉及自我意识和性别化的问题。通过本单元学习，你将知道幼儿自我意识和性别化的特点，并掌握一些促进幼儿自我意识发展和性别化的策略。

第一课　幼儿自我意识的发展

　　自我意识是个性系统中最重要的组成部分，制约着个性的发展。自我意识的发展水平直接影响着个性的发展水平，自我意识发展水平越高，个性也就越成熟和稳定。

一、自我意识概述

(一)自我意识的概念

自我意识是个体对自己作为客体存在的各方面的意识，包括意识到自己的机体状态(如身高、体重、形态及健康状况等)、心理活动(如感知、思维、情感、意志、需要、兴趣、能力、性格等)以及人我关系(如自己与周围人相处的关系，自己在家庭、班集体中的地位和作用等)。如人们常常说，"我觉得我是一个急性子""我觉得我特别有亲和力，大伙都愿意与我交往""我觉得我做事情很认真""我觉得我考虑问题有些不全面"，等等。

自我意识区别于其他心理现象，在自我认识过程中，个体是把自己作为认识的对象，这时的个体既是认识者，又是被认识者。从前面例子中，我们可以发现句子开头主语部分的"我"是主观的我，即是对自己活动的意识者，是认识者；句子里宾语部分的"我"是客观的我，即是被主观的我意识到的自己的身心活动，是被认识者。由此可见，自我意识就是作为主观的我对客观我的意识。

(二)自我意识的结构

自我意识具有多维度的结构，一般可从形式和内容两个方面来认识。

1. 从形式上看，自我意识包括自我认识、自我体验和自我监控

自我认识是自我意识的认知成分，是个体对自己的洞察和理解，是人体对自己身心特征和活动状态的认知和评价。它包括自我观察、自我知觉、自我概念和自我评价等。其中自我概念是自我认识中最主要的一个方面，它可以反映个体自我认识的发展水平，它是在社会生活中通过实践和交往逐渐形成起来的。

自我体验是自我意识的情感成分，是个体对自己所持有的一种态度。它包括自尊、自信、自卑、自豪、尴尬、羞耻、内疚和自我欣赏等。其中，自尊是自我意识情绪的重要体现，也影响到自我认识和自我监控两个方面。

自我监控是自我意识的意志成分，是指个体对自己思想、情感和行为的调节和控制。它包括自我检查和自我监控。

2. 从内容上看，自我意识包括物质自我、心理自我和社会自我

物质自我是指对自己的身体外貌、衣着装束、言行举止以及所有物的认识与评价，其中也包括自己的家庭环境和家庭成员等。

心理自我是指自己的智力、情感与人格特征以及所持有的价值取向和宗教信仰等。

社会自我是指在人际交往中对自己所承担角色的权利、义务、责任等，以及自己在群体中的地位、声望和价值的认识和评价。

二、幼儿自我意识的发展特点

自我意识不是生来就有的，它是一个逐渐发生、发展的过程。下面主要从自我概念、自我情绪体验和自我控制等三个方面介绍幼儿自我意识的发展特点。

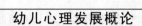

(一)幼儿自我概念的发展

婴儿早期没有"自我"这个概念，不能意识到自己的存在，他们有时会把自己的手、脚当做食物放进嘴里啃，有时又会把它们当做玩具玩。到了1岁以后才开始对自己有所认识，能知道自己的手、脚是自己身体的一部分，是区别于其他事物的，同时开始知道自己的名字，学会用自己的名字来称呼自己，能把自己与别人区别开来，能知道自己的身体部位，并能意识到自己身体的感觉，会说"宝宝的脸""宝宝饿"等。当他们学会走路以后，能对自己发生的动作有所认识，对自己的力量有所感受，如用手把不喜欢的物体推开，用脚把路边的小石子踢走等，表现出最初的自我意识。

 资料卡

"红点"实验

阿姆斯特丹（Amsterdam，1972）在研究方法上巧妙地借用了盖洛普（Gallap，1971）研究黑猩猩自我再认的"红点子"方法，通过在婴儿毫无觉察的状态下在其鼻尖上涂上一个红点来揭示婴儿自我认知的发生发展过程，从而使婴儿自我意识的研究取得了突破性的进展。阿姆斯特丹认为，如果婴儿表现出意识到自己鼻尖上红点的自我指向行为，那就表明婴儿具有了自我认知的能力。因为如果婴儿特别注意自己鼻尖上的红点或者能够找到自己鼻尖上的红点，就说明婴儿已经对自己的面部特征有了清楚的认识，同时也说明婴儿已经有了把自己当做客体来认识的能力。阿姆斯特丹研究了88名3～24个月大小的婴儿，并对其中2名12个月大的婴儿进行了为期1年的追踪研究。研究发现，13～24个月的婴儿开始对镜像表现出一种小心翼翼的行为，20～24个月的婴儿显示出比较稳定的对自我特征的认识，他们对着镜子触摸自己的鼻子，观看自己的身体。阿姆斯特丹认为，这是婴儿出现了有意识的自我认知的标志。

（资料来源：林崇德，《发展心理学》，2009）

幼儿大约在两岁以后掌握代名词"我"，这是幼儿自我意识萌芽的最重要的标志。这时的幼儿真正把自己当做一个主体，而不再把自己当做一个客体，逐渐形成自我意识。有关研究表明，幼儿自我意识的发展经过三个时期：第一，自我中心期，即生理自我，从出生8个月开始至3岁左右成熟；第二，客观化时期，从3岁到青春期，即获得社会自我的时期，这一阶段是社会自我观念形成的关键时期；第三，主观化时期，从青春期到成人期间，即心理自我时期，显而易见，客观化时期是最为重要的阶段，而幼儿期作为这一时期的开端，并且是自我意识的初步形成时期，就显得尤为重要。

心理学研究者往往采用直接谈话法研究幼儿的自我认识，这种方法要求幼儿进行自我描述。研究表明，7岁以前的幼儿对自己的描绘仅限于身体特征、年龄、性

别和喜爱的活动等，还不会描述内部的心理特征。如一名幼儿这样描述自己："我叫康康。我穿着蓝色的 T 恤，白色的运动鞋。我有一块滑板。我会玩滑板。我 4 岁了。我会自己洗脸、刷牙。我还会自己穿鞋子。"但随着年龄的增长，自我描述的语言逐渐增多，对自我生理性的描述发展为对自我能力、行为、内心活动和个性品质的描述。如有时幼儿会说"我想去幼儿园""我不想喝水""今天与豪豪一起玩，我很开心"，等等。

有研究者（姚伟，1997）认为幼儿是在与同伴的交往中，通过与同龄伙伴的比较和不断接受别人的评价，而逐渐明确对自己的认识。在这种不断明确的认识中，幼儿形成了一个轮廓更为清晰的自我概念。在婴幼儿期，积极的自我概念主要包括以下三个方面：第一，觉得自己是有价值的人，受到别人的重视；第二，觉得自己是有能力的人，可以"操纵"周围世界；第三，觉得自己是独特的人，受到别人的爱护和尊重。

（二）幼儿自我情绪体验的发展

有关研究（韩进之等，1986）表明，自我情绪体验在 3 岁幼儿中还不明显，4 岁是自我情绪体验的转折年龄，大多数 5～6 岁幼儿已表现出显著的自我情绪体验。许多心理学研究认为幼儿自我情绪体验会由与生理需要相联系的情绪体验（愉快、愤怒）向社会性情感体验（自尊、委屈、羞愧感）不断深化、发展，并表现出易受暗示性。在这些自我意识情绪中，愉快、愤怒发展得较早，自尊、委屈、羞愧感发展较晚。

1. 幼儿自尊的发展

自尊是自我意识情绪的重要体现，是幼儿自我意识情绪中最应值得重视的（林崇德，1997）。自尊是个体在社会化过程中所获得的有关自我价值的积极评价与体验（杨丽珠，2008）。林崇德指出儿童在 3 岁左右产生自尊感的萌芽，如犯了错误感到羞愧，怕别人讥笑，不愿被人当众训斥等。随着儿童身体、智力、社会技能和自我评价能力的发展，幼儿的自尊也得到发展。韩进之等人（1990，1994）的研究表明，幼儿体验到自尊感的比例分别是：3～3.5 岁 10％，4～4.5 岁 63.33％，5～5.5 岁 83.33％，6～6.5 岁 93.33％。自尊稳定于学龄初期。

杨丽珠等人（2008）对幼儿自尊发展的特点研究表明，4 岁是幼儿自尊发展的一个转折年龄，这与以往发展心理学研究中关于幼儿自我情绪体验发生转折的年龄在 4 岁相呼应，也与幼儿自我评价开始发生转折的年龄在 3.5～4 岁相呼应。自尊作为自我情绪体验的一种重要形式之一，它出现的年龄在 4 岁左右。幼儿自尊的发展在 4 岁达到最高水平，这主要与幼儿自我评价能力有关。在幼儿园的调查研究中发现，由自我胜任感获得的自尊在 3～4 岁之间发展显著，主要是因为幼儿园老师在对幼儿能力发展进行评价时采用了不同的比较方式，对小班和中班幼儿主要以纵向比较为主，对于大班幼儿来说，老师或家长对他们的评价以横向比较为主。横向比较的结果容易导致成人在对幼儿进行评价时忽略幼儿自身的进

步，只看到与别人的差距和不足。幼儿在这种氛围下获得的自尊体验及发展水平就会降低。所以，4岁是幼儿自尊发展的最高峰，4～5岁是幼儿自尊发展的第一个转折期。3～9岁幼儿自尊发展的第二个关键年龄是7岁，7～8岁也是转折期，而且，7岁是幼儿自尊发展水平最低的年龄。一个重要原因是环境的变化。幼儿进入小学后，他们所处的环境发生了重大的改变，而在其中的不适应时期，幼儿必然会对自我价值产生消极的评价和体验，必然导致其自尊水平的下降。

幼儿自尊发展总体呈现出非常显著的年龄差异，但并不呈现直线上升的趋势。3～9岁幼儿自尊发展与年龄相对应的特征是：3～4岁呈上升趋势，4～7岁呈下降趋势，7～8岁呈上升趋势。3～9岁幼儿自尊发展与年级相对应的特征是：幼儿园小班至中班呈上升趋势，从中班一直到小学二年级呈下降趋势，从小学二年级一直到小学三年级又呈上升趋势。3～9岁幼儿自尊之所以处于发展变化之中，主要是由于随着年龄的增加，幼儿的身体、认知能力尤其是自我意识和自我评价能力得到发展，与同伴交往范围、交往关系不断扩大，再加上幼儿园与小学的知识积累，使得幼儿整体心理尤其是人格与社会性始终处于发展变化之中，从而带动了幼儿自尊的总体发展。该研究还发现，3～9岁幼儿总体上存在显著的性别差异。除重要感维度外，男、女学生在自我胜任感和外表感两个维度上差异显著，尤其是外表感维度的性别差异极其显著。同时，女生在自尊总体及各维度上的发展水平均高于男生。

2. 幼儿自信的发展

自信是指个体对自身行为能力与价值的认识和充分评估的一种体验（杨丽珠，2000）。自信与自我评价是密不可分的。只有对自己有适当、正确的自我评价，在解决问题、完成任务的过程中，才能全面分析各方面的因素，既看到自己的潜力，又充分估计到可能发生的困难，这样才能建立良好的自信。如果对自我的评价不适当、不正确，自信就会出现转化。过高的自我评价会使自信转化为自大，而过低的自我评价又会使自信转化为自卑。幼儿的自我评价水平还较低，对自己的力量和可能达到的成就评估往往较肤浅、不稳定，主要依靠成人的评价。一般在某些幼儿身上所表现出来的信心不足，不能武断地认为是自卑，而可以看成是自信尚未充分形成的表现，这是因为其自我意识虽已萌发但还处于朦胧阶段。

幼儿到了二三岁开始萌发自信心。幼儿自信心的发展是其自我意识不断成熟和发展的标志，拥有自信心的幼儿能从内心深处确信自己有能力去迎接即将到来的挑战，他们长大成人时会获得成功和幸福的巨大潜力。杨丽珠（2008）研究结果表明，幼儿自信心发展具有年龄特点：从总体上看，幼儿自信心发展水平是随着年龄的增长而不断发展变化的，但每个年龄阶段的发展速度不均衡；3～4岁是幼儿自信心发展最迅速的时期，4～6岁时幼儿自信心发展处于较缓慢的上升趋势，5～6岁幼儿自信心的发展速度略快于4～5岁，6～7岁时幼儿自信心发展的速度会再次加快，7～8岁又呈现下降趋势。可见，4岁和7岁分别是幼儿自信心发展的两个关键年龄。

幼儿自信心发展不仅具有年龄特点，而且具有性别差异。研究结果表明各年龄组都是女孩自信心的发展水平略高于男孩。幼儿教师在培养幼儿自信心的时候应注意年龄特点和性别差异。

3. 幼儿羞耻感的发展

羞耻感是一种人际关系情绪或依恋情绪。卡夫曼（Kaufman）认为，"人际关系桥梁"的破坏、为满足他人对自己的期望而产生的压力以及达不到文化价值标准都能使人产生羞耻感。羞耻感不是与生俱来的，是一种在后天形成的重要的社会情感和道德情感。对儿童羞耻感的培养可以唤起他们对自己行为的责任感和良知，自觉调节自己的动机、行为，形成良好的品德。

 资料卡

"我不好意思……"

刘老师今天带着中班的小朋友们玩体育游戏"能干的小兔子"。游戏中设计了"帮鸡妈妈盖房子"等环节，每队有一名"兔妈妈"在起点处负责把"砖"给"小兔子"，"小兔子"用腿夹紧"砖"，跳过草地，绕过树林，把"砖"送到"鸡妈妈"家，当终点的"鸡妈妈"收到"砖"后，起点处的"小兔子"才可以运"砖"。每队有十块"砖"要运，用时最短的队获胜。"砖"必须要夹在两腿中间运送，用其他方式都算违规。豪豪队的小朋友进展得很快，但当豪豪运送"砖"时，小峰很快赶上了他，豪豪越跳越着急，好几次"砖"都要掉下来，眼看小峰要超过自己了，豪豪一着急紧抱着"砖"跑到了终点。结果这次运送成绩不算数，豪豪队输了。游戏结束后，豪豪一个人跑到睡眠室，其他小朋友去找他玩他也不理大家。刘老师去问豪豪，豪豪说："我害我们队输了，我不好意思见大家，也不好意思跟他们玩。"

上述案例中的豪豪觉得不好意思了，觉得是他让他们队输掉的，豪豪体验到的就是羞耻感。幼儿只有在个人自尊感形成，对自己的各种品质理解的基础上，才会认识到自己的过失或者错误，才能从道德层面上对自己作出评价，才能理解哪些行为引起了别人消极的评价，并因此感到羞耻。幼儿羞耻状态的表现有：低头、眼神回避、遮脸、咬牙、躲避和退缩等。

有关研究表明，幼儿大约在 38 个月大时产生羞耻感，并且幼儿羞耻感的发展存在显著的年龄差异，3～5 岁是幼儿羞耻感快速发展时期，其中 3～4 岁是幼儿羞耻感状态快速发展时期，4～5 岁是幼儿羞耻感体验快速发展时期。虽然女孩羞耻感的发展好于男孩，但不存在显著的性别差异。幼儿在羞耻感体验方面表现出较强的受暗示性，3～6 岁儿童在受暗示的情况下均比较容易体验到羞耻感。3～4 岁幼儿仅仅在成人面前感到羞耻，而 5 岁幼儿在同伴面前特别是本班的幼儿面前更会感到羞耻。

(三)幼儿自我控制的发展特点

幼儿自我控制是幼儿完成各种任务、协调与他人关系、成功适应社会的核心和基础，对幼儿未来的发展具有重要作用。幼儿自我控制是其心理能动性的重要表现，是心理的整体功能，它是多层次、多维度的心理活动系统。

杨丽珠等人(2008)的研究认为幼儿自我控制由下面四个方面组成。

(1)冲动抑制性，表现为幼儿通过抑制直接的、短期的欲望而控制冲动的能力，是幼儿自我控制的重要组成部分。

(2)坚持性，表现为幼儿在某种困难情境中，为达到某一目的而坚持不懈地克服困难，并在此过程中表现出持续或持久的一种行为倾向。它是自我控制的重要内容，也是我们平常理解的狭义的自我控制能力。

(3)自觉性，表现为幼儿在无人监督的情况下，对禁止体验的认识和与看护人期望相一致的动机及相应的行为上。它在幼儿所表现出的自我控制过程中起着监督和提醒的作用，是幼儿自我控制能力的高级形态，也是幼儿道德发展的重要目标。

(4)自我延迟满足，一种为了更有价值的长远结果而放弃即时满足的抉择取向，以及在等待中展示的自我控制能力，是幼儿自我控制中不可或缺的内容。

大多数研究者认为，自我控制最早发生于个体出生后12~18个月，是在生理不断成熟的条件下，伴随注意机制的成熟和其他心理能力的发展而出现的。杨丽珠对3~5岁幼儿自我控制发展特点的研究结果表明，幼儿自我控制具有年龄特点。首先，从总体来看，幼儿自我控制的发展随年龄的增长而呈上升趋势。3~4岁幼儿，除自觉性、坚持性发展差异不显著外，自制力、自我延迟满足以及总体都呈现显著差异。4~5岁幼儿，所有方面都表现出显著差异，可见4~5岁是幼儿自我控制迅速发展的时期。其次，从各因素的发展来看所有四个因素的发展都随着年龄的增长而不断增强，其上升趋势与幼儿自制发展的总体趋势相一致，3~4岁发展迅速，4~5岁发展迅猛，年龄差异更加明显。各因素除自觉性、坚持性外，3~4岁幼儿在其他因素两两之间差异检验均达到显著性水平。

研究还表明，幼儿自我控制的四个维度在不同年龄阶段上的得分是有区别的，无论是3岁、4岁还是5岁，坚持性的得分都是最低的；其次是自觉性；然后是冲动抑制性，最高得分是自我延迟满足。另外还发现，男、女幼儿自我控制的发展具有明显的性别差异，且所有差异都表现为女孩分数高于男孩。从各维度来看，除自我延迟满足差异不明显外，在冲动抑制性、坚持性和自觉性三个维度上都呈现出极为显著的性别差异。

三、促进幼儿自我意识发展的策略

(一)帮助幼儿形成自我概念的策略

幼儿教师应重视幼儿自我概念的形成，在日常生活和实践活动中有意识地引导幼儿认识自己的姓名、性别和身心发展的基本特点并能正确评价自己的外貌、估计自己的能力，如"我是女孩""我有圆圆的脸""我自己吃饭""我能给奶奶捶背"，等等；幼儿教师还可以开展相关的主题活动，让幼儿认识自己、认识同伴、认识幼儿园、认识教师，如主题系列活动"我是谁""我的自画像""我的家""我的幼儿园"等都有利于幼儿自我概念的形成。

(二)帮助幼儿形成正确的自我意识情绪的策略

自我意识情绪对人的行为具有调节作用。肯定的情绪是一种激励和鼓舞力量，可以调动起整个身心投入行动；否定的情绪可以制止不良行为的发生。幼儿教师应该培养幼儿正确的自我意识情绪，帮助幼儿客观看待自己、欣赏自己的优点和进步，也接纳自己的缺点，建立自尊和自信，学会面对失败、挫折，养成坚强、乐观、独立自主的个性品质。家长的育儿风格会影响幼儿自尊的水平，如果父母常常鼓励和支持幼儿，为幼儿建立生活的典范，在有关他们的决定中听取他们的意见，那么幼儿往往是高自尊的；如果父母溺爱幼儿，他们的孩子往往是低自尊的。而幼儿园教师可以通过游戏活动来培养幼儿的自尊和自信，如小班幼儿可进行生活游戏、体育游戏，中班幼儿主要为美工游戏、体育游戏，大班幼儿主要是智力游戏、角色游戏。在游戏中教师要积极评价、无条件接纳幼儿，并且还要帮助幼儿获得各种能力，完成各项任务，体会到成功的快乐，产生积极的情绪体验。

(三)提高幼儿自我控制能力的策略

自我控制能力是一个人的人格发展中比较稳定的个人品质，它的形成与早期所受的教育和培养有着密切的关系。幼儿自我控制能力是幼儿积极独立地完成各种任务、协调与他人关系、成功适应社会的核心和基础，对幼儿未来的发展具有重要作用。幼儿教师应指导幼儿学习自我控制和自我调节的方法，学会控制自己的欲望和情感，在面对困难或挫折时，能自我调节和安慰自己。例如幼儿在活动中与同伴发生争执时，要学会抑制自己的激动情绪，可用语言表述自己的不满，而不是发生肢体冲突。幼儿教师还可设计不同类型的游戏活动来培养幼儿的自我控制能力。例如，操作性游戏和运动性游戏可以培养小班幼儿初步学会控制自身的精细动作和肢体动作，娱乐游戏可以帮助小班幼儿学习和感受游戏中的规则对自己行为的调节；中班幼儿可在娱乐性游戏和运动性游戏中学会对规则的重视；智力游戏、运动游戏和操作性游戏可满足大班幼儿追求对规则的理解和遵守的需求，帮助幼儿提高对游戏规则在游戏中重要性的认识，帮助幼儿学会控制自己的行为。

第二课　幼儿的性别化

幼儿在成长过程中，会逐渐学习各种社会概念，而性别就是幼儿最先了解的社会概念之一。性别在幼儿的成长、发展中具有重要的意义。因为幼儿从出生开始，父母或其他人就会用符合其性别的方式来对待他(她)，而这些方式传递着社会对男女不同的标准和期望。

一、性别角色和性别化的概念

男女两性的生理特征是由遗传造成的，是天生的；而男女在家庭生活和社会生活中扮演什么角色，在衣着、兴趣、价值观、情绪反应、态度行为上的不同则是后天形成的。性别既反映一个人的生物学上的特征又负载着社会文化方面的意义。性别角色是社会按照人的性别而分配给人的社会行为模式，如价值观、动机、性格特征、情绪反应、言行举止和态度等。所有社会都期待男女扮演不同的角色，具有不同的行为方式。幼儿在成长为一个合格社会成员的过程中，须正确认识自己的性别，掌握社会对不同性别的要求，并将它们融入到自己的概念系统中，形成独特的个性特征和行为方式。

幼儿获得性别认同和培养他所生活的社会认为适合男人或女人的动机、价值、行为方式和性格特征的过程就是性别化，又称为性别类型化。这是幼儿社会化发展的重要方面。性别化发展得较好的幼儿，对自己的性别能坦然接受，其今后个性的形成也会比较健全、完整；性别化发展过程中出现了障碍的幼儿，其今后的身心发展将会出现诸多与社会不相适应的情况。成人应该帮助幼儿形成正确的性别角色，发展相应的性别行为，促进幼儿健康成长。

二、幼儿性别角色的差异

(一)身体机能差异

女孩的神经系统整体比男孩成熟得早一些，她们的手眼协调动作更灵活，更准确，平衡性也更好，学龄前的女孩比同龄的男孩有更好的平衡水平，她们能很好地进行单腿跳。男孩的肌肉发展比女孩更成熟，肺和心脏更大，随着年龄的增长，男孩在需要力量和大动作技能活动中占据优势，他们会在跑步和跳高方面比女孩更胜一筹。女孩发育成熟比男性快而均衡。青春期之前，男孩与女孩的体格发育相当接近，过了青春期以后，男孩开始比女孩发育得更快、更强壮。这是因为男孩新陈代谢加快，使得心脏和肺功能增大，以适应体内用量的增加。

(二)认知发展差异

大部分女孩的言语发生时间早于男孩。从婴儿期开始女孩的言语能力就明显优于男孩，这种优势在青春期更为明显，如在口头表达、组词造句、阅读理解、写作、言语推理和创造性等方面，女孩往往比男孩略胜一筹。而男孩的空间思维能力、分析解决问题的能力往往比女孩好。

(三)情绪性发展差异

女孩在情绪敏感性方面比男孩发展更好。她们是更有效的信息传递和接受者，在移情和同情心方面表现更为明显。女孩比男孩更容易表现出顺从、胆怯、害怕，担心失败，青少年期更可能出现抑郁症状。而男孩往往具有独立性，更愿意冒险。

(四)社会性发展差异

1. 亲子关系的差异

在任何年龄阶段，男孩与女孩在与父母的交往上都存在差异。女孩往往比较依从其父母的管教，更容易与父母形成积极互动关系；而男孩对其父母的管教较多地表现出反抗、不依从的行为，与父母发生冲突的情况较多。大量研究还发现，当男孩处于不良家庭关系（如父母离异）时其亲子关系恶化的可能性更大，受到不良家庭关系的消极影响比女孩大。

父母，特别是父亲对男孩的行为与对女孩的行为有较大的差异。在塑造幼儿的性别行为、完成性别社会化方面，父亲起着更为重要的作用。由于父亲大多是家庭经济的支撑者，他们因而也希望男孩承担起这一角色，因此他们对儿子的行为与对女孩的行为差别较大。特别是在家庭外部的活动中，父亲更注重通过强化、约束等方式来发展男孩的自主能力和独立性。尽管他们也鼓励女孩的独立性，但是更强调发展女孩的同情心和身体方面的魅力。西盖尔巴（I. E. Siegal）对以往研究进行元分析的结果表明，父亲对儿子和女儿的行为存在显著的差别，特别是在约束和行为参与方面差异较大，在情感和与子女对话方面差异较小。而母亲对儿子和女儿的行为差异很小。父亲对儿子的严厉性、体罚和物质奖励都多于对女儿；而母亲在这些行为方面不存在差异。母亲对儿子的言语反抗忍耐性较大，而对女儿的依从、成熟行为的期望方面要求较多。另外，男孩和女孩对父母特别是父亲的社会化行为的感知也有显著差异。

2. 社会交往方面的差异

研究表明，男女儿童在社交活动方面存在性别差异。研究者发现：女孩在"合作"和"轮流次序意识"方面的发展水平显著高于男孩，这可能是因为女孩在言语表达、情感表露方式、交往的主动性等交往技巧、手段及身心发展速度和水平上都好于男孩。另外，在"分享""意见的接受性""纠纷解决方式"上女孩略高于男孩，未到达显著水平。这可能与受传统文化影响的成人在对男女幼儿性别角色上表现出不同的态度、要求及教育措施有关。

3. 攻击性的差异

男女两性在攻击性方面的差异是性别差异的重要方面，许多研究者在这个领域进行了研究。心理学研究认为男女两性的攻击性差异主要表现为：一是攻击倾向性差异，即男性比女性更具有攻击倾向；二是攻击方式的差异，即男性使用身体性攻击较多，而女性使用言语性攻击较多。有研究者还发现这种攻击性的性别差异在6岁以下儿童身上已有明显的表现。

三、幼儿性别化的发展

（一）幼儿性别认同的发展

性别认同是对一个人在基本生物学特征上属于男或女的认知和接受，也就是所谓的理解性别。它包括以下几个方面：性别标签的正确使用；性别稳定性的理解，如男孩长大成为男人，女孩长大成为女人；性别恒常性的理解，如一个人不会因为发型、服装等的变化而改变自己的性别；性别生物学基础的理解，知道男女生理上的差异。

一些 2 岁左右的幼儿虽然还不能确定自己的性别但已能分辨出照片上人的性别。大多数 2.5～3 岁幼儿能正确说出自己的性别，但不能认识到性别的稳定恒常性。有研究者曾用这样两个问题来考察幼儿的性别稳定性：第一个问题是"当你是小婴儿时，你是男孩还是女孩？"第二个问题是"当你长大以后，你是当爸爸还是当妈妈？"结果表明，4 岁以上幼儿才能正确回答这两个问题。3～5 岁幼儿还不能理解性别的恒常性，他们不知道一个人无论穿什么衣服、留什么发型他的性别是不变的。5～7 岁幼儿有了守恒概念，他们才开始理解性别的恒常性。这个年龄的幼儿先是理解了自己性别的恒常性，其次理解与自己相同性别的他人的性别恒常性，最后才能理解异性性别的恒常性。

 资料卡

儿童性别概念发展的顺序

步　骤	年　龄	测验问题	特　点
性别认同	2～3 岁	你是男孩还是女孩？	正确地辨认自己和他人的性别
性别稳定性	3～4 岁	你长大了是当爸爸还是当妈妈？	理解人的一生性别不变
性别恒常性	6～7 岁	如果一个男孩穿上一个女孩的衣服，他会是一个女孩吗？	意识到性别不依赖于外表（如头发或衣服等）

(二)幼儿性别角色知识获得

性别角色知识是指一个人关于男性和女性的动机、价值、行为方式和性别特征等方面的认识。例如，社会一般认为女性应该承担照顾家庭、养育后代等责任，应该是感情丰富、温柔、友好、合作、服从、会照顾他人的；而男性应该承担保护家庭、为家庭提供支持等责任，应该是独立、果断、具有支配性、好胜的。

心理学研究者通过向幼儿列举一些典型的男性或女性的行为活动，如玩洋娃娃、打架、做饭、爬树、照顾病人、开火车等，让幼儿对这些行为进行分类，说说哪些应该是男孩做的，哪些是女孩做的，通过他们的回答来考察他们的性别角色知识掌握的情况。也有的研究者通过向幼儿宣读一些表现不同性别行为的句子，如"我很漂亮""我长大了就去开火车"等，然后向儿童提供一男一女两个洋娃娃，请测试幼儿判断上面的话是哪个洋娃娃说的。结果表明，幼儿很早就具备了一些性别角色知识，形成了一些对不同性别的行为特点的认识。几乎所有 2.5 岁的幼儿都有一些性别角色的知识，他们知道"男孩打架""女孩做饭""男孩爬树"等，而 3.5 岁的幼儿知道得更多。

幼儿的性别角色知识随着年龄的增长而不断增加。在一项对美国、英格兰和爱尔兰三种文化中 5～11 岁幼儿性别角色认知发展的调查研究发现，在被调查的三个地区中，每个年龄段女孩的性别角色知识发展的速度比男孩低，她们的性别角色知

识也没有男孩丰富和详细，造成这种差异的原因可能是男孩性别角色的发展更受社会要求的制约。另外一些研究表明，年龄较小的幼儿，受其认知发展水平的限制，通常把角色知识看成是必须服从的，是不容侵犯的，不能容忍与性别不相符合的性别行为的出现，例如，在幼儿园的一些演出中，要他们"女扮男装"或"男扮女装"，他们是绝对不情愿的；随着年龄的增长，幼儿对性别知识的认识相对灵活，性别角色成见会少一些，可以理解在特定情境中出现的与性别不相适宜的行为，可以在演出中扮演与自己实际性别不一样的角色。

（三）幼儿性别化行为的发展

幼儿对性别的认知往往通过其性别角色行为来反映。通过观察幼儿在游戏中对玩伴、玩具的选择来评价幼儿行为的"性别相符性"。幼儿的性别偏爱最早表现在玩具的选择上。有关研究表明，14～22个月的幼儿中，通常男孩更喜欢卡车和小汽车之类的玩具，而女孩喜欢洋娃娃或毛绒玩具。1.5～2岁的幼儿在没有玩具玩的情况下也会拒绝玩异性的玩具。不同的玩具就规定了不同的游戏内容，因此，男孩的游戏往往是运动性、竞赛性的，而女孩的游戏更多是玩娃娃家之类的角色游戏。一般认为，性别化的玩具可能会促进幼儿性别化行为的某些重要成分的发展，例如，独立性、主动性以及观察力等。幼儿对同性别玩伴的偏好也出现得很早。2岁的女孩就表现出更喜欢与其他女孩玩，而不喜欢跟吵吵闹闹的男孩玩。

随着年龄的增长，幼儿的性别化行为表现得日益稳定、明显。研究发现，进入幼儿期的幼儿选择同性别伙伴的倾向日益明显。如3岁的男孩就明显地选择男孩而不选择女孩作为伙伴。而且，男孩与女孩在和同伴的相处方式上也不相同，男孩之间更多打闹，为玩具争斗，大声喊叫、笑闹；女孩在身体上的接触则较少，更多地通过规则协调。另外，一项跨文化研究发现，在所有文化中，女孩早在3岁就对照看比他们小的婴儿感兴趣。还有的研究发现，4岁女孩在独立能力、自控能力、关心人与物三个方面比男孩表现得更好；6岁男孩的好奇心、情绪稳定性及观察力优于女孩，6岁女孩对人与物的关心优于男孩。

在性别化过程中，男孩面临的社会压力比女孩更大。成人对男孩的行为更在意，男孩如果出现偏离性别角色标准的行为，如出现"娘娘腔"，就会受到严厉的批评，这样男孩很快就知道了社会对他们的期望；而成人对女孩的行为则宽容得多，对女孩的一些"假小子气"不会那么在意。一项关于父母对幼儿玩异性游戏的研究结果也证实了这一现象。另外一项研究结果也表明，在幼儿性别化发展过程中，当幼儿出现与社会性别角色标准一致的行为时，这种行为就会得到正强化而保留下来，成为稳定的行为特征；如果出现与社会角色标准不相符的行为，这种行为就得不到正强化而逐渐消退，就不会成为其稳定的行为特征。

四、影响幼儿性别化的因素

幼儿性别化发展受许多因素的影响，概括起来有以下几个方面。

（一）生物因素

生物因素是性别角色获得与发展的基础。男女之间遗传基因的差异在于男性具

有一个 X 染色体和一个 Y 染色体，而女性则有两个 X 染色体。由于性别染色体导致了个体毕生的生物机理差异。同时，雄性激素和雌性激素虽然同时存在于男女两性的体内，但是二者在男女两性的体内的分布则是不均等的。性激素对于性行为和攻击行为会产生影响。此外脑是行为的主要调节器官，男性的下丘脑控制着相对稳定的垂体激素分泌，而女性的下丘脑则控制着垂体周期性地分泌激素。以第一性征、第二性征为代表的差异以及男女在大脑机能、内分泌机能方面的差异成为其他影响因素的基础。这些都影响着幼儿自我概念的形成以及他人的反应，而自我概念的形成和他人的反应又反过来影响着性别角色的社会化。

（二）家庭环境

社会所提供的性别角色模式决定了父母对不同性别子女的抚育方式。孩子还没有出生，父母就按照社会所流行的性别角色价值观对孩子的性别抱有一定的期望，例如现在很多家庭都还抱有生男孩的期望。等孩子出生以后，父母又从孩子的名字、衣着、玩具等方面进一步区分了男、女角色。不仅如此，父母还对不同性别的孩子提出了不同的期望。他们要求男孩要勇敢、独立，而要求女孩要温柔、乖巧。父母的态度强化了幼儿关于性别角色的初步印象，使得幼儿更有意识地将这种印象加以巩固和深化，具有了"刻板"的性质。

（三）大众媒体

大众媒体在一定程度上也会强化幼儿的性别角色差异。它们对人们的社会生活影响巨大，是传播性别角色观念的有效途径。通过观看电影、电视，阅读报纸、杂志等，人们看到其塑造的男性角色大都刚强稳健，女性角色大都多情温顺。这必然也会影响到男、女幼儿对性别角色的模仿学习。

（四）教学环境

学校是幼儿性别角色知识扩展和加深的场所。在这里，对幼儿的性别角色起重要作用的是教师对幼儿的性别角色期待。从最初的教育生活开始，教师就以各种方式将各种关于性别角色的信息传递给幼儿，例如，按照性别来分组、鼓励男孩多参加体力活动等。这种有差别的对待无疑有助于幼儿的性别角色发展。目前教师队伍性别比例失调，也对男孩的性别认知产生了误导。幼儿园里只有阿姨，小学校里全是女教师，在这种环境里成长的男孩容易出现阴柔有余而阳刚不足。同样，由于学校里主要是女教师，再加上有少数几个男性作为行政领导，会对幼儿造成一种女不如男的错觉。此外，幼儿园所使用的教材里的男、女角色也会对幼儿起着"刻板"作用。

（五）模仿与扮演游戏

幼儿的心理与行为的一个重要特征就是他们开始学习性别的区分。起初，幼儿由于男女间身体上的差异和行为特点而对性的区别产生兴趣，随后幼儿便知道自己是男孩还是女孩，开始习得同自己的性别相适应的态度和反应。在幼儿习得性别区分的过程中，父母及周围人给予的赏罚起着直接而巨大的强化作用。幼儿往往以同性家长为榜样，求得同样的行为和感受。女孩模仿母亲玩当妈妈的游戏，学习母亲的温柔和女性的性别行为；男孩则模仿父亲的男子汉态度和行为，希望自己像父亲那样严厉、果断。

模仿是传递价值、态度、思维以及行为方式的一个重要的途径。模仿不是简单的过程，它传递了概括化的规则和结构，通过抽象模仿，可以达到学习的较高水平。通过模仿学习的不仅仅是榜样本身，还有模仿者自身的理解。在性别角度的获得与发展中，幼儿通过模仿可替代性获得相应的性别体验。

游戏是幼儿的主导活动。由于这个时期幼儿想象活动异常活跃，因而他们的游戏也非常有趣，他们可以给任何一样东西加上他们所想象的象征性意义。例如，一片树叶在过家家时可以当做盘子，在买东西时可以当钱用；一块木片，一会儿当火车，一会儿当手枪，一会儿又当木头人。幼儿在一起游戏时，一块积木宝宝掉到地毯的大海里，马上会有一辆纸盒急救车去救援。每一种游戏都有积极的意义，任何一个游戏里都藏有打开心灵大门的钥匙。在游戏活动中，幼儿通过同伴选择、榜样和模仿来强化自己的性别行为和概念。

 单元小结

幼儿大约在两岁以后掌握代名词"我"，是幼儿自我意识萌芽的最重要的标志。幼儿的自我认识随着年龄的增长而发生变化，从对自我生理性的描述发展为对自我能力、行为、内心活动和个性品质的描述。自尊是自我意识情绪的重要体现，4岁是幼儿自尊发展的最高峰，4～5岁是幼儿自尊发展的第一个转折期，7岁是幼儿自尊发展水平最低的年龄。3～9岁幼儿自尊总体发展呈现出非常显著的年龄差异，且自尊总体发展并不呈现直线上升的趋势。3～4岁是幼儿自信心发展最迅速的时期，幼儿羞耻感的产生大约在38个月，并且幼儿羞耻感的发展存在显著的年龄差异，而在性别差异上并不显著。在幼儿自我控制领域，大多数学者认为自我控制的转折年龄在4～5岁，幼儿的自我控制能力随年龄增长而提高，但幼儿的自我控制能力的总体水平还是较弱的。

性别是幼儿最先了解的社会概念之一。大多数2.5～3岁幼儿能正确说出自己的性别，但不能认识到性别的稳定性。3～5岁幼儿还不能理解性别的恒常性。5～7岁幼儿才开始理解性别的恒常性。随着年龄增长，幼儿对性别知识的认识相对灵活，性别角色成见会少一些，同时性别化行为也表现得日益稳定、明显。

思考与练习

1. 什么是自我意识？自我意识包含哪些内容？
2. 幼儿自我概念、自我意识情绪、自我控制有何特点？
3. 在日常教学中怎样培养幼儿的自信心和自我控制能力？

4. 幼儿性别角色的差异表现在哪些方面？

5. 幼儿性别化的发展特点有哪些？

6. 影响幼儿性别化的因素有哪些？

7. 记录一名幼儿对自己的描述和评价，并分析其描述和评价的特点。

8. 观察幼儿园里男孩和女孩的玩具和游戏种类各自具有怎样的特点。

案例分析

阅读下面材料，分析案例中幼儿出现这种情况的原因。

大二班的李老师给孩子们排"六一"节目，在分配角色时，发现男孩多了，考虑到鹏鹏个子较小、面目清秀，就让鹏鹏"男扮女装"，可鹏鹏就是不愿意，班上的老师们都来劝说他，他还是不答应，而且还委屈地大哭起来，情绪非常激动。

问题解析：

1. 大班的鹏鹏有了对自我身体的正确认识，知道自己是个男孩。

2. 鹏鹏这个年龄的幼儿在性别角色的认识上是比较刻板的，他们认为违反性别角色习惯是错误的，是会受到惩罚和耻笑的。这有利于幼儿建立正确的性别角色概念。

3. 教师要了解幼儿的心理特点，尊重幼儿的意愿，帮助幼儿健康发展。

⇒幼儿教师资格考试模拟练习

一、单项选择题

1. 儿童自我意识萌芽的最重要的标志是（   ）。

A. 大约在5岁掌握代名词"我"

B. 大约在2岁左右掌握代名词"我"

C. 大约在2岁左右掌握代名词"你"

D. 大约在4岁掌握代名词"我"

2. 下面描述幼儿性别发展特点不正确的是（   ）。

A. 2.5～3岁幼儿能正确说出自己的性别

B. 3～5幼儿还不能理解性别的恒常性

C. 2.5～3岁幼儿能认识到性别的稳定性

D. 5～7岁的幼儿处于刻板地认识性别角色的阶段

二、案例分析题

试从幼儿自我意识发展特点分析下面幼儿的行为，并提出相应的教育建议。

快快做事总是没有耐心。妈妈带他去超市购物，他看中的食物总是不等妈妈付费就迫不及待地打开吃。他平时也非常容易冲动，和小朋友相处一不如意就乱发脾气，做事也是虎头蛇尾。和小朋友玩"捉迷藏"游戏时轮到他找大家，他找了一会儿找不到就不找了，就跑回家去了。这种情况出现了好几次了，现在大家都不愿意跟他玩了。

第十一单元
幼儿人际关系的发展

学习目标

1. 了解亲子关系、同伴关系和师幼关系的概念、类型及意义；
2. 掌握亲子关系、同伴关系和师幼关系的发展特征；
3. 学会培养幼儿良好人际关系的方法。

单元导言

　　幼儿从呱呱落地时起，就与周围的世界产生了千丝万缕的联系，与周围的人建立了初步的人际关系，幼儿时期的人际关系是儿童社会性发展的重要内容之一，并将影响其个性的完善和心理的健康发展。本单元将围绕幼儿的亲子关系、同伴关系和师幼关系等内容展开。

第一课　幼儿的亲子关系

　　在影响幼儿成长的诸多社会因素中，家庭因素居于首要地位，其作用也最持久、最重要。亲子关系是幼儿早期生活中最重要的社会关系，也是个体社会性发展的开端和组成部分。亲子关系对个体的发展有着重要的影响作用，早期安全的亲子

关系不仅有利于幼儿身心的健康发展以及社会化的顺利进行，而且直接影响个体成长过程中人格的完善。

一、亲子关系的概念

所谓亲子关系，是指父母与子女之间的关系。亲子关系是我们每个人来到世间的第一个人际关系，它对我们每个人的身心健康都是十分重要的。

亲子关系有狭义与广义之分。狭义的亲子关系是指幼儿早期与父母的情感关系，即依恋；广义的亲子关系是指父母与子女的相互作用方式，即父母的教养态度与方式。

狭义的亲子关系（主要指依恋）是以后幼儿建立同他人关系的基础，幼儿早期亲子关系好，就比较容易跟其他人建立比较好的关系。广义的亲子关系（父母教养态度和方式）直接影响到幼儿个性品质的形成，是幼儿人格发展的最重要的影响因素。如父母态度专制，孩子容易懦弱、顺从；父母溺爱则导致孩子任性。

一般说来，随着幼儿年龄的增长，亲子关系也随之变化。胎儿、新生儿和乳儿时期的婴儿，很依赖父母的抚养，不但要父母喂养、照顾、保护，在心理上也很依赖父母。婴儿从父母那儿获得安全感及信赖感，而父母经由婴儿获得身为父母的幸福与满足感。到了幼儿期，父母除了继续抚养之外，还要开始给予适当的管教，引导幼儿学习生活中所需的基本知识及为人的是非准绳，帮助幼儿逐渐获得管理与控制自己欲望及行动的能力。幼儿好学自律，父母因此而感到喜悦，并获得轻松感。

二、依恋关系

依恋是指婴儿对熟悉的人（父母或其他抚育者）所建立的亲密情感联结，婴儿对其表现出各种依恋行为，如哭、笑、视觉朝向、身体接触、依附和追随等。依恋是人类最初始的也是影响最深远的一种情感，是健康成长不可缺少的环节，是几乎一切社会情感发展的基础。

依恋是一种双向互动的积极过程，在亲子之间的情感联系上，婴儿也在积极地影响着母亲或其他依恋对象。婴儿从出生后的第一天起，就会对别人发生反应。2～3个月的婴儿开始对人微笑，我们称之为社会性微笑。这种微笑的行为常常是父母注意到的婴儿的第一个明显的社会性反应。如当母亲抱起婴儿时，婴儿就停止啼哭，对母亲发出更多的微笑，对母亲咿咿呀呀等，这都会强化母亲对婴儿的感情。这种强烈的持久的情感联系，使得婴儿最愿意与母亲在一起。当婴儿遇到困难、感到害怕时，便寻找母亲，表现出一系列的依恋行为。

依恋是成人与幼儿之间特殊的亲密关系，亦是幼儿早期情绪发展和社会性发展的重要内容，建立正常的依恋关系对于幼儿的发展有着极其重要的意义。

（一）依恋的发展

依恋关系是幼儿出生后逐渐发展起来的。依恋的发展依据鲍尔比（Bowlby，1979）的研究包括四个阶段，分别是前依恋阶段（从出生到6周）、依恋开始形成阶段（6周到6～8个月）、依恋形成阶段（6～8个月到18个月）和互惠关系形成阶段

（18个月～2岁到2岁以后）。在前依恋阶段婴儿对人反应的最大特点是不加区分，没有差别，即婴儿对所有人的反应几乎都是一样的，同时，所有的人对婴儿的影响也是一样的。在依恋形成阶段婴儿对某个特定个体（一般是母亲）产生依恋，特别愿意与母亲在一起，与母亲在一起时就很高兴；而当母亲离开时则非常不安，表现出一种分离焦虑。这时婴儿往往采用哭闹、跟随等方式不让母亲离开。在互惠关系形成阶段，幼儿约2岁的时候，由于言语和表征能力的迅速发展使他开始理解母亲离开的原因，幼儿的自我中心减少。亲子之间形成了更为复杂的关系，幼儿能认识并理解母亲的情感、需要、愿望，知道她爱自己，这样分离焦虑便降低了。总之，这时的幼儿会同父母协商，向成人提出要求，亲子之间的合作性加强。

（二）依恋的类型

安斯沃斯等人（Ainsworth et al.，1978）设计了"陌生情境实验"，将婴儿与母亲和一个陌生人安置在实验室里，通过母亲离去、返回及陌生人出现等一系列特定程序，考察婴儿分别在与母亲在一起、与陌生人在一起、与母亲和陌生人在一起、独自一人、母亲离开和回来时及陌生人出现和离开时的情境下产生的情绪和行为。观察幼儿在此情境中的反应，可以判断幼儿依恋关系的类型。通过测查，安斯沃斯认为，由于父母行为的影响，可能使婴儿形成三种不同的依恋类型：安全型、回避型和矛盾型。

目前相关研究发现，虽然依恋可以分为不同的类型，但是依恋的性质是可以发生变化的。在12个月时，属于回避型或是矛盾型依恋的婴儿，到18个月时，有可能建立安全的依恋，反之亦然。许多研究发现，多数婴儿都改变了其最初依恋关系的性质。其中，从非安全型依恋向安全型依恋变化的较多。

（三）依恋的影响因素

1. 抚育质量

安斯沃斯认为，婴儿与母亲（或任何其他的亲密抚育者）的依恋关系质量在很大程度上有赖于他们所受到的抚育质量。婴儿与抚养者情感纽带的重要性在这种纽带关系缺失时表现得最为明显，即如果由于某种原因导致抚育者不稳定，将对幼儿依恋的形成起到破坏性作用。有关母婴依恋的研究，就是从母婴分离的严重后果开始的。斯皮茨对孤儿院孩子进行了研究，这些孩子都在3～12个月内被母亲抛弃，在这些保育机构中，婴儿很少有机会与人交往，保育员每天只是履行公事般的与婴儿进行接触，没有亲吻，缺乏游戏，社会性刺激极其贫乏，他们被放在一个大的病房内，至少七八个孩子都由一个护士照看。他们表现为哭泣，对周围环境退缩，体重减少，很难入睡。

哈洛（H. Harlow）对刚出生的"婴猴"实施"母爱剥夺"实验。实验表明，婴猴具有先天的接触安慰的需要。与正常生长的同龄伙伴相比，在这种缺乏真实母亲养护的环境中成长起来的猴子，缺少群体性行为，不合群，富于侵犯性，怯于探索环境，且不能适应未来的生活。母爱剥夺的后果是极为严重的，而且今后要花很大力气才有所弥补。

由此，我们可以看出抚育质量是幼儿今后正常发展的重要基础。

 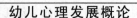

 资料卡

"母爱剥夺"实验

　　美国威斯康星大学动物心理学家哈洛用恒河猴做的"母爱剥夺"实验是心理学界的经典实验。他们将刚出生的"婴猴"脱离母亲的哺养，单独关在笼子里。笼子里装有两个"代理妈妈"：一个用铁丝编成，身上装有奶瓶；另一个用绒布做成，身上不设奶瓶。小猴饥饿时在铁丝妈妈身上吃奶，但当小猴歇息或恐惧时便趴到绒布妈妈身上去。研究发现，小猴不仅需要食物，还有一种先天的需要便是与母亲亲密的身体接触。哈洛称之为"接触安慰"。从这个实验推断人类婴儿也具有接触安慰的先天需要。

（资料来源：王振宇，《学前儿童发展心理学》，2009）

　　（1）抚育态度对依恋形成有着重要的影响。婴儿与抚育者之间互动的方式，决定着依恋形成的性质。安斯沃斯发现母亲对幼儿的敏感性是影响幼儿依恋形成的关键因素。敏感的母亲对幼儿是易接近的、接受的、合作的。安全型依恋幼儿的母亲对婴儿发出的信号反应敏感迅速，表现出更多的积极的情绪反应，而且照顾婴儿温柔细心。在此过程中，婴儿将父母合并成一个在保护、培养、安慰和安全等方面可以信赖和依靠的人，同时幼儿形成了一个信念，即自己能够从别人那儿获得积极的反应。相反，不安全依恋型幼儿的母亲不喜欢身体接触，照顾婴儿显得笨拙无能，当婴儿哭闹烦躁时往往不知所措，或采取拒绝态度，而且对何时以及如何满足婴儿的需要缺乏敏感性，教养行为不合适。

　　（2）抚育环境影响依恋质量。家庭与社会环境在很大程度上影响依恋质量。在幼儿的生存条件中，家庭是第一要素。正常家庭，尤其是婚姻美满、成人之间充满温馨、较少有摩擦的家庭，会使幼儿依恋的安全感增强。反之，失业、婚姻失败、经济困难和其他一些因素都会影响父母对幼儿照看的质量，从而破坏幼儿的依恋安全。因此，借助社会支持系统改善养育行为和亲子关系往往成效显著。在一项对抑郁且有虐待倾向的母亲进行指导与帮助的研究中发现，受过抚育训练的家庭访问者比较容易与婴儿建立一种良好的相互信赖的关系。这种干预持续的时间越长，则形成安全依恋的可能性越大。这说明利用社区资源提供帮助，往往会规范并强化更有效的养育行为。

　　（3）父亲参与养育的程度对依恋质量产生影响。提到幼儿的依恋对象，大多数心理学家都认为母亲是孩子的主要依恋对象。但也有一些研究者对此提出了质疑，认为婴儿和父亲之间存在着依恋关系。谢弗和爱默生（Schafer & Emerson）通过对苏格兰 6～18 个月大的婴儿进行研究，发现到 18 个月大时，大多数婴儿会既抗议父亲的离去又抗议母亲的离去。且大量研究发现，18 个月大的婴儿有着十分强烈的与父亲交往的意识。

在养育婴儿的过程中，父亲如同母亲一样有能力，但是父母亲与婴儿的交流具有完全不同的形式。主要表现为三点：在交往内容上，母亲更多的是照料婴儿，而父亲更多的则是与婴儿做游戏；在交往方式上，母婴之间更多的是言语交谈和身体接触，而父婴之间更多的是身体运动，如父亲把婴儿举高、来回转悠、抛起又接住等；在游戏性质上，母婴游戏大多是视觉上的，而父婴游戏通常是触觉上的或肢体运动类的，而且，父亲与婴儿的游戏总是与刺激婴儿、提高婴儿的兴奋性密切相连，会逗得婴儿"咯咯"大笑。

可见，在与婴儿的互动中，父母分别扮演了不同的角色。正如帕克特（Paquette）的研究发现，婴儿对父母的依恋在很大程度上取决于情境，如婴儿伤心或恐惧时更依恋母亲，而在游戏时更依恋父亲。

2. 幼儿的特点

依恋关系是亲子双方共同构筑的。因此婴儿自身的特点也决定了建立这种关系的程度。一些婴儿容易照料，与母亲关系融洽，容易接受抚慰；一些婴儿很难照料，异常活跃，拒绝母亲的亲近，不易抚慰。这主要归因于幼儿先天特性尤其是气质的作用。有研究表明，幼儿的气质特点是母亲抚养困难的重要引发源之一。气质在依恋形成与发展中的意义在于，它是影响幼儿行为的动力特征的关键因素，它在很大程度上赋予幼儿依恋行为以特定的速度和强度，制约着幼儿的反应方式和活动水平。对于困难型气质的幼儿和敏感退缩型幼儿，其母亲的抚养困难程度，显著高于容易照看型气质幼儿的母亲。

人们对气质在依恋发展中的作用存在激烈的争论。许多研究者反对把气质作为决定依恋模式的首要因素。通过研究比较问题幼儿和问题母亲的行为对依恋联结的影响表明，抚育行为的作用大于婴儿个性的作用。这与科坎斯塔试图检验一种关于婴儿——抚育者依恋的整合理论不谋而合。该理论认为：①抚养质量是决定婴儿所产生依恋是否安全的重要因素；②如果婴儿形成的是非安全型依恋，他们的气质会决定所形成的非安全依恋的类型。

另外，托马斯和切斯通过研究首先提出"气质拟合度"的概念，这种观点认为，当孩子的反应方式与环境要求和谐一致时，或者说达到一种"良好拟合"时，其发展前景往往是令人乐观的；当两种力量存在较严重"不良拟合"时，结果可能导致扭曲的发展或适应不良。研究结果表明：安全型依恋是由于婴儿受到的抚养质量和他们自身的气质相吻合而产生的；而非安全型依恋的形成，很可能是因为压力过大或比较呆板的照料者无法适应婴儿的气质。

（四）依恋对幼儿心理发展的影响

依恋关系最早引起人们的关注，是基于它与婴幼儿心理健康的密切联系。鲍尔比（Bowlby）认为："幼儿心理健康的关键是婴幼儿与母亲（或稳定的代理母亲）之间建立一种温暖、亲密、稳定的关系。在这种关系中婴幼儿既获得了满足，也感到愉悦。"相反，早期主要依恋的破坏会导致幼儿情感上的危机，并将在其后的生活中以突然的抑郁或焦虑形式表现出来。因此幼儿早期生活中依恋的形成与否会影响其整个人生的顺利发展。

1. 依恋与认知、情感的发展

在特定的问题情境中，不同依恋类型的幼儿会有不同的表现。研究结果表明，安全型依恋的幼儿对问题表现出好奇探索的倾向，他们通常会主动地接近问题，遇到困难时的情绪反应积极，他们既能够向在场的成人请求帮助，又不太依赖成人。不安全型依恋的幼儿则显著不同，他们的自我调控与合作能力较差，面对困难有明显的失望反应，情绪不稳定，容易表现出跺脚、发脾气等行为，坚持性差，容易放弃，必要时也极少求助于成人。回避型幼儿明显缺乏独立性，过分依赖母亲，他们难以接近问题，有时干脆从问题情境中退出。

由此可以看出，依恋与社会认知模式关系密切。许多研究者都认为，亲子依恋对幼儿后期适应性发展的持续影响，是通过自我认知提供的一种机制来完成的。这就是"内部工作模型"（inner working model）。工作模型的假设得到了实证研究的支持，至少母子依恋质量和幼儿对自我的知觉之间有显著的联系。安全性水平高的幼儿，更自信、更主动，自我效能高。在父婴依恋中，父亲身上通常具有的独立、自信、勇敢、坚强等积极的个性特征，幼儿往往会在不知不觉中加以学习和模仿。这对幼儿形成健康人格以及发展良好的社会适应能力和人际交往能力方面都具有重要作用。

幼儿期的安全型依恋将导致一个人的信赖、自信和稳定的情绪状态。相反，一个未能在早期形成安全型依恋的人，将可能成为一个情绪不稳定和对环境不信任的成人，不能发展成为一个好的父亲或母亲。由此可见，幼儿依恋的性质一定程度上会影响幼儿的认知活动和情感的发展。

2. 依恋与同伴关系的发展

埃里克森认为，人在生命头两年都会体验到信任与不信任的心理状态，而这种矛盾必须在这两年解决好，否则幼儿将会遭受缺乏信任感的折磨，严重的甚至无法与人相处。有研究认为，安全型依恋的幼儿与其他幼儿相比更有可能在婴儿期、幼儿期和小学阶段，在同伴中展示出较强的社会能力和良好的社会关系；回避型依恋的婴儿比安全型依恋的婴儿在以后的幼儿园环境中表现出更多敌对的、愤怒的、侵犯的行为。

早期安全型和不安全型依恋的幼儿以后各自发展了很不相同的社会性和情感性模式，这反映在他们与同伴的交往中。20世纪40年代，曾有不少心理学家研究孤儿院的幼儿，发现他们表现出了两种行为模式：一种是对人冷漠，对保育员和以后的同伴都未形成有意义的依恋关系；另一种是表现为情感的饥饿，他们贪求与人交往，以得到别人的注意和感情。这种情况到青少年时期还会有所表现。而安全型依恋的幼儿则不然，在幼儿园里，老师反映他们的朋友多，自尊、同情、积极性情感水平较高，更多地以积极性情感来发动、响应、维持与他人的相互作用。同时具有低攻击性和更具社会竞争力。在同伴中有更强的人际吸引力，积极、利他行为比较多，安全型依恋的幼儿更善于合作。

三、父母的教养方式

父母教养方式是指父母在抚养、教育幼儿的活动中通常使用的方法和形式，是父母各种教养行为的特征概括，是一种具有相对稳定性的行为风格。最早研究父母教养方式对幼儿影响的是美国心理学家西蒙兹（P. M. Symonds）。而后，日本心理学家诧摩武俊和美国心理学家鲍德温（A. L. Baldwin）等都进行了父母养育态度与幼儿个性关系的研究。之后，美国著名的女心理学家鲍姆林德（Baumrind，1977）通过采用实验观察、家庭观察和访谈的研究方法，对父母的教养方式进行了系统的研究，并提出了自己的理论观点。她认为亲子交往是一个互动的过程，因此在父母教养方式的定义中应包括两个方面的内容：一是父母对幼儿所作要求的数量和种类；一是父母对幼儿行为的反馈。

父母对幼儿行为、态度的影响主要通过彼此之间的人际交往而实现。在交往过程中，父母一方面以其自身行为、言语、态度等的特征，为幼儿提供观察和模仿的范型；另一方面还通过对幼儿行为的不同反应方式对幼儿行为做出积极的或消极的强化，以此改变或巩固幼儿的某些具体行为。周宗奎认为，父母还会根据一定的社会准则、规范向幼儿传授有关的知识与技能，以促进其认知和社会化。

由此可见，父母教养方式是在父母与幼儿的相互作用中形成并分化的，它是造成幼儿社会化水平高低不同的重要原因之一。父母教养方式在家庭教养活动中产生并形成，父母教养方式又是围绕幼儿的社会化在父母与孩子之间展开的。父母与孩子在一定活动过程中始终是相互作用、互为影响的。

（一）父母教养方式的类型

父母通过不同的方式和途径影响着幼儿的社会化，这些方式和途径因父母自身特点及各个家庭的不同背景而存在诸多差异，即教养方式千差万别。鲍姆林德（Baumrind，1977）经过研究指出，父母教养方式与幼儿心理发展密切相关，父母教养方式的差异使幼儿心理发展直接产生不同的结果。麦考比等人（Maccoby & Martin，1983）进一步提出了父母教养方式的四种类型。

1. 民主型

这种类型的家长在孩子心目中有权威，但这是建立在对孩子的尊重和理解上。父母对幼儿的态度是积极肯定和接纳的，他们会给孩子提出合理明确的要求，设立适当的目标，并对孩子的行为进行适当的限制。这种教养方式的特点是虽然严格但是民主。在这种教养方式下长大的幼儿，多数具有很强的自信和较好的自我控制能力，对人友好且独立性强，比较乐观、积极，善于与人交往。

2. 专断型

专断型家长的特点是严格但不民主。父母对幼儿常常采取拒绝的态度和训斥、

惩罚等消极反应，要求幼儿无条件地服从自己。这种教养方式下的家长和孩子是不平等的，他们很少听取孩子的意见和要求。在这种教养方式下长大的幼儿，会容易表现出焦虑、退缩等负面情绪和行为，往往缺乏主动性和积极性，不善于交往，但他们在学校中可能会有较好的表现，比较听话、守纪律等。

3. 放纵型

放纵型的家长对幼儿表现出很多的爱与期待，但是很少对孩子提要求并且很少对其行为进行控制，表现出过分的接纳和肯定。在这种教养方式下长大的幼儿，往往比较容易冲动、缺乏责任心，不够成熟。一旦他们的要求不能被满足，往往会表现出哭闹等行为，攻击性较强。对于家长，他们表现出很强的依赖性，往往缺乏恒心和毅力。

4. 忽视型

忽视型的家长对幼儿关心不足，他们不会对幼儿提出要求和对其行为进行控制，同时也不会对其表现出爱和期待，父母与幼儿之间的交流很少。对于孩子，他们一般只是提供食宿和衣物等物质，而不会在精神上提供支持。在这种教养方式下长大的幼儿，很容易出现适应障碍，具有较强的攻击性和冲动性，易发怒且自尊心水平较低，很少为他人考虑。

(二)父母教养方式对幼儿心理发展的影响

家庭是幼儿出生后最初的生活环境，也是实施早期教育的最初环境。父母教养方式是影响幼儿发展的重要因素。父母的教养方式关乎人格的建立、成人后人际关系和社会适应的发展。

1. 对幼儿社会性认知发展的影响

幼儿社会性发展首先是从家庭开始的，在父母的有意指导和无形影响下，幼儿获得了自来到世界以来最初的生活经验、社会知识和行为规范。可以说家庭是幼儿的社会性发展的最早执行者和基本执行者。而在诸多家庭影响因素中，父母教养方式是影响幼儿社会性发展的最重要因素，通过父母的教养行为，幼儿获得了有关社会的道德标准、最初的价值观念、个体行为的方式等的态度体系。

西蒙兹是最早关注幼儿社会化的研究者，他探讨了父母教养方式对幼儿社会性发展的影响。研究结果发现，被父母接受的孩子都表现出社会需要的行为，如情绪稳定、兴趣广泛、富有同情心，而被父母拒绝的幼儿大多情绪不稳定、冷漠、倔强并具有逆反心理倾向。鲍德温研究了父母宽容和民主对孩子的社会化影响，他发现：采用宽容民主教养方式家庭中的孩子会形成爱憎分明的行为特征，好奇心强并极具创造性；而限制不宽容家庭的幼儿则表现出了与此完全相反的特点。霍夫曼等人的研究表明：强制的方式会阻碍幼儿对社会道德规范的内化，同时也会降低幼儿良知的发展。

陈会昌教授等对北京市 172 名幼儿从 2 岁起进行为期两年的追踪研究，分别在幼儿 2 岁、4 岁时对其父母进行问卷调查，结果发现，幼儿外显的问题行为与父母教养态度具有较强的相互作用。我国李媛等人的研究也发现3~6岁幼儿在社交能力、自主能力、独立性、同情心等社会适应性特征方面与幼儿的家庭教养存在相关。

　　教养方式与幼儿社会性发展的研究随着心理学研究的不断发展也在发生着新的变化，研究的对象从单一针对父母的教养行为、教养态度及受教育程度等因素逐渐转向从父母生活的社会大环境入手，从不同的社会文化、经济条件、母亲职业环境等中寻找影响幼儿社会性发展的社会间接动因。另外，幼儿社会性认知以及行为的发展不仅仅是父母对其单方面的影响，而是一种亲子的双向互动过程。

　　2. 对幼儿性格的影响

　　家庭被称为"创造人类性格的工厂"。弗洛伊德曾提出：人格其实在出生后的前五年就已经形成了。幼儿的性格培养对其一生的性格定型起着决定性作用，而父母教养方式是否得当直接关系到幼儿良好性格的形成。

　　(1)专断型父母教养方式对幼儿性格的影响。专断型父母对幼儿的教育很严厉，粗暴甚至虐待，一不顺心或幼儿的行为不符合父母的愿望，就对其进行打骂，这种父母信奉"棍棒底下出孝子"的信条。容易使幼儿形成自卑、懦弱、冷漠等消极情绪，产生恐惧或焦虑的心理，容易发生不能克制的逆反、倔犟、攻击和冲动行为。另一种专制是父母对幼儿提供过度保护，包办、代替幼儿做所有事情，幼儿的自主权受到限制，使幼儿对父母过分依赖，一旦离开父母，易产生分离焦虑，拒绝入园，形成幼儿的退缩行为。过度保护还会养成孩子自我中心，自私自利，很难适应集体生活，易造成挫折感，产生对立、自卑、仇视、嫉恨乃至采取攻击报复行为，以及由于人际关系紧张造成情绪问题等。

 资料卡

　　有个幼儿叫欢欢，刚来幼儿园时，不像别的孩子那样哭闹，像个小大人似的，忙这儿忙那儿，开心极了，对待小朋友也是非常热情。可没过多久，孩子不再活泼可爱、叽叽喳喳了，干起事情来总像是不知所措，甚至问她话时，她也只用点头和摇头代替，孩子变得不开心了。原来，孩子的妈妈非常积极，不顾孩子的兴趣就给孩子报了舞蹈、网球、绘画等课外活动课，还在周末给她报了许多兴趣班，同时还给她定了两条不成文的规矩：一是不准和男孩子玩；二是每天放学回家必须向妈妈汇报当天所学的英语知识。孩子在玩时总想着这些规定，所以闷闷不乐；面对妈妈的问题也总是担心回答不好。久而久之，逐渐形成一种无形的压力——怕犯错误，所以越来越不爱说话，继而发展成为"你问我，我干脆不理"的局面，性格趋向自闭。

　　　　　　(资料来源：网络博客，http://blog.sina.com.cn/gaoyaoxiao.2009-12-04)

　　专断型父母教养下的幼儿对环境毫无控制，也从来得不到什么满足，他们通常感到拘束和愤怒，但慑于敌对的环境而不敢表露，这些孩子常常表现出不愉快，对

压力很敏感，缺乏目标等。

（2）放纵、忽视型父母教养方式对幼儿性格的影响。放纵、忽视型父母对幼儿的行为与学习不感兴趣，也不关心，这类父母存在着典型的角色问题，他们或性格内向或缺乏权威意识和责任感或社交能力差。这种家庭环境下成长起来的幼儿往往对事情没有责任心，行为放纵，一些不良的个性与态度会影响学业。根据研究，行为越轨的大多数幼儿与这类父母有关，都是由于父母对孩子管教放松或前后不一致、父母对孩子缺乏感情、听任自由活动而不予指导和约束、家庭缺乏亲密性等原因造成的。实际上亲子间正常接触和交流能缓解幼儿的恐惧焦虑情绪，给幼儿带来安全感、信赖感、温馨感，对幼儿的心理健康发育、健全性格形成具有积极的作用。

资料卡

有个幼儿叫宝宝，聪明机灵，然而他在幼儿园的表现实在让人头痛：自由，任性，想干什么就干什么，从不受任何约束。上课时，在地上打滚；吃饭时，把碗弄翻；睡觉时，在床上跑来跑去；游戏时，捣乱打人更是时时刻刻发生。老师也拿他没办法，因为他不知从哪儿学来的，只要发现老师要批评他，他就快速且诚恳地承认错误，当然，再次犯错误的速度也使人吃惊。原来所有这一切全是家里惯坏的，只要他说什么，大家全都顺从他，加上母亲没上班，专门照顾他，自然又多了许多的宠爱与放纵。

（资料来源：网络博客，http://blog.sina.com.cn/gaoyaoxiao.2009-12-04）

在放纵型家庭中，尽管父母与孩子有着挚爱的关系，但他们极端的放纵和无约束的纪律要求，以及对孩子自由表达冲动的鼓励，都与孩子的缺乏控制和冲动行为的发展相关联，他们认为这些冲动的自由表达是健康的、合理的，而正是这种观念纵容了他们的孩子。

（3）民主型父母教养方式对幼儿性格的影响。民主型父母不轻易打骂幼儿，对幼儿的行为更多的是加以分析与引导，对于幼儿在成长过程中发生的问题更多采取帮助与鼓励的方法，并合理地应用奖励与处罚的手段，使幼儿从父母的行为与教育中获得知识，明白事理。调查发现正常幼儿，特别是优秀幼儿的父母，更多采用民主型的教养方式。民主教养不等于什么事情都是协商，有民主还要有集中，孩子由于知识经验、社会经验等方面的局限性，看问题不会深刻与全面，所以对有些重大问题要由家庭全体成员来讨论，父母可以事先统一口径，要求少数服从多数，让孩子沿着正确的轨道发展。

资料卡

一个4岁的小女孩叫莹莹，她父亲是一位机关干部，母亲是一名中学教师，她在幼儿园几乎从来不让老师操心，讲起故事来绘声绘色，跳起舞来有板有眼。她性格开朗，活泼勇敢，有同情心。其父母对待孩子的教育问题上格外认真，对孩子有一定的纪律要求，这种纪律要求使她有机会探索周围的世界并获得人际交往技能，同时又不使这一纪律要求显得充满敌意、苛刻和强迫。让她在高度的热情和中度的限制中，形成一种积极向上的性格。

（资料来源：网络博客，http://blog.sina.com.cn/gaoyaoxiao. 2009-12-04）

总之，父母的教养方式会在一定程度上影响幼儿的社会化，但是父母并不是影响幼儿社会性发展的唯一因素，幼儿自身的因素如年龄、性别、气质特征等都会在不同程度上影响父母对待幼儿的态度和行为，并进一步影响幼儿的心理发展。

第二课 幼儿的同伴关系

随着幼儿的长大，他们的人际关系越来越具有多样性。在这些关系中，和同龄人建立的关系在幼儿的生活中具有特别重要的作用。同伴关系在幼儿能力、认知、情感、自我概念、人格的健康发展和社会适应中起着重要的作用。

一、同伴关系的概念

同伴指与幼儿相处的具有相同社会认知能力的人，也指"社会上平等的""共同操作时，在行为的复杂程度上处于同一水平的个体"。同伴关系指年龄相同或相近的幼儿之间的一种共同活动并相互协作的关系，或者主要指同龄人之间或心理发展水平相当的个体间在交往过程中建立和发展起来的一种人际关系。

同伴关系在幼儿的发展中具有成人无法替代的独特作用。幼儿同伴关系是幼儿生活中的一种重要人际关系，它对幼儿的健康成长，适应幼儿园、社会生活，乃至成人后的人际关系都会产生深远的影响。良好的同伴关系对幼儿认知、情感和社会性发展都有积极的影响。不良的同伴关系则会给幼儿心理发展和社会适应带来消极的影响。

二、幼儿同伴关系的发展

同伴关系是幼儿在交往过程中建立和发展起来的一种幼儿间特别是同龄人间的人际关系，它存在于整个人类社会。在整个幼儿期间，同伴相互作用的基本趋势是：从最初简单的、零零散散的相互作用逐步发展到各种复杂的、互惠性的相互作用。这是一个从简单到复杂、从低级到高级、从不熟练到熟练的过程。而且，在不同的年龄阶段，幼儿同伴关系表现出不同的发展特征(张文新，1999)。

(一)婴儿早期同伴关系的特点(2岁前)

婴儿社会交往在第一年已经取得了非凡的进步，其发展大大超乎我们的想象。

幼儿心理发展概论

例如，到 2 个月大时，同伴的出现会引起婴儿的注意，并会相互注视。到 6～9 个月大时，他们会朝对方观看，发声，向对方微笑，通常这样的发起会得到和气的回应。到第一年末，婴儿彼此注视的次数增加。他们微笑，用手指点，发声表意，有嬉戏活动、游戏活动，并被他们的玩伴模仿。这些起初的模仿活动可能为以后发展合作性的同伴活动打下基础。但是对这一时期的婴儿来说，最重要的社会关系还是依恋，尤其重要的是母子关系。依恋关系对于同伴关系也发挥着重要的影响。

到了第二年，学步幼儿（幼儿前期）的社会化获得了进一步的发展。随着运动和语言交流能力的出现，学步幼儿的社会性交流变得更加复杂多样，并且同伴间一次互动的时间更长。学步幼儿会有组织地围绕特定的"主题"或"游戏"玩耍。这时幼儿之间出现了较多的互惠性游戏，而且逐渐地学会了轮流扮演角色。第二年末，许多幼儿花在社会性游戏上的时间比单独游戏要多得多。有时即使母亲在场，与同伴一起玩的时间也比与母亲一起玩的时间更长。在活动中，幼儿逐渐地将玩具融入其中，能够同时注意到物体和同伴，因而这时的活动也显得比较和谐。

有研究认为，婴儿期同伴相互作用可以划分为以下三个阶段。

第一阶段：客体中心阶段。幼儿的相互作用主要集中在玩具或物体上，而不是幼儿本身。10 个月之前的婴儿，即使在一起玩，也只是把对方当做活的物体和玩具看待，他们互相拍触，或咿咿呀呀地发声。

第二阶段：简单相互作用阶段。幼儿已经能对同伴行为作出反应，并常常试图去控制对方的行为。比如，幼儿 A 由于不小心碰到了自己的手而大哭起来。这时，幼儿 B 看见幼儿 A 哭了，也跟着大哭起来。而幼儿 A 看见幼儿 B 跟着他哭起来，似乎觉得很好玩，自己的哭声就更大了。

第三阶段：互补的相互作用阶段。这一阶段幼儿的社会交往比较复杂了，模仿行为也更普遍了，并且有了互补或互惠的角色游戏。在发生积极的相互作用的过程中，还伴有消极的行为，如打架、揪头发、抓脸和争夺玩具等。

（二）幼儿期同伴关系发展的特点（3～6 岁）

从 3～6 岁，同伴互动的频率增加，并越发复杂。帕滕（M. Parten，1932）认为幼儿之间的社会性互动会随着年龄的增长而增加，他把这一阶段幼儿的游戏分为以下六种：偶然的行为、旁观者行为、单独的游戏、平行游戏、联合游戏和合作游戏。偶然的行为是一种无目的的活动，东游西逛，行为缺乏目标，例如在椅子上爬上爬下。旁观者行为指幼儿只是观看同伴的游戏，偶尔有一些交谈，发表一些口头意见，但行为上并不介入他人的游戏。单独的游戏是不与他人发生直接关系的游戏，使用不同的游戏材料专注地玩自己的游戏。平行游戏表现为与其他幼儿操作同样的玩具，但并不和其他幼儿共同活动，仍是单独做游戏。联合游戏是一种没有组织的共同游戏，有时相互之间互借玩具。合作游戏是有组织、有规则、有首领的共同活动，幼儿为了共同目标组织起来，其行为服从于共同的团体目标。

在六种游戏中，2 岁幼儿开始出现旁观者行为，也开始从事单独的游戏或平行游戏。4 岁幼儿大多数从事平行游戏，但与 2 岁幼儿相比，在相互作用和从事合作游戏方面表现得更多一些。帕滕发现，随着年龄的增加，幼儿从事单独游戏和平行游戏的频率下降，而联合游戏和合作游戏变得更为平常。

在幼儿交往中存在明显的类型差异，这是很多研究都公认的事实。交往水平不同导致幼儿交往类型的差异。杨丽珠、刘文在 2002 年采用国际上幼儿交往类型的通用划分方法进行计算，测试了 509 名幼儿的同伴关系，研究结果如下：

第一，在 3～9 岁幼儿群体中，幼儿的社交地位已经分化，出现了受欢迎型、被拒绝型、被忽视型和一般型。

第二，各类型幼儿在总体中的分布比例为：受欢迎幼儿占总体的 11.8%，被拒绝儿童占 9.3%，被忽视儿童则占总体的 16.9%，明显高于受欢迎型和被拒绝型，一般幼儿占 62.0%。

从上述结果来看，从 3 岁开始，幼儿在同伴交往中已形成了不同的同伴交往类型，各幼儿在同伴中的社交地位、关系不同。有的幼儿在同伴中很受欢迎，被接纳、喜爱，同伴交往地位高，关系和谐；而有的幼儿则普遍被同伴所排斥、拒绝，同伴关系紧张，地位较低；还有的幼儿则为同伴所忽视、冷落，不为同伴所重视，在同伴心目中没有地位；还有的幼儿既不为同伴所特别接受、喜爱，也不为同伴所特别排斥、拒绝，在同伴中的地位一般。需要注意的是，在幼儿陈述不喜欢的小朋友的理由中，大多数是因为对方经常被老师批评、不听话，因此也特别需要引起重视。

幼儿同伴之间的交往比成人交往更自由、更平等，这种平等关系使幼儿有可能从事一种新的探索和尝试，特别是产生一种新的敏感性，这种敏感性将成为发展社交能力、社会正义感和爱的能力的基石。著名心理学家皮亚杰就很重视交往在幼儿认知发展中的作用。他认为社会交往也是影响幼儿认知发展的一个重要因素。社会交往可帮助幼儿摆脱自我中心，从别人那里获得丰富的信息，使自己的思维精细化。

国内的研究证明，5 岁幼儿通过相互交往可以促进认知水平的提高，其主要原因在于：幼儿在相互作用时，由于动作或观点不同，引起争论，造成认知冲突，从而导致认知结构的改变。从目前对幼儿的社会认知发展的探讨中发现，幼儿社会认知的发展是在幼儿作为积极的行为者，与他人实际的、频繁的相互作用的过程中实现的。社会互动经验对幼儿社会认知的作用包括间接和直接两方面：一方面，幼儿与他人的交往可以为其提供认知他人观点、思想的机会，促进其观点采择能力的发展，而观点采择能力又是幼儿认知的基础和核心成分；另一方面，社会互动可以直接促进幼儿的社会敏感性的发展，使幼儿获得关于他人的直接知识。

由于同伴交往在幼儿心理发展中具有重要作用，因此，应加强对幼儿同伴关系的研究，为幼儿创设同伴交往的环境和条件，教给他们交往的技能，并注意培养其良好的性格以促进幼儿同伴交往的良好发展。对那些被拒绝和被忽视的幼儿，可以采取适当、有效的措施，通过诸如讲解、角色扮演、及时强化等方法，培养幼儿交往的积极主动性，提高其交往技能，促使他们做出更多的积极友好的行为。

三、幼儿友谊的发展

(一)友谊的概念

友谊是一种双边的、涉及情感的、平等的、相对稳定的亲密关系，是两个相互喜欢的幼儿结成的关系，是发生在两两幼儿之间的关系。友谊是幼儿同伴间主要的社会关系，是幼儿成长过程中心理健康发展的重要条件。幼儿友谊质量是自20世纪80年代以来才引起人们关注的研究领域，西方研究者首先对这一领域进行了探索研究。

质量通常被用来定义某样事物优秀的程度或等级。因此贝尔特·哈吐普(Berndt Hartup)用友谊的积极特征和消极特征的平衡来定义友谊质量。即当友谊关系的积极特征明显高于消极特征时就被认为友谊质量高。反之，就认为友谊质量低。幼儿友谊质量是幼儿友谊关系的好坏程度。

哈吐普把友谊关系分为有朋友、朋友的一致性和友谊质量三个维度。有朋友维度可以从是否拥有朋友、拥有朋友的数量、与朋友相处的时间和朋友关系的持续时间等几个方面来考察。朋友的一致性即朋友之间的相似性，来源于形成朋友关系的内在和外在条件。共同的生活背景(如居住地、家庭背景、阶层种族等)、相似的生理特征(如年龄、性别、长相、身高等)、相近的心理和行为特征(如能力、学识、性格、行为习惯等)都是产生朋友一致性的条件。

张文新(2002)认为，如果对友谊关系进行界定，有三个条件需要满足：①友谊是两个个体之间的一种相互作用的双向关系，而非一种简单的喜爱或依恋关系；②友谊是一种较为持久的稳定性关系；③友谊是以信任为基础、以亲密性支持为情感特征的关系。

(二)幼儿友谊的发展阶段

友谊对幼儿的社会性发展有着特殊的影响。通过与他人分享隐秘的思想和情感，幼儿和青少年能更好地认识自己和要成为怎样的人等与自我有关的问题。幼儿友谊的发展表现在亲密性、稳定性和选择性等方面，随着幼儿年龄的增长，友谊的特性也不断发展变化着。美国著名儿童心理学家塞尔曼(Selman，1980)认为儿童友谊的发展有五个阶段。

第一阶段(3~7岁)，尚不稳定的友谊关系。幼儿还没有形成友谊的概念，幼儿间的关系还不能称之为友谊，而只是短暂的游戏同伴关系。这种关系的建立和结束都很快，主要取决于朋友之间行为的"大方"或"小气"。朋友往往与实利和物质属性以及时空上的接近相关联。幼儿认为朋友就是与自己一起玩的人，与自己住在一起的人。

第二阶段(4~9岁)，单向帮助阶段。这个阶段的幼儿要求朋友能够服从自己的愿望和要求。如果顺从自己就是朋友，否则就不是朋友。比如"她总把她的午饭分给我吃"，或者"人们对我不好时，他总帮助我"。

第三阶段（6～12岁），双向帮助阶段。这个阶段的儿童能互相帮助，但还不能共患难。儿童对友谊的交互性有了一定的了解，但仍具有明显的功利性特点。

第四阶段（9～15岁），亲密的共享阶段。儿童发展了朋友的概念，认为朋友是分享共同利益和价值的人，能忠实地保守个人的秘密，必要时能给予精神上的支持。这时，友谊较为稳定，通常不为个别或几个偶然事件所破坏。但这一阶段的友谊具有强烈的排他性和独占性。

第五阶段（12岁以后），自主的共存阶段，这是友谊发展的最高阶段。它以双方互相提供心理支持和精神力量，互相获得自我的身份为特征。由于择友更加严格，所以建立起来的朋友关系持续时间都比较长。

友谊可以为幼儿提供情感支持，提供更多的玩耍、交往和娱乐的机会，提供社会支持与获得基本社会技能的机会，友谊还可以提高幼儿的自尊。总之，友谊在幼儿社会性发展过程中具有重要意义，而没有朋友则会导致许多不良后果（如更多地可能会有情感问题、观点采择能力滞后、社会能力较低、适应性差等）。教育者一定要引导幼儿发展健康积极的友谊关系，从而促进其社会性和个性的健康发展。

（三）友谊质量对幼儿发展的影响

幼儿友谊质量对幼儿的社会化具有重要意义，没有朋友对幼儿心理发展会导致许多不良的结果，如出现情感问题，观点采择能力滞后，较少利他性，在加入群体、合作游戏和处理冲突等社会技能方面存在缺陷。这已被国外的心理学家所证实。陈会昌的研究表明，有计划地训练可以帮助幼儿提高互相帮助和指导、解决冲突的水平。相关跨情境的比较研究表明，有朋友的幼儿比没有朋友的幼儿具有更强的社会适应能力，具有更高的合作精神、利他主义、自尊水平等人格特质，没有朋友的幼儿更容易体验到孤独感，而有朋友的幼儿更容易体验到主观幸福感。

友谊质量对于个人的社会适应和健康发展起着重要的作用。哈吐普（Hartup）认为，可以把友谊关系分为表层结构和深层结构。表层结构是指在不同的年龄阶段，朋友交往的方式和内容不同，友谊关系所面临的适应性发展任务不同，友谊关系表现出发展变化的阶段性和年龄特征。譬如，学前期幼儿的友谊关系仅仅停留在共同活动和游戏上；青少年则强调朋友之间的相互理解、信任和忠诚；成年人的友谊关系则与工作、社会活动和成就需要联系在一起。深层结构是指友谊关系双方的互惠性。

友谊关系使个人顺利地适应人生发展的各个转换时期。譬如，朋友的陪伴使入学幼儿更容易适应学校环境，朋友交往有助于青少年形成自我同一性、避免同一性危机。也有研究表明青春前期的朋友关系可以预测青年期的两性情爱关系。

如上所述，纽科姆（Newcomb，T. M.）认为，友谊质量较高的人能深入地投入社会活动，并且在分享、合作和相互帮助中体验到积极的情感，友谊充满感情色彩，为双方提供亲密交流与袒露的机会，有助于消除幼儿的孤独感；朋友之间

更容易保持和谐一致的状态；人们交流更频繁，合作更密切，因此共同任务的操作更有效率；朋友之间的密切、忠诚和相互喜欢的关系可使个人获得自我价值感、社会安全感和情感上的支持，使个人在生活适应上更容易得到帮助和指导。

友谊质量作为人格适应发展的背景因素在个人的社会、情感和认知方面发挥重要作用。作为个人的社会背景因素，友谊质量使个人得到更多的机会去学习和使用有效的人际交往技能，从而为建立良好的人际关系和社会地位奠定基础。

第三课　幼儿的师幼关系

师幼关系是一种人际关系，是教师和幼儿在教育、教学过程中形成的相互关系，包括彼此所处的地位、作用和相互对待的态度等。由于教师对幼儿所具有的特殊影响力，幼儿与教师结成的人际关系——师幼关系对幼儿身心各方面的发展发挥着重要影响。

一、师幼关系的概念

师幼关系是教育过程中最基本的、最重要的人际关系。师幼关系是教师与幼儿在共同的教育、教学活动之中，通过相互的认知、情感和交往而形成的一种人际关系。在这种关系中，既体现出师幼各自的地位和作用，又体现出二者之间互动联系的方式与性质。在某种程度上代表着幼儿教育的方式，反映着教师以何种身份面对幼儿，体现着幼儿的主体性是否得到了尊重等。因而，师幼关系是幼儿园中最重要的一种关系，是幼儿园教育内部的主要动因之一。

师幼关系对幼儿的发展有着重要的影响，幼儿从教师那里获得关爱、获得来自教师的安全感，教师对幼儿来说起到一定的榜样作用，良好的师幼关系有助于教师对幼儿给予更多的理解与关注，有助于教师帮助幼儿建立幼儿之间的同伴关系。

自 20 世纪 80 年代中后期开始，师幼关系问题成为国外幼教界关注的一个热点。如美国普渡大学卡根和史密斯（Kagan & Smith，1988）通过研究指出：奉行以"幼儿为中心"教育观念的教师比奉行以"教师为中心"观念的教师与单个幼儿或小组幼儿进行互动的时间更长、频次更多，对幼儿行为更为敏感，反馈更为及时，他们与幼儿形成的师幼关系也相对亲密。郝忆（1996）的研究认为，受教育水平程度并不是显著影响师幼关系的因素，教师特征中对师幼关系状况有重大影响的是教师的反省能力（reflection），如果教师能时时考虑到幼儿园内发生的每件事情对于幼儿发展的意义，那么教师就会对幼儿采取积极的支持性的行为，会与幼儿形成和谐的师幼关系；反之则不然。

二、师幼关系的特点

建立良好师幼关系的根本目的是在良好的师幼关系状态中开展教育教学活动。

构成教育活动过程的主要因素是人，是教师与幼儿通过他们之间的相互关系形成了一定的教育教学过程，这种过程以一定的教育活动内容为中介，教师和幼儿相互倾听、相互理解。

幼儿从家庭进入教育机构，在其生活中就出现了继父母之后的又一重要成人——教师。在幼儿园中，幼儿每天与教师在一起的时间比他们与父母在一起的时间还要长，同时，教师通过直接教导、言行榜样等与幼儿的互动方式，使幼儿学习一定的社会道德规范、行为规范、集体生活要求、文化知识以及与他人交往的基本准则、规范等。在与教师的交往中，幼儿演练多种社会行为与社会技能，并依据教师的不同奖惩、强化而调整着自己的行为。幼儿的整体心理水平较低，易受暗示、引导、加上教师在幼儿心目中的"权威""神圣"地位，使得教师对幼儿的发展起着极为重要的作用。

师幼关系的特点如下。

（一）师幼互动中，教师与幼儿在人格上是平等的

教师与幼儿虽然角色不同，但他们在人格上是平等的，在真理面前是平等的。在这种民主平等的关系中，教师对幼儿所发出的信息，首先要以宽松、开放的心态接纳，"接住孩子抛过来的球"，从而使幼儿处在一种相对宽松、充满安全感的教育环境中。当教师向幼儿传递知识与技能时，幼儿心情愉快，情绪饱满，学习的积极性高，乐于接受教师教给的各种知识，努力解决生活中遇到的各种问题，积极地探索和注意身边的事物。

（二）教师是幼儿社会知识的传递者和社会行为的指导者

在平等和谐的师生关系中，通过师生间的积极交往，幼儿能够拓展社会知识，学习一定的行为规范和价值准则，在教师的示范指导下和对教师的观察模仿中，幼儿能习得分享、合作、同情、谦让等亲社会行为。同时，由于教师在幼儿心目中具有重要地位，教师对幼儿的情感、态度和评价对于幼儿自我意识和社会性情感的发展也具有重要的影响。

（三）师幼互动中，教师发起的互动明显多于幼儿发起的互动

相关研究表明，发生在幼儿园一日生活中的教师与幼儿之间的互动行为事件中绝大多数是教师开启的，占师幼互动行为总量的69.1％；而幼儿开启的互动行为事件只占总量的30.9％。教师作为施动者所确立的互动行为主题被幼儿接受的比例高达95.8％；而幼儿开启互动行为事件中被教师接受的只有66.5％。并且，无论教师提出的行为主题事件为何种，都不会降低幼儿对教师的高接受取向，而教师对幼儿采取的反馈行为取向却因事件的主题不同而表现出诸多差异。由此可见，教师是教育活动的"王者"，操纵控制绝大部分教育活动，左右着幼儿的行为，使幼儿常常处于服从、依赖的被动地位，师幼之间的关系处于一种严重的倾斜状态。

总之，师幼关系作为一种双向的人际关系，在教师对幼儿施加影响的同时，幼儿也会在某种程度上反作用于教师，对教师的发展产生影响。良好的师幼关系能增

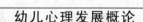

添教师的自我效能感，提高教师的自信心，从而为教师个人的专业成长提供动力，使教师以饱满的热情，积极的心态投入到教育中，从而又促进幼儿身心的健康发展。

三、师幼互动对幼儿心理发展的影响

美国心理学家罗森塔尔和雅格布森通过教育实验研究发现，教师期望对幼儿的发展具有直接重大的影响，证明在教育过程中也存在"皮格马利翁效应"，即教师期望效应。有些学者认为，由于幼儿在幼儿园与教师、同伴一起度过的时间比较长，因此，师幼关系会成为幼儿建立同伴关系的模式，而且，良好的师幼依恋关系能够对安全性低的亲子关系起到补偿的作用。

(一)师幼互动影响幼儿人格特征的形成和发展

艾里克森在1950年出版的第一部著作《童年与社会》中强调：幼儿从进入人生中第一个专门的教育机构——幼儿园，就开始与教师发生直接的行为往来。皮格马利翁效应告诉我们，当教师认为某些学生是聪明的，学业会有迅猛发展，因而对他们抱有积极期望，而一段时间之后，这些学生的学业成绩和智力都得到了较快、较好的发展；相比之下，那些没有得到教师期望的学生，在经过同样长的时间后，智力发展和进步则不明显。而事实上两类学生的智力发展水平并没有什么差别。近年的研究还表明，教师期望不仅影响幼儿的学习和智力发展，而且对自我概念、自我期望、动机、归因等都具有重要的影响，进而影响幼儿的行为、个性、师幼关系、同伴关系等多方面的发展。

究其原因，主要是因为教师因期望的不同，对幼儿采取不同性质、水平的接触以及不同的教学、评价态度等。当教师对幼儿抱有较高期望时，教师与幼儿相处的心理气氛就会比较积极、融洽；教师会更信任幼儿，不仅给予更多的语言鼓励，而且会用微笑、注视、身体接近、点头、肯定手势等身体语言对其进行鼓励；教师会给幼儿更多表现和锻炼的机会，更经常地提问他们，对他们有更高的行为要求，幼儿也更有可能学到更多的东西；教师对幼儿的注意、赞扬和批评的方式也都表现出积极的倾向。可见，较高期望带来的良好教育结果绝非偶然，而是系统的积极对待的必然结果。

现代教学提倡幼儿生活、学习的独立性和自主性，培养幼儿的主体意识和能力。平等和谐的师幼关系，有助于促进幼儿的心理健康，满足幼儿的心理需要，并形成良好的个性特征。如果作为教育者、养护者的教师能够意识到自己的行为对幼儿发展的作用，明智地把握自己对待幼儿的态度和行为，就会对幼儿人格特征的形成产生决定作用。因此，师幼互动对幼儿人格发展具有重大影响。

(二)师幼互动影响幼儿情绪情感的发展

幼儿很容易受教师情绪状态的影响，他们不仅会因教师高兴而高兴，因教师烦恼而惊恐，因教师不悦而老实，而且还会因教师的热情或冷漠的不同态度而取得截然不同的学习效果(马森等，1990)。研究表明，那些感受到教师关怀和高期望的幼

儿更可能具有高水平的自我意识。幼儿对于自我的认识又直接影响其社会性情感的发展，自我意识水平高的幼儿倾向更自信，具有更强的自尊心。相较于家长，幼儿似乎更重视教师的评价。教师对幼儿的评价、奖励与批评、表扬与惩罚，对幼儿也有着至关重要的影响，直接对幼儿的社会行为和学习、发展产生促进或调整、改变的作用。

此外，教师对待幼儿的态度和方式也直接影响幼儿的自尊水平，教师对幼儿的接受、尊重、关心、鼓励和期望有利于自尊的发展。幼儿与教师之间不仅仅是一种受教育者与教育者的关系，还存在一种情感依赖关系。如果幼儿感受到教师在密切关注他们，及时满足他们的需求，提供无微不至的照顾，那么，幼儿会对教师产生依恋性情感。众多研究表明，积极的情感依恋有助于幼儿形成积极愉快的情绪，并对幼儿自信心和自尊感的发展有着积极的影响。同时，与教师交往中获得安全感的幼儿往往对同伴也更友好，更爱交往，更容易为同伴所接受，更少出现退缩行为，对同伴也更少出现敌意和攻击性行为。

单元小结

亲子关系是幼儿早期生活中最重要的社会关系，也是个体社会性发展的开端和组成部分。依恋是一种双向互动的积极过程。婴儿的依恋性质在很大程度上取决于父母对婴儿的教养方式。安全型依恋婴儿的母亲从一开始就较为敏感和负责；回避型依恋婴儿的母亲对孩子非常缺乏耐心；矛盾型依恋婴儿的母亲经常误解孩子的信号，在与孩子重逢后也常常不能建立良好的同步关系。父母教养方式对幼儿社会性认知发展和幼儿性格会产生一定的影响。

同伴关系在幼儿的发展中具有成人无法替代的独特作用。在整个幼儿期间，同伴相互作用的基本趋势是：从最初简单的、零零散散的相互作用逐步发展到各种复杂的、互惠性的相互作用。这是一个从简单到复杂、从低级到高级、从不熟练到熟练的过程。而且，在不同的年龄阶段，幼儿同伴关系表现出不同的发展特征。

师幼关系是教育过程中最基本的、最重要的人际关系，是一种双向的人际关系。在幼儿园，教师通过直接教导、言行榜样等与幼儿的互动方式，使幼儿学习一定的社会道德规范、行为规范、集体生活要求、文化知识以及与他人交往的基本准则、规范等。师幼互动会影响到幼儿的人格特征的形成和发展以及良好情绪情感的建立和发展。

思考与练习

1. 简述依恋关系的影响因素。
2. 简述父母教养方式与婴儿依恋的关系。
3. 简述同伴关系在幼儿心理发展中的意义。

4. 简述师幼互动对幼儿心理发展的影响。

5. 如果你是一名幼儿教师，请结合生活实际谈谈师幼交往应该注意哪些内容。

6. 结合生活实际谈谈幼儿同伴关系的发展有哪些作用。

案例分析

阅读以下材料，分析强强属于哪种同伴关系类型，并提出相应的教育建议。

小朋友为啥不理我

今天是强强上幼儿园的第一天。听说幼儿园里有许多小朋友，他高兴地早早背上小书包，等着和妈妈一起出门。虽然有些怕生，但是强强不像别的小朋友那样又哭又闹，而是和妈妈说了再见，就兴高采烈地牵着老师的手走进了班里。可是放学的时候，情况却完全不同了。老师告诉妈妈，今天强强在幼儿园里和小朋友因为争抢玩具打了起来。之后，看到别的小朋友都不理自己，强强推搡了别的孩子，还把玩具扔到了地上。于是小朋友们都不爱和他玩了。晚上，强强垂头丧气地和妈妈回到家，很委屈地说："小朋友们为什么都不和我玩了呢？我可喜欢他们了！"

问题解析：

1. 强强的同伴关系类型分析

强强的例子在幼儿园中并不少见。幼儿一方面有同伴交往的需要，很喜欢与小朋友一起玩；另一方面由于缺乏独立解决问题的能力及个性特点的差异，与同伴之间常有矛盾，于是受到小朋友的排斥。心理学研究发现，在幼儿同伴团体中，一般包括五种类型的幼儿：受欢迎的幼儿、被拒绝的幼儿、被忽视的幼儿、一般的幼儿和矛盾的幼儿。本案例中强强属于被拒绝幼儿。强强在与同伴玩耍的过程中，总是从自己的兴趣和需要出发，不顾及和关心同伴的感受，喜欢独占玩具，希望同伴都听自己的，不愿意遵守游戏规则。在得不到自己想要的东西后，出现很大的情绪反应，如吵闹、推搡、打人等攻击行为。强强在家的时候，爸爸妈妈什么都是依着他的性子来，所有的东西都是他一个人独享。因此，在与小朋友交往的时候，他还像在家里那样，以为所有人都会让着他，结果就因为争抢玩具打了起来。

2. 教育建议

(1) 亲子抚养方式对策。同伴关系是幼儿主要的社会关系之一，其对幼儿认知发展、人格发展、社会适应性及心理理论发展的作用是成人无法代替的。针对同伴交往困难的幼儿，家长需要在改变自己教养方式的同时，还要对孩子进行有针对性的训练和干预。

首先，对孩子进行情感训练。比如，在讲故事过程中，通过图片欣赏让孩子看到主人公的情绪变化；在家中父母应积极的鼓励孩子进行情感表达，时常对孩子进行拥抱、鼓励。还可以多给孩子听音乐，并鼓励他说出自己的感受。其次，对孩子进行行为训练。家长对于孩子出现的好的行为，比如说助人、分享、合作等，一定要给予及时、有针对性的表扬。最后，给孩子更多同伴交往的机会。父母可以针对孩子的问题，多带孩子去公园等小朋友多的地方玩，让孩子有更多同伴交往的机会。并且在孩子与同伴交往中，父母可以进行观察和记录，从中发现孩子的问题，及时地针对孩子的问题进行指导，对孩子的进步给予表扬，更好地促进孩子的同伴交往，提高孩子与同伴交往的技能。

最新的干预心理疗法是心理学理论和游戏疗法相结合的"箱庭疗法"。在"箱庭"治疗过程中，幼儿由家长陪伴，在其所创造的"自由和受保护"的空间内自由地摆放沙和玩具，自由地幻想和想象，自由地表达情感、宣泄情绪，以唤醒他们的潜意识，最终发挥自我的治愈的能力。

(2)幼儿园教育对策。被拒绝幼儿更多的时间是在幼儿园里度过的，作为幼儿园的教师，也应该采取一些措施，与幼儿家长配合共同提高幼儿的同伴交往能力。

首先，教师通过与家长的沟通，转变家长的教养方式和教育观念。教师应引导家长多对幼儿进行正面教育，培养幼儿的是非观念。同时，也应通过生活中的教育培养所有的幼儿团结友爱的意识。当教师发现被拒绝幼儿的行为有一定的改变，取得一定的进步时，应及时给予适当的奖赏。

其次，教师应教会幼儿一些积极的解决冲突的方法，如群体讨论、角色扮演和讲故事等，同时也要给幼儿练习和使用这些方法的机会。被拒绝幼儿在同伴交往中发生冲突，教师不可急于帮助解决，应给孩子自己解决的机会，教师可以在旁边对他应该怎么解决给予辅助性的指导。比如，先学会听别人的观点、友善地陈述自己的观点和使用商议等方法。

最后，合作游戏法。通过游戏让交往困难的幼儿学习交往技能，提高游戏水平，对于不愿意参加游戏活动的幼儿，应积极鼓励其参加。合作游戏就是能过设计多种合作游戏(如角色扮演、班级集体游戏、全园游戏)，鼓励被拒绝幼儿主动参与，在游戏活动中领会合作的意义并学会合作。

(资料来源：杨丽珠，《现代家庭教育智慧丛书》，2011)

⇒幼儿教师资格考试模拟练习

一、单项选择题

1. 父母教养方式的类型通常被分为四种：民主型、专断型、放纵型和(　　　)。

A. 溺爱型　　　　　　B. 保护型　　　　　　C. 包办型　　　　　　D. 忽视型

2. 在母亲离开时无特别紧张或忧虑的表现，在母亲回来时，欢迎母亲的到来，但这只是短暂的，这种孩子可能属于(　　　)依恋类型。

A. 回避型　　　　　　B. 安全型　　　　　　C. 反抗型　　　　　　D. 迟钝型

3. "清高孤傲，自命不凡"，最容易在(　　　)亲子关系的家庭出现。

A. 民主型　　　　　　B. 专断型　　　　　　C. 放纵型　　　　　　D. 忽视型

4. 4岁幼儿大多数从事(　　　)。

A. 单独的游戏　　　　B. 旁观者行为　　　　C. 平行游戏　　　　　D. 合作游戏

二、案例分析题

试从幼儿同伴关系发展特点分析下面幼儿的行为，并提出相应的教育建议。

华华，男，1998年4月生，2001年9月入园，为全托幼儿，主要由母亲接送。华华的家庭是核心家庭，父母均为小学学历，经营服装公司，家庭月收入在该市属中等偏上水平。开学后第二周的一天下午，孩子们拿出自己喜欢的玩具，分散在各个区角进行活动。华华从阳台走进活动室，远远地看着美工小组的同伴，他紧抿着嘴唇，两手半握拳头紧贴在双腿外侧，像一个被罚站的孩子。这样的情形大约持续了3分钟，华华始终没有表现出想与同伴交往的动作或语言。之后，华华又转向正在用积木合作搭建公路的小组。玩积木是华华喜欢的活动，只见华华侧着身子、踮着脚尖，站在距离小组约两米远的地方看着。该组的小宝抬头看见华华，向他扬了扬手中的积木示意他过去，华华却转身走了……在近20分钟的时间里，华华走过所有的活动小组，但没有与同伴发生过一次成功的交往——既没有主动参与活动的表示，也没有接受同伴的邀请。

第十二单元
幼儿社会行为的发展

学习目标

1. 了解幼儿亲社会行为和攻击性行为的概念；
2. 掌握幼儿亲社会行为和攻击性行为的发展特点和影响因素；
3. 能够制定培养幼儿亲社会行为及矫治幼儿攻击性行为的策略。

单元导言

　　一位幼儿园教师在日记中这样写道："当孩子们用胖乎乎的小手轻轻抚摸你受伤的手背时，当他们笑眯眯地一起分享最爱的零食时，他们真是这世界上最可爱的小天使；可当孩子们不听话地大喊大叫，与别的小朋友为争夺玩具扭打在一起时，我又会恨不得狠狠地教训一下这些小东西。"这位教师所描写的分享和争夺玩具都是幼儿亲社会行为或攻击性行为的表现。通过本单元的学习，你将深入了解幼儿亲社会行为和攻击性行为的特点和影响因素，并掌握促进幼儿亲社会行为发展的策略和矫正其攻击性行为的方法。

第一课　幼儿的亲社会行为

　　婴儿一出生便处于各种社会关系和社会交往之中，伴随着各种社会关系和社会

交往，相应的社会行为也随之表现出来。婴幼儿的社会行为具有持续性，会极大地影响其未来人格的发展，早期社会行为模式一旦成形，即成为个人特性的一部分。其中亲社会行为是社会性行为的重要部分，也是幼儿品德发展的重要内容。

一、亲社会行为的概念

亲社会行为指个体做出的符合社会期望而对他人、群体或社会有益的情感和行为，是幼儿社会化发展的重要方面，包括诚实知耻、同情利他、合群守礼三个特质，具体包括谦让、帮助、合作、共享、鼓励、保护、安慰、坦诚、同情等行为。亲社会行为是人与人之间在交往过程中维护良好关系的重要基础，对个体一生的发展意义重大。

亲社会行为可分为自主的利他行为和规范的利他行为。从对他人和社会有益的社会效果看，这两种行为的含义是一样的。但从动机看，分属不同层次和水平，其中自主的利他行为是高层次的亲社会行为，因为它是人们出于自愿的亲社会行为，并不企图得到任何报酬或奖赏，而后者则是期待个人报偿或避免批评。亲社会行为是一种积极的社会行为。它受到人类社会的肯定和鼓励，它是幼儿良好个性品德形成的基础，是提高集体意识、建立良好的人际关系、形成助人为乐等良好道德品质的重要条件。

二、幼儿亲社会行为的发展

(一)亲社会行为的早期发生

亲社会行为的出现与幼儿自我意识的发展、社会认知能力的发展关系密切。有研究表明婴儿出生第一年后，就能通过多种方式表现亲社会行为，尤其是同情、帮助和分享等行为。当面对别的婴儿摔倒、受伤、哭泣时，他们会表现出皱眉、伤心等，有时甚至也会同样大哭起来，产生情感共鸣的表现。当幼儿1岁左右时，还有可能做出一些积极的安抚动作，如轻拍或抚摸一下对方。1.5~2岁幼儿的安慰行为有时甚至可以十分精细，如将创可贴贴在别人的伤口或将毛毯盖在他人身上。第二年，幼儿具备了基本的情绪体验，出现亲社会行为的萌芽，在成人的教育下开始有分享行为产生，按照成人要求形成简单的道德规范，但多为服从要求和模仿，例如，他们不会和同伴去分享同一个食物，如果成人教育幼儿考虑他人的需要或同伴通过要求或威胁等手段提出分享要求时，幼儿的分享行为就可能发生。

(二)幼儿亲社会行为三个特质的发展和培养

我们在探讨幼儿亲社会行为的发展特点时，根据最新的研究成果，将其分为三个特质，即诚实知耻、同情利他和合作守礼。

1. 诚实知耻的发展和培养。

(1)诚实知耻的概念。诚实知耻反映幼儿在做错事后能认识到自己不对，并感到羞愧、难为情等情感体验或行为表现，它是幼儿道德情感发展的基础。

(2)诚实知耻的发展特点。幼儿诚实知耻产生的时间大致在38个月，其发展存在显著的年龄差异。幼儿诚实知耻行为发展的快速时期是3~5岁，其中幼儿羞耻感状态发展的快速时期是 3～4 岁，羞耻感体验发展的快速时期是 4～5 岁。大约在 3 岁左右，幼儿就开始注意别人对自己行为的评价，这时如果做了错事，听到别人羞他，就会产生羞愧感。但此时的羞愧感，只是在成人"刺激"下才出现的，而不是源于自身的特殊情感体验。因此往往表现在外部的表情动作上，如脸红、低头不语或逃跑、躲藏等。5 岁左右，幼儿已不需要成人的"刺激"就能"独立地"表现出羞耻心了，这时的外部表情动作逐渐被抑制，感到羞耻时他们不再逃跑和躲藏，而是内心充满了不愉快，甚至是痛苦的情感体验。在羞耻感的体验和发现上，女孩比男孩更为明显。羞耻感的出现，为幼儿遵守集体规则提供了动力基础。

（3）诚实知耻的培养。

首先，要提高幼儿的道德认识，在日常生活中结合具体情境，向幼儿揭示是非、善恶。提高道德认识是培养诚实羞耻的前提，对幼儿的正确行为给予及时表扬，并且以讲故事、做游戏等方法进行诱导，使幼儿知道怎样做是对的，怎样做不对，逐渐形成诚实知耻观。

其次，要注意保护幼儿的知耻心。每个幼儿都有知耻心，其知耻心往往在别人知道他的过错时表现出来，特别是在受尊敬的、亲近的人面前。幼儿有了过错以及因过错而受到批评或处罚时，总是希望家长、老师和同伴帮他"保密"，不要宣扬出去，成人应理解和保护幼儿这种正常的知耻心的表现；反之，伤害幼儿的自尊心，久而久之，会使知耻心逐渐淡化，或者走向另一极端，变得胆小、自卑、拘谨。

最后，使幼儿的羞耻心在同伴舆论中深化。3 岁左右的幼儿有了过错，一般只在成人面前才有羞愧感。5 岁以上的孩子开始懂得同伴舆论的压力，会在同伴面前自觉地产生羞耻心，对自己的错误行为进行自我调节，并力图避免再次发生类似令人不愉快的羞耻体验。

2. 同情利他的发展与培养

（1）同情利他的概念。同情利他指幼儿在社会交往中表现出的同情和关心他人、谦让、分享、助人的良好品质，它主要是幼儿亲社会性的外在行为表现，在幼儿阶段表现出很大的外控性，主要是教师和家长教导的结果。同情是对他人的不幸产生共鸣，并对其行动表现出关心、赞成、支持等情感，以及由此诱发"助人为乐、伸张正义"等动机和行为，是一种受多种因素制约的、多维度多层次的社会心理现象。在个体心理发展中，同情心不仅可以抑制攻击行为，而且被看成是亲社会行为最主要的动机源。幼儿最初的情感共鸣即可谓是最早的同情心的表现。同情心的培养有助于幼儿道德自我的内化和形成。同情利他是幼儿融入社会的基础，那些在 4～5 岁时表现出较多利他行为的幼儿，在整个童年时期，乃至青春期和成人期，仍然会更加助人，更多地为他人着想，更愿意承担社会责任。

（2）同情利他的发展特点。总的来说，幼儿的同情利他行为在其 3～4 岁时发展最快，这是因为 3～4 岁幼儿的移情能力逐渐有了很大的发展，他们开始能站在他人的立场上感受情境，理解他人的感情。同情在幼儿 4～5 岁时发展，5～6 岁时趋于平稳。而中班阶段是幼儿同情利他行为培养的关键年龄。中班幼儿同情心的迅速发展与这个时期幼儿的各种心理变化密切相关。诸多研究表明，4岁左右幼儿社会认知能力迅速发展，观点采择能力迅速提高，是由"复制式心理理论"向"解释性心理理论"过渡的重要时期，这为幼儿同情利他行为的发展提供了很好的基础。同情利他行为也和记忆、想象有关，脑重的增加、大脑皮层抑制机能的逐渐成熟和自身经验的增加使中班幼儿的记忆和想象有了比较迅速的发展。当幼儿把自己记忆中的情绪表象和别人联系起来时就很容易产生同情心。另外，随着年龄的增长和幼儿园教育的促进，中班幼儿的情感日益丰富和深刻化，情绪的自我调节能力也逐渐增强，为其同情利他行为的发展提供了很好的前提，因此我们应抓住这一敏感时期促进幼儿同情心的发展。

此外，分享也是幼儿表现同情利他行为的主要方面，分享行为因物品的特点、数量、分享对象的不同而变化。4～5岁幼儿分享观念增强，均分观念占主导地位，表现为不会均分到会均分。5～6岁幼儿分享水平提高，表现为慷慨行为的增多。此外，幼儿的分享水平受分享物品数量的影响。当分享物品与分享人数相等时，几乎所有的孩子都会做出均分反应。当分享物品只有一件时，表现出慷慨的反应最高。随分享数量的递增而渐次下降，满足自我的反应渐次增高，幼儿的利他观念不稳定。而当物品在人手一份之外有多余时，幼儿倾向于将多余的那份分给需要的幼儿，非需要的幼儿则不被重视。在物品特点方面，幼儿更注重于食物，对待这些东西，幼儿均分反应高，慷慨反应少；而对玩具，则慷慨反应多。

（3）同情利他的培养。可以从以下几个方面着手培养幼儿的同情利他行为：

第一，我们要创造情境，在言传身教中培养幼儿的同情心。成人要有意识地抓住日常生活中的小事，随机地对幼儿进行同情心教育，抓住时机积极引导，强化幼儿的同情利他行为，将幼儿个别的短暂的同情利他行为转化为内在的自觉的良好品质。例如，在角色游戏中，让幼儿通过扮演病人、医生、父母等角色，体验生病时的痛苦，体会医生对病人的关心，感受父母做家务的辛苦，从而懂得要热爱、关心、同情他人。此外，成人应为幼儿树立良好的榜样，用自己良好的行为感染幼儿，使幼儿受到潜移默化的熏陶。

第二，运用"泛灵"心理对幼儿进行同情心的培养。"泛灵"是幼儿特有的一种心理现象，是把事物视为有生命和有意向的东西的一种倾向。针对幼儿这一心理特点，在培养幼儿同情行为时运用将物拟人化的教育手段，很容易使幼儿在情感上产生共鸣，达到教育的目的，逐步引导幼儿设身处地地站在他人角度，理解他人感受，学会体谅、同情他人。例如，当幼儿在损坏玩具时，教师便会以玩具的口吻说："哎哟，我好痛啊。"以激发幼儿的情感共鸣，再因势利导，让幼儿想一想"自己受伤了会怎么样，痛不痛？"

第三，要做到家园携手，共同培养。幼儿同情利他行为的培养不是只靠幼儿园教育就可以完成的，其需要家庭和幼儿园的共同配合。家庭是幼儿学习生活的主要场所，父母的榜样力量是无穷的，要经常让幼儿看到父母是怎样关心、同情、帮助他人的，父母用自己的行为影响幼儿，有意识地引导幼儿去模仿，并予以强化。

3. 合作守礼的发展与培养

(1)合作守礼的概念。合作守礼主要体现幼儿对他人有礼貌，喜欢与同伴相处并能与之合作游戏等，它是幼儿亲社会性发展的最直接和初始的体现。

(2)合作守礼的发展特点。合作守礼在幼儿3～4岁时发展最快，在4～6岁间变化不大。之所以幼儿的合群行为发展最为迅速，这是因为对幼儿而言，同伴间的交往和游戏是他们最基本的活动，为保持同伴交往和游戏的顺利进行，幼儿必须彼此谦让与合作，因此他们在这些行为上的体验较多，经验也较为丰富；同时，幼儿的这些行为又常由于同伴的接纳和活动的顺利开展而得到进一步的强化，因此幼儿的合群行为出现较多。此外，在幼儿园中，女孩的合作行为水平明显高于男孩，尤其是在大班，性别差异非常显著。我们认为这主要是因为父母和教师对幼儿怀有不同的期望，致使男孩女孩在合作行为上出现性别差异。

(3)合作守礼的培养。首先，要为幼儿树立合作守礼行为的榜样。幼儿的行为由于受具体形象思维的限制，很多东西都是靠模仿得来的，所以和幼儿最亲近的老师或父母、亲人的举止言谈对幼儿行为习惯的养成起着潜移默化的影响作用。要使幼儿形成良好的合作守礼行为，成人就必须深刻认识到言传身教的作用，以自己的实际行动来引导、影响幼儿，为幼儿树立合作学习的榜样。教师之间是否能分工合作、互相配合，家长及亲人之间是否和睦相处、互敬互爱等都会对幼儿产生直接的影响。另外，同伴也是幼儿观察学习的榜样，因此，教师要有意识地引导合作守礼行为较出色的幼儿与表现弱一些的幼儿一起游戏。

其次，要为幼儿创造合作的机会，增强幼儿的合作意识。教师要有目的有计划地组织幼儿进行一些合作游戏，如共同搭积木完成一个造型或采取二人合作或几人一组的体育游戏等。这样，幼儿在活动时通过二人或几人协商，大大地增加了其合作行为的出现，使幼儿获得了更多的关于合作的体验。此外，还可以把幼儿合作的培养贯穿在幼儿的各个环节当中，如共同叠被子、搬椅子、收拾玩具等。

最后，当幼儿做出合作行为，能较好地与同伴一同合作学习或游戏时，教师要及时地给予肯定、鼓励。教师赞许的目光、肯定的语言能使幼儿受到极大的鼓励，因而进一步强化合作的动机，愿意更多地、自觉地做出合作行为。

(三)幼儿亲社会行为指向对象的特点

1. 幼儿亲社会行为的指向对象在不断变化且存在年龄差异

在幼儿所做出的指向同伴的亲社会行为中，既有指向同性伙伴的亲社会行为，也有指向异性伙伴的亲社会行为。幼儿的亲社会行为指向同性、异性伙伴的比例随着年龄的增长而变化。在幼儿园小班，幼儿的亲社会行为指向同性、异性伙伴的人次之间不存在差异，而在中班和大班，幼儿的亲社会行为指向同性伙伴的人次显著多于指向异性伙伴的亲社会行为。研究者认为，幼儿亲社会行为的这一年龄特点与

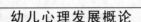

其性别角色认知的发展有密切关系。幼儿的性别角色认知水平影响他们的性别角色行为。获得性别稳定性的女孩比获得性别同一性的女孩更多地选择同性别幼儿作为玩耍伙伴。小班幼儿的性别角色认知处于同一性阶段，他们并不严格地根据性别来选择交往对象，因此他们的亲社会行为指向同性别伙伴和异性别伙伴的人次之间也就不存在显著差异。而从中班起，幼儿的性别角色认知已相当稳定，他们开始更多地选择同性别幼儿作为交往对象，因此他们的亲社会行为自然也就更多指向同性伙伴。

2. 幼儿亲社会行为较多指向同伴，较少指向教师

幼儿的亲社会行为主要发生在自由活动时间，交往对象基本是同伴，而且其与同伴地位、能力一致。幼儿在园的亲社会行为中88.7%是指向同伴，指向教师和无明确指向对象的亲社会行为较少，仅6.5%、4.8%。王美芳等人(1997)认为其主要原因是：幼儿的亲社会行为主要发生在自由活动时间。在自由活动时，幼儿的交往对象基本上是同伴，而且同伴之间地位平等、能力接近、兴趣一致，因此他们有机会、有能力做出指向同伴的亲社会行为。幼儿与教师之间是服从与权威、受教育者与教育者的关系。在幼儿与教师的交往中，幼儿一般是处于接受教育的地位，更多地表现出遵从行为，而较少有机会做出亲社会行为。因此，幼儿的亲社会行为指向教师的也较少。

3. 幼儿的亲社会行为大多未得到及时的强化

幼儿进入幼儿园后，教师、同伴对其社会化发展起着重要作用。教师和同伴对幼儿的亲社会行为做出何种反应会在一定程度上影响幼儿亲社会行为的发展。王美芳的研究发现，教师对幼儿的亲社会行为的积极反应和中性反应接近。同伴对幼儿的亲社会行为所做出的反应因行为类型不同而变化。同伴对幼儿的合作行为基本上做出积极反应，即回报以积极的社会互动——合作游戏，对幼儿的助人行为、分享行为和安慰行为大部分做出中性反应，一少部分做出积极反应，在极少情况下对幼儿的亲社会行为做出错误解释时则做出消极反应。因此，从其观察所获得的数据分析看，除合作行为外，幼儿的亲社会行为大部分并未获得及时的积极强化，如感谢、赞许、积极的社会互动等。因此可以说幼儿做出助人、分享等亲社会行为并不是因为他们受到及时的积极强化。

(四)幼儿亲社会行为的影响因素

1. 生物因素

人类的亲社会行为有一定的遗传基础。在漫长的生物进化历程中，人类为了维持自身的生存和发展，逐渐形成了一些亲社会性的反应模式和行为倾向，如微笑、乐群性等。这些逐渐成为亲社会行为的遗传基础。著名的社会生物学家威尔逊指出："我们可以有一定把握地做出结论：人类的各种利他行为，尽管在社会中表现为不同的文化形式，在总体上是有遗传基础的。"

此外，生物因素也包括人的高级神经活动类型，由于它的不同，幼儿会表现出不同的气质特点，并因此影响其对现实的态度和交往方式。根据赵章留、寇彧(2006)的研究发现，个体的心境也与亲社会行为密切相关。一般情况下，愉快的心境有利于亲社会行为发生，而挫折感、焦虑、烦躁等消极心境则容易诱发攻击行为。这是因为愉快的心情具有扩散作用，而且亲社会行为又能延长这种好心情。当人们心情不好时，会将注意局限于自身，一方面降低助人的愿望；另一方面又渴望改变不良心境，因而也会做出亲社会行为，这是因为亲社会行为具有自我奖励的意义。幼儿良好的个性特征亦能够有效促进亲社会行为。爱社交、容易对周围事物表现出关心的幼儿，其助人行为多于害羞的幼儿。具有爱心、自制力强、能够根据活动的进展调整和控制自己行为的幼儿，能更好地与他人合作。慷慨大方的幼儿比吝啬的幼儿更容易获得同伴的接纳和赞许，与同伴的分享行为也较多。

2. 环境因素

环境因素主要包括父母教养方式及大众传媒等。家庭教养方式对幼儿社会性行为的重要影响，主要通过与幼儿的交往而作用于幼儿的社会性行为。在幼儿亲社会行为的发展过程中，父母的直接教育和对亲社会行为的强化起了重要作用。霍夫曼的研究表明，父母温和的养育方式趋向于抚养利他幼儿，父母与幼儿的温和养育关系对幼儿亲社会行为有重要的作用。当年龄较小的幼儿观察慈善或助人的榜样时，他们自己一般会有更多的亲社会行为——尤其这个榜样是他认识和尊敬的，并和这个榜样建立了温和、友好的关系。父母如果做出了亲社会行为的榜样，同时又为幼儿提供了表现这些亲社会行为的机会，则更有利于激发亲社会行为。有人观察四组12个月的婴儿，四组婴儿分别处于四种情境中：成人向他们提供物品(示范目标行动)，成人向他们索取物品(补偿性行动)，既提供又索取物品(试图做一种"给予—获取"游戏)，只与父母说话而不表现任何行动。仅仅看到成人的亲社会方式还不足以增加婴儿的亲社会行为，只有看到榜样索取物品和玩过"给予—获取"游戏的婴儿比控制组的婴儿更多地向榜样提供物品，并且"给予—获取"的经验促进了日后婴儿与其母亲之间的分享。

大众传播媒介是一个社会传递文化和道德价值观的主要途径，电影、电视、报纸、杂志等对幼儿亲社会行为的性质和具体形式都具有重要的影响。实验研究已经发现幼儿在观察榜样从事分享和助人行为以后，他们的类似行为会增多。然而，并不是所有的榜样都同样地被幼儿所模仿，那些被幼儿认为是更有权威、更有能力或更重要的榜样的行为更易于被幼儿模仿。一些心理学家试图在应用性的场合下用榜样来增加亲社会行为。例如，幼儿电视教育节目经常安排一些有关道德和亲社会的节目，这样的节目很明显是用来鼓励幼儿的助人和合作行为的。还有研究显示定期放映亲社会的电视节目能增加利他行为和社会赞许的行为，这对所有的不同年龄阶段发展水平的人都是适用的。

3. 认知因素

认知因素对幼儿亲社会行为的发展有很大影响。影响幼儿亲社会行为的认知因素主要包括幼儿的智力水平、对社会性行为的认识及观点采择等。

认知发展学派认为随着幼儿智力的发展，重要认知技能的获得，对幼儿关于亲社会问题的推理和最终是否采取亲社会行为非常重要。柯尔伯格（L. Kohlberg）等人的研究发现高智商的幼儿道德推理能力更成熟。达孟（Damon，1977）认为幼儿归类分组的技能以及多维推理能力，会帮助幼儿平衡相互抵触的公平要求和理解互惠主义的概念，从而影响幼儿最终是否采取亲社会的行为。在一些研究中幼儿的亲社会行为随着年龄增长而减少，这是由于幼儿掌握了多维推理能力和学习到更多社会规则，将更多的因素考虑到自己的决策过程中，比如"老师说了，不能走开""我不去帮他，别人会去帮他"。陈琴等认为言语表达能力是预测和考察个体亲社会行为的指标之一。有语言障碍的幼儿比没有语言障碍的幼儿亲社会行为要少，语言障碍严重度更重的幼儿比语言障碍严重度较轻的幼儿亲社会行为更少。一般认为充分发展的智力水平是成熟的道德推理、稳定的亲社会行为能力的必要条件，但不是充分条件。

李幼穗认为当幼儿认识到"打人给别人带来痛苦和伤心，是不应该的行为"之后，其攻击性行为会受到一定的抑制。如果幼儿在头脑里形成了一些稳定的利他观念，比如，"小朋友之间就应该互相帮助""不分东西给其他小朋友的孩子不是好孩子"等，他们在面临帮助或分享的情境时，会毫不犹豫地提供帮助或把自己的点心、玩具等分给其他小朋友。

此外，站在他人立场上来理解情境的能力，即幼儿"观点采择"的能力，也是影响亲社会行为的一个认知因素，它可以是空间的、社会的和情感方面的。所谓观点采择指的是个体把自己的观点与他人的观点加以区分并协调起来的能力。社会观点采择与利他行为之间有一定的相关，例如，在几个研究中发现，能更好地站在别人的立场上讲述故事的幼儿对同伴有更多的利他行为。目前，虽然对于幼儿的情感观点采择的研究还不是很多，但也显示出情感观点采择与利他行为之间存在正相关。

4. 移情

移情是指在人际交往中，人们彼此的感情相互作用。当一个人感知到对方的某种情绪时，他自己也能体验到相应的情绪，即为他人的情绪、情感而引起自己的与之相一致的情绪、情感反应。移情包括两个方面：一是识别和感受他人的情绪、情感状态；二是能在更高级的意义上接受他人的情绪、情感状态，即将自己置身于他人的处境，设身处地地为他人着想，因而产生相应的情绪、情感。

美国著名心理学家霍夫曼对幼儿移情及其与行为的关系进行了多年的实验研究。他指出，移情在幼儿亲社会行为的产生中具有极其重要的意义，是幼儿亲社会行为产生、形成和发展的重要驱动力。具有良好移情能力的幼儿能更好、更经常地做出亲社会行为，对周围成人和同伴亲切、友好；移情能力较缺乏的幼儿，亲社会行为很少，而消极的、不友好的行为则较多。霍夫曼将幼儿移情发展划分为四个阶段。

　　第一阶段：出生后的第一年。生活中有这样一种现象，出生刚两天的婴儿听到另一个婴儿的哭声时自己也会跟着哭，这个现象被称为"情感共鸣"。这些早期的"同情哭喊"类似于先天反应，因为很明显婴儿还不能够理解他人的感觉。然而他们的反应就好像自己也有同样的感觉一样。

　　第二阶段：出生后的第二年。此时当幼儿面对痛苦的人时，他们能够明白是别人而不是他们自己感到痛苦。这种认识使幼儿能够将注意力由对自身的关心转到对别人的安慰上。因为幼儿在以他人的观点思考问题方面存在困难，所以他们试图安慰或帮助别人的行为可能不恰当。

　　第三阶段：与幼儿阶段相对应。这个阶段的移情是随着幼儿日益增长的对语言和其他符号的需求而发展起来的。语言可以使幼儿对一系列表达方式更微妙的感觉产生移情，同时也可以对没在眼前的人产生移情。从故事、图画和电视上获得的间接信息允许幼儿对从未见过的人产生移情。

　　第四阶段：一般在6～9岁之间。这时幼儿不仅充分意识到他人拥有与自己一样的感觉，而且领会到这些感觉发生在范围更广的经历中。处于这个阶段的幼儿开始关心他人的整体条件，包括他们的贫穷、压抑、疾病或者弱点，而不仅是他们目前暂时的情绪。因为这个年龄段的幼儿已经知道存在不同的个体，所以他们能够对一群人产生移情，因此，他们会对政治和社会问题开始萌发兴趣。

　　霍夫曼认为移情是通过两种方式与亲社会行为相关的。第一，当移情的幼儿看到别人处在危险中时，他就会产生情感上的痛苦，幼儿经常通过帮助或分享来减轻这种痛苦。第二，当亲社会行为使别人产生高兴或幸福的情感时，移情的幼儿也能体验到这些积极情绪。霍夫曼和其他研究者推测在移情的发展中有一部分是由生物学因素决定的。作为一个物种，人类被认为天生就能够对别人的痛苦产生情感上的反应。在婴儿期这种能力是以原始的形式表现出来的，虽然我们已经发现婴儿并不能很清楚地把别人的情感与自己的情感区分开。随着认知的发展，幼儿逐渐能更好地理解别人的感受以及为什么别人会有这种感受，直到两三岁时，幼儿才出现了第一次真正的移情反应；在学龄晚期，移情才充分地发展起来，使幼儿把移情反应推广到整个群体，如穷人或被压迫者。

　　虽然生物学因素对移情的发展起了重要的作用，但霍夫曼和其他研究者认为幼儿的经历会影响移情发展的速度和完善性。例如，父母教给幼儿识别自己及他人的情绪可能会促进移情的发展。同样，父母指出幼儿的错误行为会使别人产生怎样的感受也可以促进移情发展，而且，当父母经常描述他们自己的移情体验时，幼儿很可能会更加注意到这些过程，这样他们就可以更好地理解他们应该怎样做。移情在亲社会行为中的作用比任何其他的认知和情感因素得到了更广泛的研究。虽然观点采择与移情这两个因素可能有逻辑上和理论上的联系，但是它们之间的关系并没有一致性，它们的相关度依赖于移情的测量方式。在许多研究中，研究者首先让幼儿听一些富有情感的情境故事，然后让他们报告自己的情感（这可以作为幼儿对故事中的主人公产生移情的指标），用这种方式来评价移情，研究者只是发现了移情与亲社会行为之间有很少的联系，然而通过让老师评价幼儿的这种移情特征或从幼儿的面部表情中观察他们的情绪唤醒来评价移情，研究者却发现移情与利他行为之间有更高的相关。

5. 社会学习

社会学习有助于幼儿的亲社会行为。实验表明，通过榜样学习，幼儿不仅在实验后的即时测验中助人行为增多，而且在延缓测验中，这种效果也得到了保持。一些研究都证实了榜样学习会对幼儿的亲社会行为具有长远作用。

社会学习理论认为成人对幼儿亲社会行为的影响主要通过两种方式：对亲社会行为的倡导和亲社会行为的身体力行。一方面，成人的亲社会行为会成为幼儿学习的榜样，诱发幼儿相似的亲社会行为；另一方面，幼儿经常受到榜样的训导，更有可能内化亲社会行为的原则，从而有助于亲社会行为的发展。很多实验室研究表明榜样的利他性会增加幼儿利他行为的发生频率。即使脱离了实验室情境并经过一段时间，榜样对幼儿仍具有一定的影响作用。简言之，观察榜样的亲社会行为表现会促进幼儿亲社会行为习惯和价值观的发展。对亲社会行为的训导则一定要和相应的亲社会行为实践配合起来。在日常生活中，很多父母在教育孩子要具有爱心并乐于助人时，并没有以身则。曾有学者针对这种不一致性进行了研究，试验采用了四种条件：榜样乐善好施或很自私，在行为的同时口头上说教要富有爱心或不必那么大方。结果发现影响幼儿以后施舍行为的因素是榜样的行为而不是说教：不管榜样在口头上倡导爱心还是自私，只要他在行为时是慷慨助人的，幼儿以后的利他性水平都会较高(Bryan& Schwartz, 1971)。由此，家长和教育者在培养幼儿亲社会行为的同时一定要言行并用。有效的榜样一般比较强大、有能力或者是幼儿身边的重要他人。除了现实生活中的成人榜样，有关亲社会行为的电视节目、卡通片、漫画书等，也是幼儿习得亲社会行为的主要途径。

三、幼儿亲社会行为的培养

幼儿社会性行为发展的研究成果表明，幼儿的亲社会行为不是与生俱来的，而是通过后天的教育和培养获得的。这种培养教育主要有以下几种方法。

(一)移情训练

移情训练有助于培养和提高幼儿的亲社会行为。张其龙让幼儿观看一系列情景表演，并通过讨论与回答某些问题让幼儿体验其中角色的情感，再让幼儿扮演类似的角色，自由抒发幼儿所理解角色的感受。结果表明，移情训练对增强幼儿的分享、安慰、仗义、保护等助人行为有明显效果。

移情训练的具体方法有：听故事、引导理解、续编故事、扮演角色等。其中角色扮演与角色游戏相类似，是让幼儿根据一定的情节，扮演某个角色，并通过言语、行为、姿势、动作、表情等表现该角色的特征，从中体验在某些情境下该角色的心理感受，进而在现实生活中遇到类似情况时能做出恰当的反应。实践证明，移情是一种十分重要的社会性情感，它有助于人格的完善，亲社会行为的形成。

(二)榜样学习法

大量研究表明,让幼儿接触榜样可增加其亲社会行为。因此,设置一定的社会情境,树立一定的榜样,使幼儿有意无意间进行模仿,可以有效促进幼儿亲社会行为的形成和发展。榜样学习法的突出特征是:第一,高大的榜样形象与身边具体的事迹结合,为幼儿塑造了一幅具体的活生生的榜样群像,利用幼儿好模仿的心理特点,激发幼儿效仿榜样的需要。如教师可以赞扬某位小朋友的优秀表现,予以口头表扬或强化物奖励等。第二,以情境故事的形式呈现榜样事迹,有助于幼儿把握榜样助人的情境、助人方式,透过具体的行为表现把握榜样的助人动机。第三,使幼儿把榜样在具体情境中体现的助人原则、规范与自己的行为选择相对照,从而减少了榜样学习的难度,增强了学习者与榜样的相似性。这是榜样学习的核心的要素。

(三)表扬、奖励

心理学家斯金纳认为人学会某种行为是因为在该行为之后,人会感到愉快或需要得到了满足。幼儿亲社会行为无论是自觉的还是不自觉的,都需要得到群体的认可。幼儿一旦做出了亲社会行为,成人和教师要及时强化,如表扬、奖励等,使幼儿获得积极反馈,达到逐渐巩固的目的。如一个幼儿与其他幼儿分享了自己的玩具时受到了成人的表扬,尤其是他敬重和喜爱的成人,那么他会倾向于再次做出该种行为。

外部奖励也是幼儿习得亲社会行为的一个重要途径。奖励带来的积极体验能增加幼儿的利他行为。当幼儿认为自己"这样做是对的"以后,他就很想得到他人的肯定与奖励,虽然这种迫于外制作用下表现出来的亲社会行为往往是有限的,而且很多情况下不是真正的亲社会行为,但成人如果利用好这个契机,恰当地实施教育,往往会取得良好的效果。

(四)组织游戏活动

游戏是培养幼儿亲社会行为最好的方法之一。游戏中幼儿要进行交往,不肯谦让交往就不能继续进行;进行游戏要配合,合作的能力就得到锻炼;大家一起游戏,玩具、物品就要求共同分享。

如在角色游戏中,我们常看到这样的情景:幼儿在进行到"娃娃家"做客的游戏,教师先以客人的身份引导幼儿游戏,她轻轻地敲门问:"家里有人吗?我是××",再向"小主人"问好,而"小主人"则热情地招呼"客人"说:"请进,请坐,请喝水。"并把相应的物品递给客人。

在此过程中幼儿学习了交往语言、友善待人,发展了亲社会行为。通过游戏情境,使幼儿身临其境,在真实的生活环境中体验助人和被助、爱人和被爱、合作与分享的快乐。在游戏活动中,幼儿起初也会发生冲突或出现争执的情况,因此,需要成人和教师给予指导,启发他们想出解决问题的不同办法,并教育幼儿学会谦让、合作、共享等良好行为。成人要利用游戏这一有效的手段让幼儿反复练习、反复实践,逐步形成自觉、稳固的亲社会行为。

第二课　幼儿的攻击性行为

　　攻击是一种在幼儿中常见的社会行为。幼儿一旦形成攻击性行为倾向，就很难矫治，而且还会影响到其成年以后社会性的发展，不利于良好人际关系的形成，长此以往甚至会走上犯罪的道路。因此，在幼儿时期应尽量避免幼儿形成攻击性行为倾向。

一、什么是攻击性行为

（一）攻击性行为的概念

　　心理学把攻击性行为（aggression）定义为导致他人身体上或心理上产生痛苦的有意伤害行为。这种有意伤害行为包括直接的身体伤害（打人）、语言伤害（骂人、嘲笑人）和间接的、心理上的伤害（如背后说坏话、造谣诬蔑）。有伤害他人的意图但未造成后果的攻击性行为仍然属于攻击性行为，但幼儿在一起玩耍时无敌意的推拉动作则不是攻击性行为。攻击性行为在不同年龄阶段的幼儿身上都会有或多或少的表现，它一般表现为打人、骂人、推人、踢人、抢别人的东西等。

（二）攻击性行为的种类

　　攻击性行为可以根据形式和功能分为口头攻击和身体攻击，口头攻击包括起绰号、侮辱、威胁等，身体攻击则包括击打、踢、咬等。根据攻击的目的可以将攻击性行为分为敌意性攻击和工具性攻击。如果行为者的主要目的是专门打击和伤害他人，那么他的行为就属于敌意性攻击；如果攻击行为是为了获得某件事物而做出抢夺、推搡等动作，如为了想得到玩具而把另一个孩子推开，这类攻击本身不是为了给受攻击者造成身心伤害，攻击被视为是一种手段或工具，用以达到伤害以外的其他目的，这种攻击称为工具性攻击。因此，同样的外显行为依赖于情境而分为敌意性的或工具性的。如果一个小男孩打他的妹妹，我们可以说这是敌意性攻击，但如果这个小男孩为了抢夺妹妹正在玩的玩具而采取同样的行为，这种行为也可以被标定为工具性攻击。

二、幼儿攻击性行为的产生和发展

（一）攻击性行为产生的原因

1. 攻击性行为的本能论观点

　　弗洛伊德的精神分析派认为，人的两大本能为生的本能与死的本能，攻击属于死的本能，是一种对内的自我破坏倾向。生的本能与死的本能是对立的，人只要活着，死的本能的表现就会受到生的欲望的妨碍，从而对内的破坏力量转向了外部，以攻击的形式表现出来。攻击是以社会不允许的方式表现攻击冲动，而且不论以什么形式都得表现出来，否则就会导致精神疾病。幼儿的攻击表现就是源于幼儿的破坏性本能。弗洛伊德的理论主要是通过对心理异常者的治疗实践发展起来的，因而解释的范围限于心理病患者，而不能简单地扩展到正常人。

2. 攻击性行为的生物学观点

著名的奥地利动物学家、诺贝尔生物学获奖得主劳伦茨认为攻击是人类和动物的一种本能，它同喂食、逃跑、生殖一起构成了人类和动物的四大本能系统。攻击对人类和动物而言具有护种功能，同一物种成员之间的相互攻击、排斥可以保持生态的平衡，以防在同一地区同种物种的密度太大。此外攻击的第二个功能在于通过族内争斗挑选出最优秀的或最强壮的成员来繁殖后代。劳伦茨的理论存在一定的缺陷，如其过分强调本能因素在动物和人类攻击中的作用，对学习因素重视不够，而且忽略了人和低等动物的差异。劳伦茨的理论主要来源于对动物界攻击的观察研究，他把这些结果用来解释人类的攻击，不仅忽略了人的行为的复杂性，也忽略了人和动物之间的本质差异。

3. 攻击性行为的社会学习观点

社会学习理论认为，攻击是通过观察和强化习得的，也可以通过新的学习过程予以消除，学习是攻击的主要决定因素。心理学家沃尔特斯1963年做了一项经典研究，揭示通过奖励幼儿的攻击行为，可以明显增加幼儿对于攻击性行为方式的运用，即发现攻击可以通过强化来培养。班杜拉的实验研究也发现，攻击可以通过观察学习来获得，不仅直接的观察学习可以使幼儿学习到攻击行为，而且通过大众媒介实现的间接学习，也可以使幼儿受到同样的影响；另外，攻击行为既可以习得，也可以通过新的学习过程改变或消除。社会学习理论这种攻击的学习观，为我们控制幼儿的攻击性行为提供了一定的心理实验依据，具有重要的实践指导意义。

(二)幼儿攻击性行为产生的早期表现

研究表明，幼儿与同伴之间的社会性冲突在幼儿出生后的第二年就开始了。美国心理学家霍姆伯格发现，在12~16个月的婴儿中，其相互之间的行为大约有一半可被看作是破坏性的或冲突性的，随着幼儿年龄增长，幼儿之间的冲突行为呈下降趋势，到2.5岁时，幼儿与同伴之间的冲突性交往只有最初的20%。

婴儿和幼儿的攻击与冲突主要是由争夺物品或空间引起的，由具有社会意义的事件而引起的攻击所占比例很小。到4.5岁时，由具有社会意义的事件，如游戏规则、社会性比较等，所引发的攻击性行为与由物品和空间问题引发的攻击性行为首次达到平衡。

张文新把幼儿攻击的起因分为8种类型：①获取他人的物品；②保护自己的物品；③争夺空间；④帮助好朋友或受人指使；⑤游戏或其他活动的纠纷；⑥他人违反纪律和行为规则；⑦无故挑衅、欺负他人；⑧报复还击。在张文新的研究中还发现工具性攻击行为和敌意性攻击行为在幼儿园小、中、大班中存在明显差异。小班

幼儿的工具性攻击行为显著多于敌意性攻击，中班两者不存在显著差异，而大班幼儿的敌意性攻击次数显著多于工具性攻击。

(三)幼儿攻击性行为的发展特点

1. 幼儿的攻击性行为有非常明显的性别差异

男孩的攻击行为多于女孩，而且他们很容易在受到攻击后采取报复行为，而女孩在受攻击后则更多地选择向老师报告或哭泣，而很少采取报复行为。男孩还经常唆使同伴采用攻击行为，或亲自加入同伴之间的争斗。

2. 中班幼儿的攻击性行为出现多于小班与大班幼儿

4 岁前幼儿攻击性行为数量随年龄增长而逐渐增多。中班是幼儿发生攻击性行为最多的年龄段，但此后随着年龄增长，其攻击性行为数量逐渐减少。尤其是幼儿身上常见的无缘无故发脾气、扔东西、抓人、推开他人的行为逐渐减少。这种现象主要与幼儿心理发展由"自我中心化"到"去自我中心化"这一过程以及彼此之间的同伴交往的变化相关。

3. 幼儿攻击性行为的表现方式及性质逐渐发生变化

研究者发现，从攻击性行为的具体表现方式来看，多数幼儿常采用身体动作的方式，如推、拉、踢、咬、抓等。尤其是小班的幼儿，常常为争抢座位、玩具等而出手抓人、打人、推人，甚至用整个身体去挤撞"妨碍"自己的他人。而到了中班，随着言语的逐步发展，幼儿开始逐渐增加了言语的攻击，如"打死你""我不跟你玩了，你是大笨蛋"等。幼儿时期这种带有攻击性的言语在人际冲突中表现得越来越多，而身体动作的攻击性行为则逐渐减少。

此外，从攻击性行为的性质来看，幼儿期虽然仍以无意行为为主，幼儿常常为了玩具，活动材料或活动空间而争吵、打架，但是他们慢慢地也表现出敌意性的攻击行为，有时故意向自己不喜欢的成人或小朋友说难听的话，或者在被他人无意伤害后，以有意骂人或打人等方式以示报复。但总的来说，在整个幼儿期幼儿攻击性行为较少以人为中心，他们很少是抱着"我要故意伤害他人"的目的而做出攻击性的行为的。

(四)幼儿攻击性行为的影响因素

1. 生物因素

首先，与大脑的协同功能有关。行为是大脑认知的直接结果，而大脑的功能又是认知活动的物质基础。我国学者认为攻击性行为作为人类思维的一种特殊形式，很可能是在大脑两半球处于非均衡和变异状态下产生的行为。张倩、郭念锋关于攻击行为幼儿大脑两半球的认知活动特点的研究表明，攻击性行为幼儿与正常幼儿比较，大脑两半球均衡性发展较低，显示左半球抗干扰能力较差，右半球完形认知能力较弱，这可能是幼儿攻击性行为的某些神经心理学基础。

其次，与激素水平相关。目前一些研究证明，攻击性行为倾向与雄性激素的水平有关。不仅人类如此，在关于动物的研究中也发现，雄性动物在受到威胁或被激怒时，比雌性更容易产生攻击性反应。这可以在一定程度上解释男女幼儿在攻击性上的性别差异，即激素与男女之间存在的某些生理和行为差异有关。

最后，与幼儿的气质有关。困难气质的婴幼儿经常发脾气、爱哭闹，也容易受激惹，这些人格方面的特征在整个童年时期都是很稳定的。由此我们可以推断困难气质和攻击性行为的发展有一定的关系。曾有一项研究要求一组母亲在婴儿 6 个月时填写气质量表，由此来确定婴儿的气质类型；在随后的 5 年里，这些母亲定期评估孩子的攻击性行为。结果发现，早期的气质类型确实能很好地预测哪些幼儿会有更多的攻击性表现。其后的研究将气质和攻击性的相关性延伸到了青少年期。

2. 社会因素

社会环境因素主要包括家庭、学校、同伴群体与大众传媒。家庭在幼儿行为社会化的过程中起关键作用。国外研究表明，缺乏温暖的家庭、不良的家庭管教方式以及对幼儿缺乏明确的行为指导和活动监督都可能造成幼儿以后的高攻击性。我国王益文等的研究也发现，对男孩而言，母亲的情感支持行为减轻了男孩的社交退缩、违纪和攻击性行为；对女孩而言，母亲过分严厉的惩罚、发脾气、打孩子等极端不支持行为会导致女孩不安好动、攻击性强、固执粗暴等行为问题和心理障碍。学校在幼儿行为社会化的过程中起主导性作用。研究表明，不同的学校准则和学校风气也不同程度地影响着幼儿的攻击性，如校园欺侮行为发生时，教师对欺侮的态度和行为，影响着幼儿欺侮行为的发生。同伴群体也是影响幼儿攻击性行为的重要因素。研究表明，群体的相互作用，可以导致人们攻击性的增加。同伴群体的感染作用、去个性化作用等，会导致幼儿相互模仿、降低攻击他人产生的负罪感，从而直接增加幼儿的攻击性。实验室研究和生活事实都证明，大众传媒中的暴力传播会增加公众尤其是幼儿的攻击性。当今的影视作品等多含有暴力情节，且细节描述越来越细致，而青少年模仿影视情节犯罪的报道更是时有耳闻。可见，传媒中的暴力渲染也是导致幼儿攻击性增强的一个重要因素。

3. 个体因素

个体因素对幼儿攻击性行为的影响更是不可忽视。首先，与幼儿的道德发展水平和自我控制水平有关。研究表明，道德水平越高，幼儿也就越容易从他人利益的立场感受和思考问题，行为也就越趋近于与攻击性行为相反的亲社会方向。其次，与幼儿的社交技能水平有关。研究发现，与受欢迎的同伴相比，攻击性男孩对冲突性社会情境的解决办法较少，并且所提办法效果也更差。陈世平的研究也发现，经常采用问题解决策略来处理人际冲突的幼儿较少卷入欺负行为问题。

4. 挫折

挫折是指人在某种动机的推动下所要达到的目标受到阻碍，因无法克服而产生的紧张状态和情绪反应，挫折常发生在为达到目标而采取行动的过程中。造成幼儿挫折的因素有自然环境因素、社会因素和个体自身的内在因素，其中，个体自身的内在因素是最为关键的。个体自身的内在因素包括个体对内外各种刺激因素的认知、评价、容忍力以及解决问题的能力，也包括个体对目标的期望程度等。幼儿在受到挫折以后，会在行为上发生一些变化，最为常见的就是攻击性行为。

在遭受挫折后，幼儿的攻击性行为可能直接指向构成挫折的人或物，其方式可以是动手打人或哭闹。如某幼儿想要玩一辆玩具火车，但却被另一个幼儿取走了，他向取走火车的幼儿索取，那个幼儿不肯给，并把火车故意弄坏了。该幼儿十分愤怒，就动手打了弄坏火车的幼儿；幼儿的攻击性行为也可能由于不能直接施加在阻碍达到目标的对象而转向其他替代物。例如，某幼儿缠着父亲，要买一种新颖的玩具，他的要求不仅没有得到父亲的应允，反而受到父亲的训斥，回家后他将愤怒和委屈都发泄在旧玩具上，故意地拆坏旧玩具。有人认为，个体在受到挫折后若采用攻击方式即能克服挫折情境，以后就多采用攻击方式；反之，如若采用攻击方式遭受了更大的挫折，就可能逃避；如果不能逃避，就只能以冷漠的方式对待挫折。幼儿长期遭受挫折，而且感受到挫折情境不会从根本上改变，就会产生冷漠反应。冷漠并非不包含消极的情绪成分，而是包含了心理上的恐惧和生理上的痛苦，心理上存在着攻击与压抑之间的冲突。

5. 榜样与强化

社会学习理论家认为榜样和行为的强化会教会幼儿攻击性行为。社会学习理论的创始人班杜拉曾做过一个经典实验：将3～6岁的幼儿分成3组，先让他们观看一个成年男子(榜样人物)对一个像成人大小的洋娃娃实施几种攻击性行为，演示之后，另一个成年人表扬了这种行为，并奖励榜样一些果汁和糖果。对另一组幼儿，第二个成年人斥责了榜样的攻击行为，并给予惩罚。第三组幼儿只看到演示未看到行为后果。然后，将这些幼儿带入一个装玩具的房间，玩具中包括洋娃娃。在十分钟之内，观察并记录他们的行为。结果表明，观察榜样受到强化，对幼儿攻击性行为的数量有着显著的影响。这就是说，观察榜样受正强化的幼儿倾向于增加攻击性行为；而观察惩罚榜样的幼儿显示出较少的攻击性行为。该实验表明，攻击是通过观察和强化习得的。可以说，幼儿攻击性行为主要是从社会中习得，幼儿所处的幼儿园或学校的风气、同伴群体和大众传媒对幼儿攻击性行为发生有重要的影响。

三、幼儿攻击性行为的矫正

(一)消除或避免引起攻击性行为的环境因素

为幼儿布置和安排的活动场所和玩具能影响幼儿的攻击性行为，通过改变幼儿的活动场所及组织方式，可以影响其攻击性水平。同伴压力、空间拥挤、对不充足资源的竞争会增加幼儿的攻击性，如活动场地狭小、密度过大等都会使幼儿在社会性交往和游戏中的攻击性行为增多。成人应提供足够大的游戏空间来减少可以诱发攻击性事件的身体碰撞，或者提供足够多的玩具来避免争抢玩具而引起的冲突，尽量为幼儿创造一个不存在潜在冲突的环境。此外玩具的性质也是易引发攻击性行为的因素。如玩具枪、刀等玩具所引发的游戏主题多是攻击性的，成人应避免让幼儿过多接触。

(二)提高幼儿认知水平

1. 帮助幼儿识别无意的攻击性行为

被无意攻击的受害者常常把它看作是有意的攻击性行为来做出反应。为幼儿提供充分准确的信息来使之改变对行为目的的认识，可以减少报复行为的发生。成人通过表达自己对受害者情感反应的理解并向他澄清事件的意外性可以帮助幼儿消除紧张状况。例如，"你被球打到的时候吓了一跳吧，我知道你很疼，但是他不是有意要伤害你，他只是想控制住球"。这样的说法并不是为攻击性行为找借口而是试图解释它的非有意性。利用这样的方法来帮助幼儿更好地了解事情的前因后果，可以避免某一攻击性行为引起另一攻击性行为的恶性循环。

2. 指导幼儿的交往技能

攻击性行为产生的一个主要根源是当幼儿面对冲突情境时不能想出其他可供选择的解决方法。幼儿仅掌握有限的几种方法使别人了解他们的想法，而他们常常认为最快、最容易的方式就是通过某种攻击性行为。而具有攻击性行为的幼儿在同伴间的社交地位较低，不易为同伴所接纳，其在解决一些社会问题，如参与同伴的游戏时，常常会因为采用的策略不恰当而遭受同伴的拒绝，同伴的拒绝更会引发攻击性幼儿通过攻击来达到他的目的，所以成人要教给幼儿一些社交方法并鼓励幼儿与同伴交往，通过提高幼儿的社交技能来减少攻击性行为。如当玩具数量不多时，可以引导幼儿采取轮流玩的方式，当幼儿有好玩的玩具时，让幼儿与别人一道分享，当幼儿想参加同伴的游戏时，幼儿要学会采用礼貌的请求用语"我能和你一起玩吗"，攻击性幼儿社交技能提高后，能融入同伴群体之中，同伴广泛的接纳能减少幼儿的攻击性。

3. 让幼儿了解攻击性行为的后果，明确攻击性行为是不允许的

当身体或语言攻击发生时，成人必须在幼儿体验到这种通过消极否定的途径获得的满足感之前进行干预。而且对于成人来说，这也是一个极好的机会，可以用来帮助幼儿认清并采取合适的行为来达到他们的目标。成人可以让幼儿认识到无法通过攻击性行为获得奖赏，从而在幼儿中确立起攻击性行为是不允许的观念，这样即使在成人没有立即出现的情况下，暴力事件也会减少。

(三)教会幼儿如何应对侵犯性情感

1. 允许幼儿合理宣泄

人们曾认为攻击就是"释放能量"的一种方式，这样可以通过让攻击性幼儿把能量疏导到其他行为上或经历替代攻击来防止攻击行为和仇恨倾向。如果鼓励幼儿将他们的愤怒等敌意性情绪在适当的对象身上宣泄出来，他们的攻击性能量就会得以排解，从而消除他们的攻击性倾向。但这种方法，有可能会使幼儿更具有攻击性，因为这种宣泄可能会暂时转移幼儿的注意力，但并没有消除引发攻击的条件和动机，而是使一种攻击代替另一种攻击。我们在此提出的"宣泄"是指以一种非攻击性行为，较为安全的某种方式排出，即以缓和的方式释放恐惧、紧张或其他消极情感。在日常生活中，应允许幼儿采取合理的方式进行心理宣泄，来取代攻击行为。

如幼儿玩橡皮泥时用劲地挤、压、扭、捏等动作和最后一下将橡皮泥使劲地摔在桌子上的动作，都具有宣泄的功能；还有"扔沙包游戏""扔纸球游戏"里的"扔"以及用力地捶打羊角球等，这些行为都有利于幼儿把平常不良情绪通过这种"破坏性"游戏释放出来，从而维持心理平衡。而且成人还可以根据不同情况的幼儿组织不同的游戏来满足他们。比如，对于喜欢奔跑的幼儿可以组织他们踢足球、练武术、赛跑等；对于喜欢叫嚷的幼儿可让他们朗读、表演等。

2. 指导幼儿应对攻击的策略

许多幼儿遭受挫折是因为当他们被别人嘲笑、伤害、辱骂时不知道如何应对。他们或者向攻击者屈服或者进行反击，这都会导致进一步的攻击性行为。如果成人认真对待幼儿对攻击性行为的抱怨，直接干预进来，指导幼儿适当地处理这类问题，就会减少幼儿的攻击性行为。此外，成人如果能够了解到一些总是遭到攻击的幼儿的想法，也可以有的放矢地进行指导，经常受到攻击的受害者由于感到孤独或害怕继续挨欺负，就常常容忍针对他们的攻击性行为，而使攻击者的行为得到强化，帮助他们树立正确的认识可以摆脱其弱势的地位。

（四）树立正面的榜样，消除对侵犯行为的奖赏和关注

因为幼儿有时表现攻击性是为了吸引注意，所以减少攻击性行为的一个策略就是不予理睬，消除对侵犯行为的关注，只有当幼儿采取合作性行为时才给予注意。当幼儿发生争执时，成人应给予受害者注意而不去理会攻击者。成人可以对被攻击的幼儿进行安抚，安排他做一些有趣的事，或者告诉他如何以非攻击性的方式应对来自他人的攻击。在这样的过程中，实施攻击的幼儿没有得到任何好处，既没有得到成人的注意，也没有得到他想要的结果，他会发现实施攻击或许不是解决问题最好的方法。另外，如果有其他幼儿在场观察到这一幕，成人可以借此机会向他们展示攻击性行为是不可取的、不受认可的，也是无效的。

当受到攻击的幼儿没有采取攻击形式予以报复，而采取较为合理的非攻击方式进行问题解决时，如向老师请求帮助，成人应予以表扬，树立正面的榜样。

（五）实施家庭干预，采用科学的教养方式

研究证明，家庭的情感气氛和教育方式对幼儿攻击行为的产生有极大的关系。压抑严厉的家庭氛围容易培养出一个"失去控制"的幼儿。如果家长本人富于攻击性，经常使用家庭暴力，为幼儿提供攻击行为的原型，更容易教会孩子相应的行为。因此对父母教养方式的训练是矫正攻击行为的较为有效的方法之一。父母应学会用更有效的方式与幼儿交往，减少消极评论的使用，例如，威胁和命令等，多使用积极的评论和对亲社会行为的口头赞许。如果父母能采取上述做法，那么他们给幼儿施加的这些影响必然会减弱幼儿的攻击性。在家庭生活中，家长应注重为幼儿展示友善、助人、合作等利他行为，并明确指出这是与攻击性行为截然相反的，是受到欢迎和肯定的。当家长积极地指导幼儿采取这些行为时，攻击性行为就会减少或消失。

单元小结

　　社会行为的产生和发展是幼儿社会化过程中最为重要的一个问题，它包括亲社会行为和攻击性行为。幼儿的亲社会行为在很早就出现了，是幼儿社会化发展的重要方面，包括诚实知耻、同情利他、合作守礼三个特质。亲社会行为在生命的前两年即已经出现。幼儿的亲社会行为受多种因素的影响，其中认知水平和移情能力是影响幼儿亲社会行为的重要因素，除此之外，社会学习也是幼儿获得亲社会行为的重要途径之一。研究者提出了各种不同的培养幼儿亲社会行为的方法，其中移情训练和榜样示范是较为常用的培养方法。

　　幼儿之间攻击性行为的起因、类型随年龄的增长而变化。在幼儿早期，物品和空间争夺等引发的攻击性行为较多。幼儿攻击性行为的趋势是，工具性攻击行为随年龄增长而减少，敌意性攻击行为随年龄增长而增加。引起幼儿攻击性行为的原因是多方面的，如个体因素、环境因素、挫折、榜样和强化等，我们可以通过创建避免攻击性行为的环境、提高幼儿认知水平及进行科学教养等方法进行矫正。

思考与练习

　　1. 什么是亲社会行为？什么是攻击性行为？

　　2. 幼儿亲社会行为的三个特质有哪些？并尝试提出教材外你认为有效的培养策略。

　　3. 幼儿早期就已经表现出亲社会行为，通过哪些方法可以进一步发展这些行为？

　　4. 请谈谈幼儿攻击性行为的表现和特点有哪些？

　　5. 如何有效地控制、调节各种环境因素的影响，以减少幼儿的攻击性行为？

　　6. 在有些情境中，幼儿会出于保护自己对他人的攻击作出报复性的回应。对此，成人该制止还是鼓励？如果你认为这种报复性回应是不可取的，那么你可否提出其他的一些替代性反应，或如何对其进行干预？

案例分析

　　阅读以下材料，分析在该事件中幼儿出现攻击性行为的原因，以及应如何针对原因提出合理化教育策略？

孩子之间的"战争"

　　小班的琳琳和班里大多数小朋友一样，刚刚适应了幼儿园的生活。早上，妈妈送她到教室，她跟老师问了好，四下一看，小朋友都在玩各自喜欢的玩具。琳琳也拿了一个娃娃坐在轩轩旁边玩。玩了一会儿，琳琳觉得轩轩的玩具汽车好，于是放下手中的娃娃,坐在旁边看轩轩玩汽车,看了一小会儿,她突然伸手去拿轩轩手中的玩具,轩轩自然不让,嘴里说着:"我的,我的。"琳琳和轩轩就这样僵持着,琳琳发现汽车抢不过来,情急之下,一口咬在轩轩的手臂上,轩轩马上哇哇大哭起来。老师见状连忙把两人拉开,为轩轩处理了伤口,并当众批评了琳琳。原以为事情平息了,可是过了十分钟,琳琳抱着会发射"子弹"的玩具来到轩轩身边,突然将玩具凑到轩轩脸庞并快速按动发射按钮,小子弹一下子打中了轩轩的脸。老师立即检查轩轩的伤势,幸好没有事儿。老师要求琳琳向轩轩道歉,琳琳倒是很配合,但她的脸上没有一点内疚的表情。

问题解析:

1. 琳琳的攻击性行为产生原因分析

琳琳的例子在幼儿园中很常见。首先,幼儿期的孩子,尤其是小班的幼儿,正处于"以自我为中心"的心理发展阶段,他们在一起玩时,常常不客气地相互抢东西,常常只想着自己的需要,还不了解他人的想法。只要看到喜欢的东西就会抢过来,不理会别人的感受,在孩子心里会形成一种概念——通过攻击能满足自己的需求。

其次,家庭作为幼儿最主要的生活环境,其中的家庭氛围和父母的教养方式对幼儿的行为有较大影响。据了解,琳琳是家中的独生女,又是父母老来得女的宝贝,因为在家中琳琳的任何要求都能得到满足,有时琳琳的父母也会因为孩子的教育问题在孩子面前争吵。只要是琳琳和小朋友之间有纷争,她一定会加倍还击;只要是她想要的玩具,就一定要得到手。

2. 教育建议

幼儿攻击性行为的产生既受幼儿所处的独特年龄阶段的影响,也受家庭环境因素的影响。矫正上述幼儿的攻击性行为可从以下两方面入手。

(1)尊重幼儿,了解原因,对症下药。幼儿由于年龄尚小,大脑发育不成熟,抑制冲动能力较弱,语言表达能力不佳,有时做出的攻击性行为可能是无意识的或者不知如何正确表达自己而引发的。因此成人应明确孩子做出攻击性行为只是还没有学会用更好的方式表达自己的想法而已,不需要对此问题过于紧张,认为是孩子品德不好,当然对此也不能掉以轻心。

当琳琳做出攻击性行为后,不要马上一味斥责,要充分尊重幼儿,首先要了解事情的前因后果,然后告诉幼儿,在特定情况下怎样做才是对的,除了攻击性行为,怎么做才是更有效的方式。

(2)营造和谐温馨的氛围。幼儿的攻击性行为很大程度上是一种习得的社会行为。幼儿观察和模仿父母和其他亲近的抚养者的行为,并把这种行为应用到自己的社会交往中,并不明白这种行为本身的对与错。琳琳的父母经常在孩子面前争吵,甚至动手打架,孩子就会理解为攻击性行为是表达自己想法和情绪的正常方式,从而表现出更多的攻击性行为。

⇒ 幼儿教师资格考试模拟练习

一、单项选择题

1. 美国心理学家研究认为，在儿童的安慰、帮助和同情等能力形成过程中，起决定作用的是(   )。

A. 父亲　　　　B. 同龄人　　　　C. 母亲　　　　D. 教师

2. 下面不属于影响学前儿童攻击性行为因素的是(   )。

A. 榜样　　　　B. 强化　　　　C. 移情　　　　D. 挫折

3. (   )是幼儿亲社会行为产生的基础。

A. 自我意识　　　B. 态度　　　　C. 认知　　　　D. 移情

4. 幼儿道德发展的核心问题是(   )。

A. 亲社会行为　　　　　　　B. 同情心

C. 道德标准的建立　　　　　D. 移情行为

二、案例分析题

小强在幼儿园经常为了抢玩具与小朋友发生冲突，有时甚至对小朋友拳打脚踢。在幼儿园，其他小朋友都躲着他。请你结合案例分析影响幼儿攻击性行为的因素，并提出解决方案。

主要参考文献

1. 杨丽珠. 儿童人格发展与教育的研究[M]. 大连：大连海事大学出版社，2008.

2. 方富熹，方格. 儿童发展心理学[M]. 北京：人民教育出版社，2005.

3. 张文新. 儿童社会性发展[M]. 北京：北京师范大学出版社，2002.

4. 陈帼眉，姜勇. 幼儿教育心理学[M]. 北京：北京师范大学出版社，2007.

5. 杨丽珠，刘文. 毕生发展心理学[M]. 北京：高等教育出版社，2009.

6. 王艺霖. 善解童心[M]. 北京：化学工业出版社，2010.

7. 周念丽. 学前儿童发展心理学[M]. 上海：华东师范大学出版社，2006.

8. 杨丽珠. 现代家庭教育智慧丛书·幼儿版[M]. 北京：法律出版社，2011.

9. 陈帼眉. 学前心理学[M]. 北京：人民教育出版社，2003.

10. 朱智贤. 儿童心理学[M]. 北京：人民教育出版社，1993.

11. 陈帼眉，冯晓霞，庞丽娟. 学前儿童发展心理学[M]. 北京：北京师范大学出版社，2010.

12. 桑标. 幼儿发展心理学[M]. 北京：高等教育出版社，2009.

13. 李幼穗. 儿童社会性发展及其培养[M]. 上海：华东师范大学出版社，2005.

14. 李红. 幼儿心理学[M]. 北京：人民教育出版社，2007.

15. 杨丽珠. 儿童人格发展与教育的研究[M]. 长春：吉林人民出版社，2006.

16. 黄希庭. 心理学导论[M]. 北京：人民教育出版社，1991.

17. 汪乃铭，钱峰. 学前心理学[M]. 上海：复旦大学出版社，2011.

18. 池瑾，冉亮. 学前儿童发展[M]. 北京：中国社会科学出版社，2007.

19. 翁亦诗. 幼儿创造教育[M]. 北京：北京师范大学出版社，2001.

20. 方富熹，方格，林佩芬. 幼儿认知发展与教育[M]. 北京：北京师范大学出版社，2003.

21. 张永红. 学前儿童发展心理学[M]. 北京：高等教育出版社，2011.

22. 王振宇. 学前儿童发展心理学[M]. 北京：人民教育出版社，2011.

23. 林崇德. 发展心理学[M]. 北京：人民教育出版社，2011.

24. 庞丽娟，李辉. 婴儿心理学[M]. 杭州：浙江教育出版社，2003.

25. 王雁. 普通心理学[M]. 北京：人民教育出版社，2002.

26. 庞丽娟. 婴儿心理学[M]. 杭州：浙江教育出版社，1998.

27. [美]卡罗尔·沙曼等. 观察儿童[M]. 单敏月，等译. 上海：华东师范大学出版社，2008.

28. 闻素霞. 心理学教程[M]. 上海：华东师范大学出版社，2007.

29. 刘金花. 儿童发展心理学[M]. 上海：华东师范大学出版社，2001.

30. [美]D. R. 谢弗. 发展心理学：儿童与青少年[M]. 邹泓，等译. 北京：中国轻工业出版社，2005.

31．［美］玛丽·霍曼等．活动中的幼儿——幼儿认知发展课程［M］．郝和平，周欣，译．北京：人民教育出版社，1995.

32．孟昭兰．婴儿心理学［M］．北京：北京大学出版社，1997.

33．［美］罗斯·派克．父亲的角色［M］．李维，译．沈阳：辽海出版社，2000.

34．孟昭兰．人类情绪［M］．上海：上海人民出版社，1989.

35．林崇德，杨治良，黄希庭．心理学大辞典［M］．上海：上海教育出版社，2003.

36．朱智贤，林崇德．儿童心理学史［M］．北京：北京师范大学出版社，1988.

37．［英］鲁道夫·谢弗．儿童心理学［M］．王莉，译．北京：电子工业出版社，2005.

38．彭聃龄．普通心理学［M］．北京：北京师范大学出版社，1991.

39．孟昭兰．当代情绪理论的发展［J］．心理学报，1985(2).

40．孟昭兰等．中国儿童面部表情模式制作及分析［J］．中国心理学会第五届学术年会文选，1984.

41．袁茵，杨丽珠．促进幼儿好奇心发展的教育现场实验研究［J］．教育科学，2005(6).

42．张永红．多元智力理论与幼儿教师专业发展［J］．学前教育研究，2005(4).

43．关明杰，高磊，翟淑娜．家庭环境及父母教养方式对儿童行为问题的影响［J］．中国学校卫生，2010(12).

44．刘泽文，赵爱玲．幼儿亲社会行为的影响因素述评［J］．中国校外教育（理论），2009(2).

45．韦开军．简述儿童心理理论［J］．福建教育学院学报，2010(3).

46．智银利，刘丽．幼儿攻击性行为研究综述［J］．教育理论与实践，2003(7).

47．陈世平．幼儿人际冲突解决策略与欺负行为的关系［J］．心理科学，2001(2).

48．孟昭兰．情绪研究的新进展［J］．心理科学通讯，1984(1).

49．孟昭兰．幼儿不同情绪状态对其智力操作的影响（一）［J］．心理学报，1984(3).

50．孟昭兰．幼儿不同情绪状态对其智力操作的影响（二）［J］．心理科学通讯，1985(2).

51．孟昭兰．不同情绪状态对智力操作的影响——三个实验研究的总报告［J］．心理科学通讯，1987(4).

52．冯晓杭，张向葵．自我意识情绪：人类高级情绪［J］．心理科学进展，2007(6).

53．孙艳华，马伟娜．尴尬情绪的研究述评［J］．健康研究，2009(6).

54．张向葵，冯晓杭．自豪感的概念、功能及其影响因素［J］．心理科学，2009(6).

55．竭婧，杨丽珠．三种羞耻感发展理论述评［J］．辽宁师范大学学报（社会科学版），2009(1).

56．徐琴美，张晓贤．儿童自我意识情绪的发展［J］．心理科学，2003(6).

57．杨丽珠，董光恒．依恋对婴幼儿情绪调节能力发展的影响及其教育启示［J］．儿童发展与教育，2006(4).

58．王美萍，张文新．COMT基因多态性与攻击性行为的关系［J］．心理科学进展，2010，18(8).

59．杨丽珠，董光恒，金欣俐．积极情绪和消极情绪的大脑反应差异研究综述［J］．心理与行为研究，2007(5).

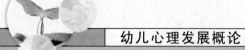

60. 王学慧，浦忠才．综合医院神经科门诊就诊病人心理障碍的调查[J]．齐齐哈尔医学院学报，2002(23)．

61. 冯慧敏，岳亿玲等．不同气质特点儿童的早期干预方式研究[J]．中国妇幼保健，2009(24)．

62. 叶一舵，白丽英．国内外关于亲子关系及其对儿童心理发展影响的研究[J]．福建师范大学学报，2002(2)．

63. 强清，武建芬．"父婴依恋"对儿童发展的作用及其教育启示[J]．幼儿教育（教育科学版），2011(6)．

64. 陈陈．家庭教养方式研究进程透视[J]．南京师范大学学报，2002(6)．

65. 郑娅娜．浅析被拒绝儿童亲子抚养方式[J]．浙江学前教育网，2010-10-22．

66. 张丽华．父母的教养方式与幼儿社会化发展研究综述[J]．辽宁师范大学学报（社会科学版），1997(3)．

67. 刘文，杨丽珠，邹萍．3～9岁儿童气质类型研究[J]．心理与行为研究，2004，2(4)．

68. 杨丽珠，辛晓莲，胡金生．促进幼儿同情心发展的教育现场实验研究[J]．学前教育研究，2005(5)．

69. 张金荣．3～12岁幼儿人格的结构评定及其发展特点的追踪研究[D]．辽宁师范大学博士学位论文，2011．

70. 竭婧．幼儿羞耻感发展特点及其相关影响因素研究[D]．辽宁师范大学硕士学位论文，2008．

71. 王美芳，庞维国．学前儿童在园亲社会行为的观察研究[J]．心理发展与教育，1997(2)．

72. 廖红，张素艳．儿童友谊质量研究[J]．辽宁师范大学学报（社会科学版），2002(3)．

73. Campos JJ Barrett KC，&Lamb ME. *Socioemotional Development*. In Haith M. & Campos J. J. eds., Infancy and Developmental Psychobiology. New York：John Wiley &Sons，1983．

74. Klinnert MD，Campos JJ &Sorce JF. *Emotions as Behavior Regulators：Social Referencing in Infancy*. In Plutchik & Kellerman H（eds.），*Emotion：Theory，Research，and Experience*（Vol. 2），Emotions in Early Development. Academic Press，1983．

75. Rothbart MK &Derryberry HD. *Development of individual differences in temperament*. In Lamb ME &Brown AL（eds）. Advances in developmental psychology，Hillsdale，NJ：Erlbaum. 1981．

76. Thomas A &Chess S. *Temperament and Personality*. In Kohnstamm G &Bates JE &Rothbart MK（eds）. Temperament in Childhood. New York：John wirey & Sons，1989．

77. Buss H &Plomin R. *Temperament：Early developing personality traits*. *Hillsdate*，NJ：Erlbaum，1984．

78. Glodsmith H & Campos J. *Toward a theory infant temperament*. In Emde R & Harmon R（eds）. The development of attachment and affiliatire system. New York：Plenum，1982；209．

79. Strelau J. *Temperament and Personality Activity*. New York：Academic Press，

1983：2009.

80. Berndt T J & Perry T B. *Children's perceptions of friendships as supportive relationships*. Developmental Psychology，22：1986，640~648.

81. Rutter M，Garmezy N. *Developmental Psychopathology*. In：Mussen P Hed. Handbook of child psychology. New York：Wiley，1983：775~911.

82. Berndt T J & Keefe K. *Friends' influence on adolescents' perceptions of themselves in school*. In：Schunk D H，Meeceed J L. Students'perceptions in the classroom. Hillsdate，NJ：Erlbaum，1992. 51~73.

83. Kagan D M & Smith K E. *Beliefs and Behaviors of kindergarten teachers*. Education Research. 1988，30(1).

后 记

　　这套教材包括三年制高专、五年制高专、三年制中专3个系列，是由中国学前教育研究会教师发展专委会高职高专、中职中专分委会组织编写的。从2010年开始，编写工作历时3年。作者队伍来源于40所学前教师教育高中专骨干院校，共计473人；主审专家来源于26所本科院校和科研院所，共计42人。整个编写过程是与对学前教师教育的系统研究结合进行的。全体编写人员认真学习了教育部颁布的《教师教育课程标准(试行)》《幼儿园教师专业标准(试行)》等最新文件精神，充分吸纳了学前教育和其他相关学科的最新成果，编写工作严格按照"研制人才培养方案—确定册本—研制大纲—确定体例和样章—讨论初稿—统稿—审稿"的程序进行。

　　教材编写中，我们力求科学和创新，主要做了如下几项工作：一是坚持从研究和把握人才培养方案入手，对各系列的册本方案、各册的大纲进行系统设计。二是严格按照人才培养目标要求对三个系列的文化、艺术、教育三类课程的容量进行科学安排。三者之间的课时比例，三年制高专约为2.6∶3∶4.4；五年制高专约为4.5∶2.5∶3；三年制中专约为2.4∶2.4∶5.2。三是分化和加强教育类课程。如从幼儿心理学中分化出了幼儿学习与发展、幼儿发展观察与评价，从幼儿教育学中分化出了幼儿游戏、幼儿园课程、幼儿园教育环境创设等。

　　三年制高专系列共有35种39册，包括由语文出版社出版的《大学语文》《幼儿文学》(两册)，由高等教育出版社出版的《幼儿教师口语》《计算机应用基础》《大学体育》《大学英语》(两册)《美术基础》《幼儿美术赏析与创作》，由北京师范大学出版社出版的《幼儿心理发展概论》《幼儿教育概论》《幼儿卫生保健》《幼儿学习与发展》《幼儿游戏》《幼儿园环境创设》《幼儿园课程》《幼儿健康教育》《幼儿语言教育》《幼儿社会教育》《幼儿科学教育·科学》《幼儿科学教育·数学》《幼儿音乐教育》《幼儿美术教育》《幼儿园管理》《学前教育研究基础》《现代教育技术》，由上海音乐学院出版社出版的《音乐基础理论》《视唱练耳》(两册)《音乐欣赏》《儿童歌曲钢琴即兴伴奏》《幼儿歌曲弹唱》《幼儿歌曲创编与赏析》《幼儿舞蹈创编与赏析》《钢琴基础》(两册)《声乐基础》《舞蹈基础》。其编审委员会成员如下：编写委员会主任由庞丽娟担任；编写委员会总编由彭世华担任；副总编由皮军功、陈华、袁旭、梁周全、郭亦勤、袁萍、张祥华担任；委员由贺永琴、占峰、王保林、李怀星、崔建、孙杰、蔡虹、唐敏、尹宗利、陈雅芳、叶留青、罗峰、柴志高、张根健、卢新予、周宗清、李晓慧、周玉衡、张建岁、孔宝刚担任。

　　五年制高专系列共有41种49册，包括由语文出版社出版的《语文》(四册)《幼儿文学》(两册)，由高等教育出版社出版的《幼儿教师口语》《计算机应用基础》《体育》《英语》《美术》(两册)《幼儿美术赏析与创作》《历史》《地理》《数学》《物理》《化学》《生物》，由北京师范大学出版社出版的《幼儿心理发展概论》《幼儿教育概论》《幼儿卫生保健》《幼儿学习与发展》《幼儿游戏》《幼儿园环境创设》《幼儿园课程》《幼儿健康教育》《幼儿语言教育》《幼儿社会教育》《幼儿科学教育·科学》《幼儿科学教育·数学》《幼儿音乐教育》《幼儿美术教育》《幼儿园管理》《学前教育研究基础》《现代教育技术》，由上海音乐学院出版社出版的《音乐基础理论》《视唱练耳》(两册)《音乐欣赏》《儿童歌曲钢琴即兴伴奏》《幼儿歌曲弹唱》《幼儿歌曲创编与赏析》《幼儿舞蹈创编与赏析》《钢琴》(三册)《声乐》(两册)《舞蹈》。其编审委员会成员如下：编写委员会主任由庞丽娟担任；编写委员会总编由彭世华担任；副总编由皮军功、贺永琴、卢新予、李怀星、王保林、张根健、孙杰担任；委员由肖全民、袁萍、陈华、梁周全、郭亦勤、张祥华、柴志高、崔建、尹宗利、占峰、罗峰、唐敏、孔宝刚、张廷鑫、周玉衡、蔡虹、周宗清、叶留青、李晓慧、张建岁、陈雅芳担任。

三年制中专系列共有 35 种 50 册，包括由语文出版社出版的《语文基础》(四册)《幼儿教师口语基础》《应用文写作》，北京师范大学出版社出版的《幼儿文学》《书法》《英语基础》(两册)《幼儿教师礼仪》《社会科学》《自然科学》《幼儿心理学基础》《幼儿发展观察》《幼儿卫生保健》《幼儿教育学基础》《幼儿游戏指导》《幼儿园课程与教学》《幼儿健康活动指导》《幼儿语言活动指导》《幼儿社会活动指导》《幼儿科学活动指导》《幼儿数学活动指导》《幼儿音乐活动指导》《幼儿美术活动指导》《幼师生职业指导》《幼儿园班级管理》，高等教育出版社出版的《幼儿美术创作与赏析》《美术》，上海音乐学院出版社出版的《音乐基础理论》《视唱练耳》(两册)《音乐欣赏》《儿童歌曲钢琴即兴伴奏》《幼儿歌曲弹唱》《幼儿歌曲创编与赏析》《幼儿舞蹈创编与赏析》《钢琴》(三册)《声乐》(两册)《舞蹈》。其编审委员会成员如下：编写委员会主任由庞丽娟担任；编写委员会总编由彭世华担任；副总编由李怀星、张根健、贺永琴、林敬华、周宗清担任；委员由骆绍华、曾淑琴、李显仁、林波、吴川梅、李永华、刘余良、王栋材、汤少武、肖胜阳、杨旭、刘吉祥、唐敏、罗峰担任。

原版《幼儿心理发展概论》在编写过程中得到了辽宁师范大学杨丽珠教授的悉心指导。参加本教材编写的学校有长沙师范学院、哈尔滨幼儿师范高等专科学校、湖北省实验幼儿师范学校、运城幼儿师范高等专科学校、琼台师范高等专科学校、新疆幼儿师范学校。编写人员：张永红（第二章、第七章）、孙杰（第九章）、曹映红（第五章、第十章）、陈福红（第三章）、庄小满（第一章、第六章）、唐淑敏（第四章）、宋丽博（第十一章）、郝慧男（第八章）、张星瀛（第十二章）。全书由张永红、曹映红和徐敏负责统稿，张永红、孙杰定稿，杨丽珠审定。

为贯彻《幼儿园教师专业标准（试行）》《教师教育课程标准（试行）》等文件精神，进一步满足新形势下社会发展对职前幼儿教师提出的新要求，本教材在原版基础上

进行了部分内容的修订，重点关注学生在知识学习基础上的能力提升。新版《幼儿心理发展概论》采取单元、课的编写结构，以便更加贴近教学的实际需要。修订人员分别为原版教材的各章作者，在此不再一一赘述。

　　本分委会的会员单位征订此套教材由分委会联系（联系人：李家黎，电话：0731—84036139），非会员单位征订此套教材由各册本的出版社联系。此套教材发行由各出版社负责，如有印制质量问题和供书错漏请与相关出版社联系解决。为进一步加强这套教材的建设，接下来我们将定期组织修订，热忱欢迎广大师生和专家向我们反馈相关意见（意见收集邮箱为：szzfwh@yahoo.cpm.cn）。

中国学前教育研究会教师发展专业委员会

高职高专、中职中专分委会